LEÇONS

ÉLÉMENTAIRES

D'AGRICULTURE

Rédigées d'après les programmes officiels
pour l'usage des écoles normales, des écoles primaires
supérieures et des écoles professionnelles

PAR A. YSABEAU

AGRONOME.

Ouvrage approuvé pour les écoles publiques
par décision de M. le Ministre de l'Instruction publique.

HUITIÈME ÉDITION.

PARIS

IMPRIMERIE ET LIBRAIRIE CLASSIQUES

MAISON JULES DELALAIN ET FILS

DELALAIN FRÈRES, Successeurs

56, RUE DES ÉCOLES.

LEÇONS

D'AGRICULTURE

LEÇONS

ÉLÉMENTAIRES

D'AGRICULTURE

Rédigées d'après les programmes officiels
pour l'usage des écoles normales, des écoles primaires
supérieures et des écoles professionnelles

PAR A. YSABEAU

AGRONOME.

Ouvrage approuvé pour les écoles publiques
par décision de M. le Ministre de l'Instruction publique.

HUITIÈME ÉDITION.

PARIS

IMPRIMERIE ET LIBRAIRIE CLASSIQUES

Maison Jules DELALAIN et Fils

DELALAIN FRÈRES, Successeurs

56, RUE DES ÉCOLES.

Dans cet ouvrage, auquel il a apporté tous ses soins, où il a résumé tous les résultats de ses longues études pratiques, l'auteur n'a pas perdu un seul instant de vue que son livre devait être le guide des jeunes élèves des écoles primaires et des écoles professionnelles, ainsi que des élèves-maîtres des écoles normales primaires; il s'est con-. stamment appliqué à joindre à la concision indispensable dans un livre de cette nature la clarté, la simplicité, la méthode, tout ce qui peut rendre les études agricoles faciles et attrayantes. De nombreuses figures, d'une correction irréprochable, éclaircissent le texte partout où il a paru nécessaire de parler aux yeux en même temps qu'à l'intelligence. L'auteur a pris pour base la partie agricole du programme d'enseignement pour les écoles normales primaires; les questions formulées dans ce programme sont traitées avec tout le développement que comporte chacune d'elles. Les faits exposés dans cet ouvrage ne sont pas seulement puisés aux meilleures sources françaises et étrangères; l'auteur, dans le cours d'une carrière déjà longue, a cultivé longtemps dans plusieurs de nos régions agricoles, et en Belgique, pays le mieux cultivé de l'Europe continentale; il ne retrace que ce qu'il a vu ou pratiqué.

De bons traités élémentaires d'agriculture ont été publiés en France de nos jours; mais ils sont trop volumineux, ou ils ne s'adressent qu'à l'une de nos régions agricoles et portent un caractère tout local; il n'existe, à notre avis, aucun ouvrage écrit uniquement, comme ces *Leçons d'Agriculture*, au point de vue de l'enseignement agricole tel qu'il peut être introduit dans les écoles primaires, pour vulgariser les vrais principes de la pratique agricole, sans dépasser les limites du programme officiel. Les *Leçons d'Horticulture* forment la matière d'un second volume, conçu dans le même esprit et renfermé dans les mêmes limites. Ces deux ouvrages sont destinés à combler une importante lacune. Grâce aux efforts persévérants du gouvernement, l'instruction primaire s'est rapidement propagée en France parmi les populations rurales. Toutes les précautions pour

les préserver du contact des mauvais livres ont été prises
avec un soin scrupuleux : elles ont pleinement atteint leur
but; mais on s'est moins préoccupé jusqu'à ce jour de
mettre à leur portée de bons livres. Quels ouvrages peuvent être lus avec plus d'intérêt et de profit par les habitants
des campagnes que ceux où ils trouvent, dans un langage
compréhensible pour eux et dégagé des formes et des ter-
mes purement scientifiques, des notions claires et précises
sur l'agriculture, cette branche ´u travail humain qui est
la seule profession possible pour les trois quarts de la
nation, et qui a pour but de faire sortir l'abondance, par
conséquent l'aisance générale, du sol de la patrie?

Les *Leçons élémentaires d'Agriculture* embrassent l'ensemble de l'agriculture française; les cultures du nord y sont
indiquées comme celles du centre et celles du midi. La
division méthodique de l'ouvrage fait de chaque chapitre
le sujet d'une leçon toute tracée, résumée dans le sommaire
qui le précède, ce qui rend l'ensemble du livre aussi facile
à lire avec fruit que bien approprié aux besoins de l'enseignement agricole dans les écoles primaires.

LEÇONS

D'AGRICULTURE.

SECTION I. NOTIONS PRÉLIMINAIRES.

CHAPITRE PREMIER.

De la culture en général.

Culture du sol, ressource principale du genre humain. — Base et signe de la civilisation. — Condition du laboureur; ses avantages; ses devoirs. — Rôle de l'agriculture; sa place parmi les industries humaines. — Terres disponibles pour l'agriculture; conditions qu'elles doivent réunir. — État antérieur de la surface du globe. — Origine des terres cultivables. — Importance prépondérante de l'agriculture en présence de l'accroissement de la population. — L'agriculture est à la hauteur de sa mission. — Notions nécessaires au cultivateur.

La culture du sol qui constitue le domaine de l'homme sur la surface du globe, est sa ressource principale pour soutenir son existence. Les peuplades qui vivent exclusivement de chasse et de pêche détruisent et ne produisent pas : c'est l'état complétement sauvage; celles qui mènent la vie purement pastorale sont plus près de l'état de nature que de la civilisation; l'homme qui fonde sa subsistance sur les produits obtenus du sol par la culture a seul le droit de se dire civilisé. La terre inculte n'est pas possédée par le genre humain : l'homme ne prend possession du sol que par la charrue.

De tous les travaux utiles auxquels l'homme peut se livrer, il n'en est pas qui se concilie mieux que l'agriculture avec le plein exercice de ses facultés. Le laboureur, sans cesse en présence des œuvres du Créateur, sans cesse en contact avec les dons que la bienfaisante Providence lui accorde pour prix de ses travaux, est plus porté que tout autre à conserver les sentiments religieux qui font la consolation de l'homme à toutes les phases de son existence. S'il parvient plus rarement que d'autres à l'opulence, une conduite régulière et l'assiduité au travail peuvent toujours le conduire à l'aisance relative. Le grand air, l'exercice, la frugalité, lui donnent la santé, le premier des biens, et lui assurent une vieillesse exempte d'infirmités. Il est, parmi les travailleurs qui font vivre la société, celui dont tous les autres ont le plus indispensablement besoin, et qui a le moins besoin des autres. Il donne à son pays ses défenseurs les plus robustes en temps de guerre, ses plus utiles citoyens en temps de paix : c'est à lui qu'appartient la tâche de faire sortir l'abondance et l'aisance générale du sol de la patrie.

Le rôle de l'agriculture ne se borne pas à celui de nourrice du genre humain; c'est elle qui doit fournir les matières premières pour les plus nécessaires des industries : le premier rang parmi les branches les plus importantes du travail ne peut donc pas lui être contesté.

L'étendue du sol sur lequel peut s'exercer cette industrie est assez limitée par rapport à celle de toute la surface du globe. Les terres dont l'agriculture dispose ne sont d'ailleurs pas toutes d'une égale fertilité : les unes, d'une fécondité pour ainsi dire inépuisable, couvertes de la plus splendide végétation naturelle, sont à peu près inhabitées et complétement incultes : telles sont les vallées des grands fleuves de l'Amérique du Sud; les autres sont situées sous des latitudes où l'homme peut à peine vivre, et où la terre, chargée du plus riche limon, ne dégèle jamais qu'à une faible profondeur : telles sont les plaines désolées que traversent les grands fleuves de la Sibérie septentrionale. Il n'y a de disponibles pour la charrue que les terres à la fois fertiles et situées sous des climats habitables, où l'homme a formé ou bien où il lui est possible de former des sociétés régulières.

Si l'on cherche à se rendre compte des états antérieurs de la surface du globe, tels que peut nous les révéler l'étude de l'histoire naturelle, on voit que les révolutions successives

1.

qui ont bouleversé cette surface aux époques antérieures à la création de l'homme ont toutes contribué à déplacer, diviser, mélanger ces éléments. C'est ainsi que se sont formées les terres cultivables, aux dépens desquelles l'homme subsiste par l'agriculture. Sans ces bouleversements qui effrayent l'imagination, et dont les plus violentes convulsions de la nature actuelle ne peuvent donner une idée même affaiblie, la terre, sans aspérités à sa surface, parfaitement homogène à l'extérieur, ressemblerait à un boulet de canon récemment fondu : elle ne serait habitable ni pour l'homme ni pour les animaux ; elle n'offrirait aucune ressource à l'agriculture ; la vie animale y serait matériellement impossible : car tout ce qui vit sur la terre doit demander sa subsistance à la végétation. Étendre, favoriser, propager la végétation des plantes utiles, perfectionner de plus en plus leurs produits applicables aux besoins de l'humanité, c'est le but de l'agriculture.

De nos jours, l'importance prépondérante de l'agriculture est encore augmentée par l'accroissement progressif et régulier de la race humaine dans tous les pays chrétiens. Les progrès de la raison publique, secondant la sagesse des gouvernements, rendent de plus en plus rares et courtes les guerres qui, dans les siècles antérieurs, dépeuplaient périodiquement le monde ; il naît un plus grand nombre d'êtres humains dans chaque pays ; il en meurt moins dans un temps donné. Chaque contrée habitée a donc, sur un territoire d'une étendue déterminée, plus d'hommes à nourrir. L'agriculture moderne est heureusement à la hauteur de sa tâche ; la terre, mieux cultivée, peut largement faire face à tous les besoins. Ses produits sont mieux et plus facilement distribués, depuis que la rapidité des communications par les voies ferrées a, pour ainsi dire, supprimé les distances ; enfin, grâce à la marche sagement progressive de l'instruction générale, les travaux des champs deviennent de plus en plus féconds, étant confiés à des mains mieux exercées, à des hommes plus intelligents.

Les notions diverses que doit désirer posséder un cultivateur, quelle que soit la place qui lui est assignée parmi les travailleurs agricoles, embrassent un cercle assez étendu, qui néanmoins ne dépasse ni la somme de temps disponible, ni celle de travail intellectuel à la portée de tous les habitants des campagnes.

Il y a d'abord à étudier la nature même des *terres cultivables* et leurs diverses propriétés par rapport à la végétation; il faut connaître ensuite les *amendements* par lesquels on peut ajouter au sol les éléments minéraux dont il est privé et les *engrais* de toute espèce servant à développer sa force productive. L'ordre rationnel appelle ensuite l'étude des divers *instruments* à l'usage de l'agriculture et celles des *opérations* exécutées à l'aide de ces instruments. L'examen des *plantes cultivées* soit pour l'usage de l'homme, soit pour les animaux qui le secondent dans les travaux agricoles; celui des races d'*animaux domestiques*, utiles auxiliaires sans lesquels il n'y a pas d'agriculture possible; les services que ces races peuvent rendre à l'homme, les meilleures méthodes pour les multiplier et les utiliser, depuis le gros bétail jusqu'aux animaux de basse-cour, et les notions élémentaires de la pisciculture, y compris la multiplication artificielle des écrevisses, complètent le cadre dans lequel sont renfermées les connaissances qui sont exposées dans cet ouvrage.

CHAPITRE II.

Des terres cultivables.

Terres cultivables. — Éléments des terres cultivables : chaux, ar
  gile, sable, humus ou terreau. — Principales terres cultivables
  — Terres d'alluvion : origine, formation, situation. — Terre
  franches ou fortes, où domine l'argile, terres argilo-calcaires
  argilo-siliceuses. — Terres légères : où le sable domine ; leu
  supériorité sur les terres fortes. — Terres froides, marécageuses
  améliorées par le drainage. — Terres chaudes ou brûlantes
  corrigées par divers amendements. — Terres tourbeuses : pour
  quoi elles sont stériles. — Terres calcaires, crayeuses : leu
  stérilité disparaît à la longue ; boisement en pins et sapins. —
  Terres sableuses ou sables : boisement des dunes de sable. —
  Sous-sol : son influence sur la qualité des terres cultivables.

On doit considérer comme *terres cultivables* toutes celle
qui, moyennant des soins intelligents, peuvent par leur
produits faire rentrer le cultivateur dans ses avances et lu
donner en outre une juste rémunération de son travail. 1
y a en France quelques terres bien cultivées qui donnent
peu près tout ce qu'elles peuvent rendre ; d'autres sont cul
tivées médiocrement ; d'autres le sont mal ; d'autres ne l
sont pas du tout. Il n'y a pas de raison pour que toutes le
terres, chacune selon sa nature, ne soient pas cultivées auss
bien que celles qui le sont le mieux. En France, l'étendue de
terres complétement incultes dépasse *sept millions d'hec
tares*. Les terres mal cultivées ou laissées entièrement
l'abandon ne sont pas du tout, comme on pourrait le croire
stériles de leur nature ; ces terres, pour la plupart, si elle
étaient bien cultivées, ne seraient pas inférieures aux terre
les plus productives des cantons voisins.

Il importe beaucoup au cultivateur de se rendre compt
assez exactement de la nature des terres que son travail doi
fertiliser, afin qu'il y ajoute au besoin ce qui peut y manqu
pour développer leur force productive. Trois substances qu
tout le monde connaît, la *chaux*, l'*argile* et le *sable*, co
stituent par leur mélange en diverses proportions les bonne
terres cultivables. Celles où l'un de ces trois éléments s

trouve en très-grand excès sont les moins fertiles; les meilleures sont celles où tous trois se trouvent combinés dans de justes proportions. Pour que la végétation des plantes utiles puisse y prospérer, il faut en outre que la terre cultivable, quelle que soit celle de ces trois substances qui s'y trouve en plus grande quantité que les autres, contienne une certaine proportion de débris végétaux ou animaux en décomposition : c'est ce qu'on nomme *humus* ou *terreau*. Ainsi, avec de la chaux, de l'argile, du sable et un peu d'humus ou terreau, on peut fabriquer de toutes pièces une terre cultivable de bonne qualité, quoique les trois premières de ces quatre substances, lorsqu'elles sont isolées, soient impropres à alimenter la végétation.

Principales terres cultivables. Les principales espèces de terre cultivable sont : 1° *terres d'alluvion*; 2° *terres franches* ou *fortes*; 3° *terres légères*; 4° *terres froides*; 5° *terres chaudes* ou *brûlantes*; 6° *terres tourbeuses*; 7° *terres calcaires*; 8° *terres sableuses.*

1° **Terres d'alluvion.** Ces terres, surtout lorsqu'elles sont suffisamment profondes, réunissent toutes les conditions désirables dans les terres cultivables de première qualité : elles remplissent les vallées de nos grands fleuves et de leurs principaux affluents; les terres les plus fertiles des grandes plaines de la Beauce, de la Brie et du nord de la France sont aussi des terres d'alluvion. Ce terme signifie qu'à l'époque du déluge, les matières diverses que les eaux troubles entraînaient avec elles se sont déposées dans ces vallées et sur ces plaines en couches plus ou moins épaisses.

2° **Terres franches ou fortes.** On donne ce nom à celles dans lesquelles domine l'argile ou terre glaïse, qui retient l'eau et forme avec elle une boue tenace; d'où le proverbe : « Bonnes terres, mauvais chemins. » Il se rencontre en effet d'excellentes terres parmi les terres fortes; on les nomme *argilo-calcaires* quand l'argile et la chaux y sont en plus forte proportion que le sable, et *argilo-siliceuses* quand elles contiennent peu de chaux et beaucoup d'argile et de sable. Les terres fortes ont été longtemps considérées comme les meilleures de toutes, parce qu'avec l'ancien système agricole suivi en France jusqu'au commencement de ce siècle, et encore en vigueur dans beaucoup de dépar-

tements, les terres fortes sont les plus productives. Aujour-
d'hui, les cultivateurs éclairés accordent le premier rang aux
terres plutôt légères que fortes ; ces terres sont plus faciles
à cultiver et se prêtent à diverses cultures que ne com-
portent pas les terres fortes.

3° **Terres légères.** Ce sont les terres dans lesquelles le
sable domine sur les autres éléments, et qui ont pour cette
raison peu de consistance. Quand le sable y est associé à
des quantités suffisantes de chaux, d'argile et de terreau,
elles peuvent être d'une fertilité peu commune; la facilité
de pouvoir les travailler à peu près en toute saison, et de
les labourer avec des attelages beaucoup plus faibles que
ceux dont on est forcé de se servir pour la culture des terres
fortes, assure aux bonnes terres légères une incontestable
supériorité.

4° **Terres froides.** Ce sont, en général, des terres très-
argileuses; on les nomme froides, parce que la végétation
y commence tard au printemps, languit en été et s'arrête
de bonne heure en automne. Les terres froides sont le plus
souvent marécageuses; elles ne peuvent être foncièrement
améliorées que par le drainage[1].

5° **Terres chaudes ou brûlantes.** Ce sont des terres excessivement légères, qui se refroidissent rapidement en
hiver et s'échauffent en été, au point de brûler toute végétation. La chaux et le sable dominent dans les terres brûlantes; beaucoup de cultures n'y peuvent réussir.

6° **Terres tourbeuses.** Elles contiennent peu de chaux,
de sable et d'argile et un grand excès de débris de végétaux sous une forme analogue à celle de la tourbe. Ces
terres ne sont stériles que parce qu'elles contiennent un
principe *acide* qui s'oppose à la décomposition des matières
tourbeuses et rend la végétation impossible. Ce défaut peut
être corrigé par l'emploi de la chaux et de divers amendements[2].

1. Voyez *Drainage*, chap. **x**.
2. Voyez *Amendements*, chap. **III.**

7° Terres calcaires. Les terres purement calcaires, c'est-à-dire composées de chaux presque sans mélange d'autres substances, telles que les terres blanches crayeuses du département de l'Aube (Champagne pouilleuse), sont stériles dans leur état naturel. On peut néanmoins y faire croître des arbres résineux, dont les feuilles en aiguilles, accumulées sur le sol, y forment à la longue une mince couche de terreau qui, mêlée à la terre blanche, la met en état de produire quelques plantes utiles.

8° Terres sableuses ou sables. Les sables presque purs, amendés avec l'argile et la chaux, même à faible dose, finissent par devenir des terres légères assez productives. La plupart des terres incultes de France, notamment les landes de Bretagne et celles de Gascogne, sont des sables mêlés de terreau à l'état acide; la chaux développe au plus haut point leur fertilité. On parvient à fixer les sables mouvants amoncelés au bord de la mer, où ils forment des monticules nommés *dunes,* en y semant des graines d'arbres résineux toujours verts, notamment des pins maritimes et des pins sylvestres.

Telles sont les principales qualités de terres cultivables qui se rencontrent en France; en les examinant avec soin, afin d'appliquer avec intelligence les moyens de les rendre productives, on demeure convaincu de la vérité du vieux et sage proverbe : « Il n'y a pas de mauvaises terres; il n'y a que de mauvais cultivateurs. »

Sous-sol. On nomme *sous-sol* la couche placée immédiatement au-dessous de la couche cultivable. Bien que le sous-sol ne soit pas habituellement entamé par la charrue, il exerce une grande influence sur les cultures, selon qu'il est perméable ou imperméable, c'est-à-dire selon qu'il laisse passer les eaux superflues dont la terre cultivable est pénétrée ou qu'il leur refuse le passage. Quand le sous-sol est d'une bonne nature, on peut, en l'entamant petit à petit, par des labours de plus en plus profonds, augmenter l'épaisseur de la couche superficielle et la rendre sensiblement plus productive [1].

1. Voyez *Labourage,* chap. **VII.**

CHAPITRE III.

Des amendements.

Amendements : leur action sur le sol. — Principaux amendements;
substances qui peuvent en servir. — Chaux: four à chaux tem·
poraire ; chaulage des terres ; épandage; terres auxquelles con
vient le chaulage; compost de chaux et gazon, de chaux e
tourbe. — Marne : son utilité; dose basée sur sa richesse e
chaux ; époque du marnage ; durée de l'effet utile ; influence su
la qualité du froment. — Falun : effets analogues à ceux de l
marne; son influence sur les terres très-fortes. — Argile : amen
dement des terres sableuses : argile brûlée. — Sable : amende
ment des terres argileuses; dose ; peut accompagner la marne
— Cendres de bois, de tourbe, de houille : répandues seule
sur les prairies; en mélange avec les fumiers pour les terre
arables. — Cendres de houille : amendement pour la culture di
houblon. — Scories des hauts fourneaux : amendement pour le
terres crayeuses ; préparations; dose.

On nomme *amendements* les substances diverses qui peu
vent être ajoutées au sol pour l'améliorer, non pas directe
ment en augmentant sa fertilité, comme le font les engrai
qui servent de nourriture aux plantes cultivées, mais e
rendant le sol cultivable mieux disposé à profiter de l'effe
fertilisant des engrais[1]. Il faut, pour qu'une substance puiss
servir d'amendement, qu'elle soit abondante, à bas prix, e
facile à transporter sur le terrain qu'elle doit améliorer.

Principaux amendements. Les matières qui satisfont l
mieux, en France, à ces conditions sont : 1° la *chaux*; 2° l
marne; 3° le *falun*; 4° l'*argile*; 5° le *sable*; 6° les *cendres*
7° les *scories*, provenant des hauts fourneaux pour la font
du fer. De ces divers amendements, la chaux et la marn
sont les plus usitées; ce sont, en effet, ceux qui peuven
être avec le plus d'avantage employés à l'amélioration d
la plupart des terres cultivées en France.

1° Chaux. La chaux est le meilleur des amendement
qu'il soit possible de donner aux terres qui naturellemen

1. Voyez *Engrais,* chap. **IV.**

1.

en contiennent peu ou qui en sont totalement dépourvues. Le plus souvent, la *chaux grasse*, exempte de mélange avec d'autres matières, et la *chaux hydraulique*, qui contient plus ou moins d'argile, ne sont fabriquées que pour servir de base au mortier employé dans les constructions; ce n'est qu'accessoirement qu'elles sont vendues pour les usages agricoles; elles en sont souvent exclues à raison de leur prix trop élevé dans bien des contrées où la chaux rendrait à l'agriculture les plus grands services. Lorsqu'on est loin des fours à chaux en activité, mais qu'on a sous la main des pierres calcaires en abondance, on peut, sans frais exagérés, convertir ces pierres en chaux par le procédé suivant. Après avoir grossièrement cassé les pierres destinées à être calcinées, on fait choix des blocs les plus convenables pour en former une voûte sèche, en ménageant des interstices entre les blocs; il suffit que la voûte ait assez de solidité pour pouvoir supporter une bonne charge de pierres cassées qu'on place au-dessus, en commençant par les plus grosses et finissant par les plus menues. Cela fait, on allume sous la voûte un feu qu'on entretient avec des fagots, du menu bois, de la tourbe, des débris de houille de qualité inférieure, enfin avec toute sorte de combustible à bas prix, selon les ressources que peut offrir en ce genre chaque localité. Ce feu doit être entretenu jusqu'à ce que toute la masse de pierres s'échauffe jusqu'au rouge : ce qui exige habituellement de soixante à soixante-douze heures de calcination. On laisse alors le feu s'éteindre et la chaux cuite se refroidir. La chaux ainsi préparée n'est pas parfaite, mais elle suffit pour les usages agricoles. On doit la porter immédiatement sur les terres, où on la dépose par tas alignés de 25 à 50 kilogrammes chacun, selon la dose de chaux que la terre doit recevoir. L'amendement des terres par la chaux se nomme *chaulage*. Le chaulage convient particulièrement aux terres fortes argileuses, qui ne contiennent point ou presque point de chaux; on peut donner aux terres dans ces conditions jusqu'à 200 hectolitres de chaux par hectare. On en donne la moitié aux terres argilo-sableuses, qui contiennent peu de chaux, sans avoir cependant trop de ténacité. Il y a des terres sableuses, dépourvues de chaux, ne contenant que très-peu d'argile, qui ont besoin d'un chaulage de 100 à 200 hectolitres par hectare, aussi bien que les terres fortes très-argileuses : ce sont celles qui, après avoir été longtemps couvertes de bois ou de bruyères, sont défrichées pour être converties en prairies ou en terres arables. La chaux, dans ce cas, exerce son action utile sur les débris de végétaux que ces terres contiennent en abondance et qui les frappent de stérilité, parce qu'ils y existent à l'état acide. La chaux, en détruisant leur acidité, les rend propres à alimenter la végétation des plantes utiles. Aussitôt que les tas de chaux vive sont déposés sur le sol, on se hâte de les couvrir d'une épaisse couche de terre qu'on bat fortemen avec le dos d'une pelle. La chaux ainsi couverte se délit lentement à l'intérieur des tas, et se convertit en une pous sière blanche qu'on mêle intimement à la terre des ta avant de la répandre le plus également possible sur le so environnant, auquel on l'incorpore par un labour super ficiel suivi d'un hersage. La manière de *chauler* les terres telle qu'on vient de la décrire, est la plus usitée. Partou où les circonstances locales le permettent, il vaut mieu stratifier, plusieurs mois d'avance, la chaux vive par lit alternatifs avec des gazons ou de la tourbe, avant de l porter sur le terrain où elle doit être enfouie. Il en résult un compost qu'on remanie à la bêche pour en bien mêle les éléments à plusieurs reprises. On obtient ainsi d'un moindre quantité de chaux une plus forte somme d'eff utile.

2º **Marne.** La marne est encore plus usitée que la chau comme amendement; elle est, en effet, employée tel qu'on l'extrait de la *marnière,* sans exiger aucune prépar tion. Une grande partie des meilleures terres fortes France reposent sur des bancs de marne qui s'étendent so la couche arable, à une faible profondeur; on peut do très-fréquemment extraire la marne au milieu même d champs qu'on se propose de *marner.* Ces facilités explique pourquoi les marnages sont plus fréquents que les cha lages. La meilleure marne est celle qui contient le plus chaux et le moins d'argile. La dose de marne à donner une terre pour l'amender se règle sur la quantité de cha que contient la marne. Supposons, par exemple, qu'u terre habituellement labourée à $0^m,20$ de profondeur besoin de recevoir 1 pour cent de chaux par le moyen du marnage; le volume total de la couche arable étant de 5,000 mètres cubes par hectare, la quantité de chaux demandée sera de 50 mètres cubes. Si la marne dont on dispose contient 50 pour cent de chaux, il en faudra 100 mètres cubes pour marner un hectare. La quantité de chaux contenue dans la marne ne peut être exactement constatée que par l'analyse, opération que le cultivateur peut toujours faire faire par un pharmacien, sans frais hors de sa portée. La meilleure marne, la plus riche en chaux, est désignée sous le nom de *marne sèche ;* on nomme *marne grasse* celle qui contient plus d'argile que de chaux : c'est la moins avantageuse à employer comme amendement. Le dosage de la marne à donner à une terre est facile à fixer quand on connaît la composition de la marne et les proportions de ses éléments. La marne est déposée sur le sol en tas alignés, de peu d'épaisseur, afin que les alternatives de froid, de chaud, de sécheresse et d'humidité servent à la rendre friable. On choisit habituellement, pour marner les terres, l'époque de l'année où règnent les plus grands froids, sans neige : les champs durcis par la gelée peuvent être traversés aisément par les tombereaux pesamment chargés; c'est d'ailleurs le moment où les attelages sont le plus disponibles pour ce genre de service. La marne bien délitée à l'air libre est distribuée le plus également possible sur le sol, et mêlée à la couche superficielle par un hersage qu'on fait suivre le plus souvent d'un léger labour et d'un second hersage. L'effet utile de la marne est très-durable; il est encore sensible après une longue suite d'années. Quelquefois, il ne se fait sentir qu'au bout de deux ans; ces retards proviennent toujours d'un défaut de soin dans l'exécution du marnage : ils n'ont jamais lieu que quand la marne n'était pas bien délitée avant d'être enfouie, ou quand elle n'a pas été assez soigneusement incorporée à la couche arable. Le marnage rend le grain du blé plus lisse, le son plus mince, la farine plus blanche. L'année où la terre est marnée, il faut lui demander, selon sa nature et les conditions économiques de chaque pays, une récolte quelconque autre qu'une céréale : le froment, semé sur un marnage récent, devient trop fort, trop pesant; il est trop sujet à verser.

3° **Falun.** On nomme *falun*, dans le département d'Indre-et-Loire, des bancs puissants, dont on ne connaît qu'imparfaitement l'étendue, formés de coquillages brisés : on exploite le falun pour l'amendement des terres fortes argileuses; il s'emploie comme la marne et aux mêmes doses : il doit ses propriétés utiles à la chaux dont les coquilles sont composées. Il existe dans plusieurs départements du nord et de l'est de la France des dépôts de falun qui ne sont presque pas utilisés et qui pourraient l'être avec grand avantage. L'effet utile du falun n'est pas aussi durable que celui de la marne, mais il est très-énergique, parce qu'en modifiant la composition du sol il contribue aussi à le rendre plus léger en le divisant, ce qui l'empêche de se durcir pendant la sécheresse et le rend plus aisément pénétrable aux racines des plantes cultivées. Avant d'exploiter une *falunière*, il faut s'assurer qu'elle ne sera pas envahie par les eaux, qui en rendent souvent l'exploitation impossible.

4° **Argile.** Partout où il est facile de s'en procurer, l'argile est un précieux amendement pour les terres sableuses qui manquent de consistance; très-souvent, les terres de cette nature reposent sur des bancs d'argile faciles à exploiter. On transporte l'argile dans les champs, autant que possible à l'entrée de l'hiver; elle est épandue au printemps, après qu'elle a été rendue friable par les intempéries de la mauvaise saison. La dose varie selon la nature plus ou moins compacte de l'argile et celle plus ou moins légère de la terre à amender, depuis 50 jusqu'à 200 mètres cubes par hectare. Il importe de la bien diviser et de la mêler soigneusement à la couche superficielle par un labour et deux hersages, comme la marne. L'argile brûlée et réduite e poudre est aussi pour les terres légères un bon amende ment[1]. En Provence, on étend en couche mince sur le terres argileuses, les menus branchages provenant de l taille des oliviers, puis on y met le feu; la couche superfi cielle ainsi brûlée sur place est ensuite mêlée au reste d sol cultivable par un bon labour.

5° **Sable.** Lorsque les sables de mer ou des carrières d sable siliceux fin se trouvent à peu de distance des terre

1. Voyez *Défrichements*, chap. XI.

fortes argileuses, celles-ci peuvent être fort utilement amendées en y mêlant du sable à la dose de 100 à 200 mètres cubes par hectare. Quand cet amendement peut être donné aux terres fortes en même temps que le marnage, la dépense est à la vérité assez élevée ; mais le sol est tellement amélioré d'une manière durable, que l'augmentation de sa valeur foncière représente beaucoup au delà de ce qu'il a pu coûter pour réaliser cette amélioration.

6° **Cendres.** Les cendres de bois, de houille et de tourbe contiennent deux principes très-utiles à la végétation, la potasse et la chaux. Les cendres de bois et de tourbe s'emploient sans préparation préalable. On en répand à la volée de 50 à 100 hectolitres par hectare sur les prairies au printemps, immédiatement après qu'elles ont reçu un hersage énergique pour les débarrasser des mousses que le contact des cendres contribue à faire périr. Les cendres de houille doivent être passées à la claie pour en séparer les scories, avant de les transporter sur les prés ou les terres arables ; on les emploie à la même dose que les cendres de bois et de tourbe. En Belgique, les cendres de houille sont considérées comme un amendement indispensable pour les terres destinées à la culture du houblon. Dans ce pays, on répand rarement les cendres seules ; quelle que soit leur provenance, on les regarde comme plus efficaces lorsqu'elles sont mêlées au fumier et enfouies dans le sol en même temps que lui par un labour profond.

7° **Scories.** Dans quelques parties de la France où l'industrie du fer a pris un grand développement, la fonte du fer en *gueuse* dans les hauts fourneaux produit des masses considérables de scories connues également sous le nom de *laitier*, sorte d'écume à demi vitrifiée qui couvre la surface du métal en fusion. Les scories, étendues sur les chemins pour y être broyées sous les roues des voitures et délitées au contact de l'air, sont mises en tas à la fin de l'année et transportées sur les terres blanches crayeuses, auxquelles on les mêle à la dose de 10 à 12 hectolitres par hectare ; elles sont pour cette nature de terres un amendement précieux, qui même à une dose de moitié plus faible, lorsqu'on en a seulement une petite quantité à sa disposition, les améliore sensiblement et d'une manière très-durable.

CHAPITRE IV.

Des engrais.

Engrais : leur nécessité, leur effet utile. — Principaux engrais. —
Engrais produits à la ferme. — Fumiers des divers bestiaux. —
Terres auxquelles ils conviennent. — Colombine. — Engrais
liquides. — Récoltes vertes enfouies, leurs propriétés. — Engrais
produits hors de la ferme. — Gadoue. — Guano. — Poudrette.
— Os broyés. — Suie. — Noir animal. — Chiffons de laine en
charpie. — Rognures de cornes. — Acide sulfurique étendu
d'eau. — Durée prolongée de l'effet utile des fumiers. — Effet
passager des engrais pulvérulents et des engrais liquides.

Il n'y a pas de bonnes terres sans fumier ; avec du fumier il n'y en a pas de mauvaises. Bien des terres cultivées, de qualité inférieure, ne produisent qu'en raison
directe de la quantité d'engrais qu'elles reçoivent, et ne
produiraient rien du tout si l'on cessait de leur donner périodiquement de nouvelles fumures. Les plantes cultivées
prennent dans la terre une partie de leur nourriture par
les racines, et le reste dans l'air, par la tige et les feuilles ;
le fumier et les autres engrais fournissent aux plantes une
portion des principes indispensables à leur croissance ; ils
leur communiquent la force nécessaire pour pouvoir puiser
le surplus dans l'atmosphère. De quelque manière qu'on
envisage leur action, on trouve que les engrais sont la base
rationnelle de l'agriculture, qu'à la longue ils changent en
l'améliorant la qualité des terres les plus rebelles à la production, et que la constante préoccupation du cultivateur
doit être de se procurer par tous les moyens en so
pouvoir la plus grande quantité possible des meilleurs en
grais.

Principaux engrais. L'agriculture emploie deux genre
d'engrais différents : les uns se produisent dans chaqu
exploitation ; ce sont : 1° les *fumiers;* 2° les *engrais liqui*
des; 3° les *récoltes vertes enfouies.* Les autres se produisen
en dehors des exploitations et sont fournis par le commerc

aux cultivateurs ; ce sont principalement : 1° les *boues des villes* ou *gadoues* ; 2° le *guano* ; 3° la *poudrette* ; 4° les *os broyés* ; 5° la *suie* ; 6° le *noir animal* ; 7° les *chiffons de laine* ; 8° les *râpures de cornes* ; 9° l'*acide sulfurique*.

1° Engrais produits dans les exploitations. La véritable source de la prospérité d'une ferme, c'est l'abondance des engrais qui s'y produisent par la consommation ou l'emploi intelligent des récoltes fourragères et des pailles des céréales.

Fumiers. Il n'est pas de cultivateur qui ne sache que le fumier de tous les bestiaux est le meilleur et, à tout prendre, le plus économique des engrais. Il en est cependant bien peu qui donnent tous leurs soins à ne rien laisser perdre des fumiers produits par leurs bestiaux. La manière de traiter les fumiers dépend beaucoup de la nature des terres dans lesquelles ils doivent être enfouis. Si ces terres sont de bonne qualité et plutôt légères que fortes, il ne faut placer que peu de litière sous le bétail, faire des fumiers très-gras et très-énergiques sous un volume médiocre, hacher la plus grande partie des pailles pour les faire consommer par le bétail en mélange avec du fourrage sec haché et des racines coupées, et enfouir le fumier dans le sol autant que possible à mesure qu'il se produit. En général, le fumier profite bien plus à la production lorsqu'on l'enterre sans le laisser fermenter que lorsqu'on le laisse se décomposer avant de l'enfouir ; la terre est pour le fumier, quel qu'il soit, un bien meilleur réservoir que la fosse à fumier. Quand il n'est pas mêlé d'une grande quantité de litière, le fumier court ne peut pas, à beaucoup près, absorber toutes les urines du bétail. Ces urines, mêlées à l'eau dont le pavé de l'étable et de l'écurie doit être lavé au moins une fois par semaine, se rendent, par des rigoles ménagées à cet effet, dans la citerne à l'engrais liquide, ou, à défaut de cet accessoire indispensable d'une ferme bien tenue, dans la fosse à fumier. Si les fumiers doivent être enfouis dans des terres plutôt fortes que légères, il est bon qu'ils soient très-*pailleux* ; il faut par conséquent donner une abondante litière aux bestiaux et la renouveler souvent. Le fumier pailleux n'agit pas seulement sur les terres fortes en les fertilisant; il agit encore mécaniquement, en les soulevant, en les empêchant de se tasser, de se durcir, et en les laissant ouvertes aux influences utiles de l'atmosphère. Dans ce cas, la litière absorbe la plus grande partie des urines du bétail; il n'en reste qu'une petite quantité à recueillir dans la citerne à l'engrais liquide. Souvent les grandes exploitations qui comprennent des terres très-fortes ne produisent pas assez de paille pour donner aux fumiers le volume exigé par la nature de ces terres; on a recours alors aux herbes sauvages qui croissent le long des ruisseaux et des étangs et sur les terrains marécageux, ainsi qu'aux feuilles des arbres, excellent élément qu'on laisse perdre presque partout, et qui peut très-utilement s'ajouter aux fumiers pour en augmenter le volume et en améliorer la qualité. Le *fumier de cheval*, ou fumier d'écurie, est le meilleur de tous pour engraisser les terres fortes. A part toute autre considération, la supériorité du fumier des chevaux pour la culture de ce genre de terres est pour beaucoup dans la préférence que les fermiers des pays de grande culture accordent généralement aux attelages de chevaux sur les attelages de bœufs. Les vaches laitières et les veaux d'élève formant toujours la principale ressource des grandes fermes pour la production du fumier, on emploie le *fumier des bêtes à cornes*, soit seul, soit en mélange avec le fumier de cheval, selon la nature des terres qu'il doit fertiliser. La seule manière de faire profiter complétement les terres d'une exploitation de tout le fumier produit par les bêtes à cornes, c'est de soumettre celles-ci au régime de la *stabulation permanente*[1]. Les animaux soumis à ce régime ne sortent jamais de l'étable, ou bien, si leur santé paraît l'exiger, on leur laisse prendre, pendant qu'on nettoie l'étable, un peu d'exercice dans une cour dont le sol est couvert d'une litière abondante. Une méthode très-usitée dans la Grande-Bretagne, et qui commence à se propager dans beaucoup de grandes fermes en France, consiste à placer chaque animal dans un compartiment séparé nommé *boxe*. Une rigole en arrière de la boxe reçoit les urines et les entraîne dans la citerne à l'engrais liquide. Le fumier, fortement comprimé sous le poids de l'animal et rechargé chaque

1. Voyez *Bêtes bovines,* chap. **XXVII.**

jour de litière fraîche, se réduit à un volume peu considérable et ne fermente pas. On ne vide les boxes qu'à des intervalles assez éloignés les uns des autres; le fumier est porté immédiatement dans les champs et enfoui sans lui laisser le temps de fermenter. Le *fumier des bergeries,* pendant la saison où les bêtes à laine y restent constamment renfermées, est piétiné et foulé à peu près comme celui des bêtes bovines dans les boxes. Néanmoins, faute d'une compression suffisante, il s'échauffe, fermente avec plus ou moins d'activité, produit dans la bergerie une chaleur malsaine, et corrompt l'air en y mêlant des vapeurs pernicieuses à respirer. C'est donc une faute de ne tirer qu'à de trop rares intervalles le fumier des bêtes ovines hors de la bergerie. Le *fumier des porcs* est celui de tous que les cultivateurs estiment le moins, bien que son effet utile ne soit pas de beaucoup inférieur à celui des autres fumiers; on l'emploie habituellement en mélange avec celui des autres bestiaux. Le fumier des mulets et des ânes possède les mêmes propriétés que celui des chevaux; le fumier des chèvres et celui des lapins, toujours produits en petite quantité, sont très-énergiques; on les réserve ordinairement pour fumer le jardin de la ferme. Les excréments des pigeons, des poules et des autres oiseaux de basse-cour forment un engrais très-puissant sous le nom de *colombine.* Lorsqu'on a soin de nettoyer au moins une fois par semaine le colombier et le poulailler et de conserver à part, dans un lieu sec, la colombine qu'on y recueille, on peut en avoir à la fin de l'année une ample provision. La colombine, réduite en poudre grossière, est répandue en même temps que le grain de semence, comme le guano, la poudrette et les autres engrais pulvérulents; par sa composition et ses propriétés fertilisantes, elle a une grande ressemblance avec le guano. La principale dépense que tous les fumiers occasionnent au cultivateur, à part leur production, résulte de la nécessité de les transporter, quelquefois à d'assez grandes distances, sur les champs dépendant de son exploitation. Une partie de l'engrais produit par les bêtes ovines est distribué par les animaux eux-mêmes sur le terrain où sont établis les *parcs*[1].

1. Voyez *Bêtes ovines,* chap. **XXVIII.**

Engrais liquides. Ces engrais ont pour base les urines du bétail recueillies dans des citernes construites pour cet usage. L'emploi habituel des engrais liquides n'est généralement usité en France que dans le Nord; il est universellement adopté en Belgique et dans la Grande-Bretagne. On transporte l'engrais liquide dans les champs au moyen de *tonneaux d'arrosage* montés sur deux roues; ces tonneaux versent très-également l'engrais liquide sous forme de pluie. On l'étend dans plusieurs fois son volume d'eau pour en arroser les prairies naturelles ou artificielles. On y délaye des tourteaux de graines oléifères avant de le répandre sur les champs où l'on se propose de cultiver du lin, du colza, du pavot œillette ou d'autres plantes du même genre[1].

Récoltes vertes enfouies. Il est souvent avantageux de semer certaines plantes qu'on enterre par un labour profond, à titre d'engrais. On doit préférer celles qui croissent vite et dont la graine a le moins de valeur : le *sarrasin* et la *spergule* sont les plantes les plus usitées à cet effet; on les enterre quand elles sont en pleine fleur. Dans les pays vignobles, on sème entre les rangées de ceps du lupin, qu'on enfouit tandis qu'il est en fleur, sans lui laisser le temps de former sa graine. Si l'on sème du colza très-serré sur une terre infestée de vers blancs ou turcs (larves de hannetons), et qu'on enterre la plante lorsqu'elle a atteint environ 0^m,30 de hauteur, non-seulement on donne à la terre un très-bon engrais végétal, mais en outre on fait périr la plupart des vers blancs, qui ne peuvent supporter dans la terre le contact des feuilles de colza décomposées.

2° Engrais produits en dehors des exploitations. Ces engrais sont pour le cultivateur une ressource souvent nécessaire, mais toujours très-dispendieuse, à laquelle il ne doit recourir qu'en cas d'insuffisance des fumiers et des autres engrais résultant de l'exploitation elle-même.

Gadoues ou boues des villes. C'est de tous les engrai du commerce celui qui ressemble le plus au fumier. Il s compose du balayage des rues, lequel contient beaucou de fumier de cheval, et de tous les débris sans nom dépo

---

1. Voyez *Plantes industrielles,* chap. XIX et suivants.

sés chaque matin par les ménagères au coin des bornes. On nomme cet engrais *gadoue verte* quand il est vendu et utilisé pour la fumure des terres avant d'avoir fermenté; on le nomme *gadoue faite* quand il a été conservé un an avant d'être vendu, et qu'il est presque passé à l'état de terreau, tout en conservant des propriétés fertilisantes très-énergiques. Les *gadoues vertes* s'emploient à la dose de 60 mètres cubes par hectare, et les *gadoues faites,* à la dose de 30 à 35 mètres cubes.

Guano. Le guano, formé des déjections accumulées des millions d'oiseaux de mer qui fréquentent les parties inhabitées des côtes de l'Amérique du Sud et les îles Chincha, dépendant du Pérou, a été, pendant une période de trente années, expédié en Europe en quantités prodigieuses. L'agriculture européenne employait surtout le guano pour la culture du froment, et, bien qu'elle le payât fort cher, elle y trouvait apparemment son compte, puisque le guano ne manquait jamais d'acheteurs. Aujourd'hui, le guano est à peu près épuisé.

Le rôle du guano dans l'agriculture européenne peut donc être regardé comme passé. Cette matière fertilisante sera remplacée par l'emploi sur une plus grande échelle des engrais chimiques et des divers engrais artificiels, dans les exploitations où, pour arriver au maximum possible de rendement, on avait l'habitude de donner aux récoltes un supplément de fumure consistant en guano, indépendamment de la plus forte dose possible de fumier des bestiaux.

D'immenses dépôts de terreau récemment découverts dans la Caroline du Sud commencent à être exploités en remplacement du guano.

Poudrette. C'est l'engrais humain desséché et désinfecté. La poudrette se vend en moyenne de 4 à 5 fr. l'hectolitre, du poids de 60 kilogrammes. Sa puissance fertilisante n'étant pas très-énergique, on ne peut pas en employer moins de 25 à 30 hectolitres par hectare pour la culture des céréales. On répand la poudrette, soit à la volée, immédiatement avant les semailles, soit, comme le guano, au moyen du semoir. Au lieu de convertir l'engrais humain en poudrette, ce qui le dépouille d'une grande partie de ses principes fertilisants, il est plus avantageux de le désinfecter dans les fosses d'aisances, de l'incorporer, à mesure qu'on l'en extrait, avec deux fois son volume de bonne terre, et de le laisser alors se dessécher à l'air libre, mais à l'abri de la pluie, pendant deux ou trois mois. On peut alors l'employer comme tout autre engrais pulvérulent, en le répandant à la volée au moment des semailles, à la dose de 400 à 500 kilogrammes par hectare. Le procédé de désinfection le plus simple consiste dans l'emploi d'une solution de sulfate de fer (vitriol vert du commerce) à raison d'un kilogramme de ce sel pour 5 litres d'eau froide. Un litre de cette solution suffit pour désinfecter complétement un mètre cube d'engrais humain.

Os broyés. Les os crus provenant des boucheries et les os cuits provenant des cuisines ont, comme engrais, la même efficacité. Le moyen le plus simple de les diviser, c'est de les étendre par couches dans l'intérieur d'un tas de fumier en fermentation; en peu de temps ils se ramollissent assez pour qu'en frappant dessus avec une masse de bois on les réduise sans peine en fragments peu volumineux, faciles à répandre à la volée, comme les engrais pulvérulents. Dans les exploitations les mieux dirigées, on fait tremper dans des cuves de tôle ou de bois doublées de tôle les os réduits en petits fragments, dans de l'eau mêlée d'une assez forte dose d'acide sulfurique. Ils finissent par s'y dissoudre : le phosphate de chaux qui en forme la base se dépose au fond du liquide; on le fait sécher pour l'employer comme engrais pulvérulent. Cet engrais est sans effet appréciable dans les terrains calcaires ; pour toutes les autre terres, mais principalement pour les terres légères sableuses, il produit un effet utile très-durable, surtout lorsqu'on l répand à la dose de 250 à 300 kilogrammes par hectare mêlé à son poids de cendres de bois. Des expériences ré centes faites dans le département du Nord par un agronom instruit, M. Corenwinder, ont prouvé que, dans les terre fertiles et habituellement bien fumées, les os broyés, qu coûtent fort cher, ne produisent aucun effet utile; il fau donc, avant d'employer cet engrais, s'assurer de son effic cité sur les terres où on se propose de le répandre.

L'agriculture européenne, malgré l'accroissement pro gressif de la consommation de la viande de boucherie, éta sérieusement menacée de manquer d'os broyés, dont bea coup de terres cultivées ne peuvent se passer, lorsque des gisements inépuisables de phosphate de chaux fossile ont été découverts d'abord en Angleterre, puis en France, dans les Ardennes. Ces phosphates, exploités en grand et livrés à bas prix à l'agriculture, produisent un effet analogue à celui des os broyés, dans les terres où le phosphate de chaux manque pour la formation du grain dans l'épi des céréales.

Suie. La suie provenant, soit de la combustion de la houille, soit de celle du bois, possède à faible dose une grande énergie fertilisante; elle a en outre la propriété d'éloigner les taupes, les petits rongeurs, rats, souris, mulots et campagnols, et de faire périr les larves d'une foule d'insectes nuisibles. On l'emploie à la dose de 150 à 200 kilogrammes par hectare.

Noir animal. C'est un charbon d'os calcinés en vase clos, principalement employé dans les raffineries de sucre pour le *claircage* des sirops. Le noir animal pulvérisé et passé au crible s'emploie comme engrais pulvérulent, à la dose de 400 à 500 kilogrammes par hectare, pour obtenir une bonne récolte de seigle ou d'avoine des terres incultes ou landes récemment défrichées; aucun autre engrais pulvérulent ne peut lui être comparé pour cette destination particulière. On l'emploie aussi avec beaucoup de succès pour *prâliner* le seigle et l'orge avant de les semer dans les terres légères sableuses de qualité médiocre[1].

Chiffons de laine. La puissance fertilisante des chiffons de laine réduits en charpie est assez considérable; 2,500 à 3,000 kilogrammes par hectare équivalent à une fumure de 60 mètres cubes de bon fumier. Lorsqu'on achète des chiffons de laine préparés pour servir d'engrais, on doit s'assurer que des agents chimiques n'ont pas été employés pour les diviser, ce qui aurait en grande partie détruit leurs propriétés fertilisantes.

Râpures de cornes. On peut se procurer les râpures de cornes en assez grande quantité, à raison de 8 à 9 fr. les 100 kilogrammes, dans les fabriques de peignes et d'autres

1. Voyez *Semailles,* chap. VIII.

objets en corne. Leur efficacité est à peu près semblable à celle des os broyés; plus les râpures sont divisées, plus elles produisent d'effet utile sur la végétation des plantes cultivées.

Acide sulfurique. Cet acide, étendu dans *cent fois son poids d'eau*, est employé avec succès pour arroser les terres très-calcaires occupées par des prairies artificielles de plantes légumineuses, dont il active la végétation[1]. La crainte des accidents graves auxquels peuvent donner lieu les propriétés corrosives de l'acide sulfurique, lorsqu'on le laisse entre des mains maladroites, rend l'emploi de cet acide assez rare en agriculture; le fermier qui en fait usage doit en surveiller les applications avec un soin particulier.

Sulfate d'ammoniaque. Plusieurs sels, parmi lesquels il faut placer en première ligne le sulfate d'ammoniaque, produisent un effet puissant et immédiat sur la végétation des plantes cultivées, spécialement sur celle des céréales. Le prix élevé du sulfate d'ammoniaque et sa rareté relative dans le commerce ont, pendant longues années, écarté de la pratique agricole l'emploi de ce sulfate, bien que ses propriétés fertilisantes aient été constatées par des expériences qui ne laissent pas de place au doute. Le prix du sulfate d'ammoniaque se maintenait, à Paris, à 60 fr. les 100 kilogrammes; et comme il est nécessaire, pour en obtenir l'effet utile, d'en employer de 300 à 600 kilogrammes par hectare, on voit qu'il n'y avait pas moyen d'y recourir. Depuis la fin de 1866, son prix est descendu à 30 fr. les 100 kilogrammes. Cette baisse, qui ne paraît pas être le dernier mot de la fabrication, rend possible actuellement l'usage du sulfate d'ammoniaque en qualité d'engrais pulvérulent. Il ne doit être ni enfoui par un labour, ni même recouvert par un hersage; sa nature très-soluble permet à la pluie ou même à la rosée des nuits de le dissoudre et de le faire pénétrer jusqu'aux racines des céréales dont il doit activer la végétation. On peut, selon les besoins de l'exploitation, le mêler au fumier dont il augmente la puissance fertilisante, ou bien le répandre en poudre grossière sur les froments d'hiver, au moment de la reprise de leur végétation au printemps. Le sulfate d'ammo-

____

1. Voyez *Légumineuses fourragères*, chap. XVII.

niaque employé à la dose indiquée, de l'une ou l'autre de ces deux manières, possède la propriété précieuse de ranimer la vigueur des blés attaqués du ver, comme on dit vulgairement, c'est-à-dire piqués en automne par la mouche du chlorops, et renfermant une très-petite larve de cette mouche. La larve du chlorops ne fait pas mourir immédiatement la plante; elle la fait seulement languir et empêche l'épi de se former, ce qui cause assez souvent un déficit considérable dans les récoltes. Le sulfate d'ammoniaque ne tue pas la larve du chlorops; mais il donne aux racines fibreuses du froment une vigueur qui leur fait pousser des rejetons nombreux, exempts des atteintes du chlorops; selon l'expression vulgaire, il aide le blé à *taller,* ce qui comble et au delà le déficit provenant des ravages du chlorops, ou ver des blés.

Il est utile de remarquer que, pour faire cesser les fraudes auxquelles donnait lieu trop souvent le commerce des engrais artificiels, une loi, votée en juin 1867 par les chambres, soumet ce commerce à une inspection sévère qui ne permet plus de vendre aux cultivateurs des substances inertes, au lieu de matières fertilisantes. Or, pour obéir aux prescriptions de la loi, les fabriques d'engrais artificiels ont recours précisément au sulfate d'ammoniaque, depuis que son prix est devenu assez modéré; rien n'empêche les cultivateurs de l'acheter et de l'employer directement, sans mélange.

Le sulfate d'ammoniaque peut être obtenu en quantités pour ainsi dire illimitées, soit des résidus de la fabrication du gaz d'éclairage, soit des *eaux vannes,* partie liquide de l'engrais humain desséché, et vendu sous le nom de *poudrette.* Jusqu'à présent, l'extraction de ce sel a été limitée uniquement par le défaut de débouché. Si l'agriculture s'en empare, on pourra le produire à bas prix, en quantité proportionnée à la demande.

Tels sont les engrais les plus usités dans l'agriculture française : en résumé, ceux dont l'effet est le plus durable sont les fumiers; viennent ensuite les os broyés, dont l'effet se prolonge pendant plusieurs années, parce qu'ils ne cèdent leurs principes utiles à la végétation qu'avec une extrême lenteur. Le guano, la poudrette, le noir animal et les autres engrais pulvérulents agissent très-énergiquement; mais il n'en reste rien dans le sol au bout d'une année. L'effet utile de l'engrais liquide est encore plus passager.

CHAPITRE V.

Instruments et Machines.

Instruments et Machines : trois divisions. — 1° Instruments aratoires.—Bêche : ses diverses formes, ses usages.—Pioche : pour les défrichements. — Houe : forme; usages. — Béchard : pour façonner les vignes. — Charrue : ses diverses parties. — Araire : charrues Dombasle, Ransome, fouilleuse; buttoir. — Extirpateur. — Scarificateur. — Houe à cheval. — Herse. — Rouleau de bois, rouleau denté, herse de Norvége, rouleau squelette. — 2° Instruments de transport. — Chariot. — Charrette : à timon double, simple, à bœufs. — Tombereau : vidé sans dételer. — 3° Machines agricoles. — Semoir. — Hache-paille : construction, emploi. — Coupe-racines : avantage des racines coupées. — Tarare : nettoyage et ventilation des grains battus. — Machine à battre; ses avantages. — Machine à moissonner.

Les travaux de l'agriculture nécessitent l'emploi de divers instruments destinés à en rendre l'exécution moins pénible et plus rapide. Le matériel agricole, en instruments et machines, n'approche pas de la perfection de l'outillage de l'industrie manufacturière; ce n'est que dans les temps tout à fait modernes que le génie de la mécanique s'est exercé en faveur de l'agriculture : il lui reste encore beaucoup à faire pour porter le matériel agricole à sa perfection.

Les instruments et machines à l'usage de l'agriculture se partagent en trois divisions distinctes : 1° *instruments aratoires;* 2° *instruments de transport;* 3° *machines agricoles.*

1° Instruments aratoires. Quel que soit le mode d'exploitation adopté dans la petite, la moyenne et la grande culture, le succès dépend toujours en grande partie du plus ou moins de perfection des instruments servant à façonner le sol. Les plus usités sont : la *bêche,* la *pioche,* la *houe,* le *béchard,* pour la culture à bras; la *charrue,* l'*extirpateur,* le *scarificateur,* la *houe à cheval,* pour les labours donnés avec l'aide des attelages ; la *herse* et le *rouleau,* pour les façons superficielles et les semailles[1].

Bêche. La *bêche* remplace la charrue dans la petite culture. Si le sol à bêcher est compacte et pesant, la bêche doit être large et plate ; s'il est pierreux et dur, le tranchant de la bêche offre une légère courbure, et ses deux angles inférieurs forment des pointes renforcées ; s'il est sableux et très-léger, le fer de la bêche offre, dans le sens de sa longueur, une courbe assez prononcée pour retenir la charge de terre prise par l'instrument et empêcher qu'elle ne retombe hors de la place où le laboureur veut la déposer. Quoique la bêche soit moins usitée dans les champs que dans les jardins, il y a des cantons, parmi les mieux cultivés de l'Europe, où la terre de toutes les exploitations, grandes ou petites, est labourée à la bêche une fois tous les cinq ans[2].

Pioche. La *pioche,* connue sous le nom de *tranche* dans les cantons de l'ouest de la France, où elle est le plus usitée, sert principalement pour les défrichements de terres incultes, lorsqu'ils ne se font pas à la charrue. La pioche lève la terre en gros blocs qui doivent être *mûris* ou délités par l'action des intempéries atmosphériques, puis divisés par la herse[3].

Houe. La *houe* diffère de la pioche par son manche court et sa lame large, plate, carrée ou triangulaire : c'est un instrument très-commode pour donner rapidement une façon superficielle, planter et butter les pommes de terre et le maïs, et rompre la croûte qui se forme sur la terre quand, après de fortes pluies, elle est durcie par la sécheresse.

Béchard. Le *béchard* est une houe à deux fortes dents plates, très-usitée dans tout le midi de la France pour donner aux vignes les fréquentes façons qu'elles réclament. Aucun instrument ne ménage mieux que le béchard les

1. Voyez *Labourage,* chap. vii.
2. Voyez *Défoncements,* chap. vii.
3. Voyez *Défrichements,* chap. xi.

forces du travailleur, lorsqu'il s'agit d'entamer une terre compacte, durcie par le soleil du Midi.

Charrue. La *charrue* est le plus utile et le plus usité des instruments aratoires ; c'est avec elle seulement que le cultivateur peut se faire seconder par des animaux d'attelage dans la tâche de labourer la terre. Dans l'origine, la charrue consistait en une simple pointe de bois armée d'un fer à l'aide duquel l'attelage égratignait la surface du sol, sans le retourner ni l'ameublir à une profondeur suffisante ; on la retrouve encore à cet état primitif dans beaucoup de nos départements. De nos jours, en Angleterre, en France, en Allemagne et en Italie, les agronomes les plus éclairés ont apporté de grandes améliorations dans la construction des charrues, et les ont mises en rapport avec la nature des divers genres de sol à labourer, ainsi qu'avec l'état avancé de l'agriculture moderne.

Une charrue vraiment bonne doit comprendre comme parties principales : le *soc*, le *versoir* ou *oreille*, le *coutre* ou *couteau*, le *talon* ou *sep*, l'*age* et les *mancherons*. — 1. *Soc*. C'est une pièce de fer aciéré, plate et triangulaire, qui entame le sol à mesure que la charrue avance.—2. *Versoir* ou *oreille*. Cette pièce très-importante ne fait qu'un avec le soc, dont elle est le prolongement. Sa forme la plus avantageuse est celle d'une spirale allongée, le long de laquelle la bande de terre entamée par le soc glisse en se retournant, pour retomber sans être froissée ni foulée à la place qu'elle doit occuper. Le versoir peut être de fer ou de fonte : dans ce dernier cas, il est moins cher, mais il se casse si fréquemment que le versoir de fer est en réalité plus économique. — 3. *Coutre* ou *couteau*. C'est une forte lame fixée sur le côté de l'age, en avant du soc, au moyen de la tige de fer qui la termine à sa partie supérieure. Le coutre coupe verticalement la bande de terre que le soc et le versoir doivent déplacer. — 4. *Talon* ou *sep*. C'est la partie de la charrue qui supporte tout l'instrument et qui glisse, pendant le labour, sur le fond de la raie. Le talon est habituellement garni d'une épaisse bande de fer. — 5. *Age*. C'est à proprement parler le corps de la charrue, auquel toutes les autres pièces sont fixées. En France, l'age de la charrue est ordinairement de bois ; en Angleterre et en Écosse, il est le plus souvent de fer. L'age se termine en avant par un anneau muni d'un crochet auquel s'adaptent les palonniers de l'attelage. — 6. *Mancherons*. Ce sont deux poignées adaptées à l'arrière de l'age et suffisamment écartées, afin que le laboureur les ait facilement sous la main pour diriger sa charrue.

Les charrues ordinaires ont, en outre, un *avant-train*, formé de deux roues ; la partie supérieure de l'age repose, dans ce cas, sur l'avant-train. Il existe aussi des charrues sans avant-train, désignées sous le nom général d'*araires ;* elles ont, du reste, toutes les parties qui constituent une charrue complète. Dans les cultures conduites d'après les principes de l'agriculture la plus avancée, l'araire tend à se substituer à la charrue avec avant-train. On adapte souvent à diverses charrues une pièce supplémentaire nommée *régulateur,* servant à rendre aussi régulière que possible l'*entrure* du soc, c'est-à-dire la profondeur à laquelle il pénètre dans la terre, afin que la raie soit uniforme sur toute sa longueur. Le défaut de la plupart des régulateurs, c'est de se déranger facilement et d'obliger le laboureur à interrompre son travail pour remettre le régulateur à son point. Le plus avantageux des régulateurs est celui de *Mettray* (*fig.* 1), qui s'adapte à toutes les bonnes charrues, et qui, au moyen des deux branches dont il est pourvu, permet au laboureur d'augmenter ou de diminuer la profondeur de la raie sans interrompre son labour.

Fig. 1. — Régulateur Mettray.

Les meilleures charrues perfectionnées répondant à tous les besoins de l'agriculture sont : la *charrue Dombasle*, la *charrue Ransome*, la *charrue fouilleuse* et le *buttoir*, ou charrue à double versoir.

La *charrue Dombasle* (*fig.* 2), l'une des meilleures de celles qui labourent le sol français, est un araire. Elle réunit toutes les parties ci-dessus décrites comme constituant une bonne charrue. Ces parties sont ajustées de manière à produire la plus forte somme d'effet utile avec la moindre dépense de force, tant pour l'attelage que pour le laboureur.

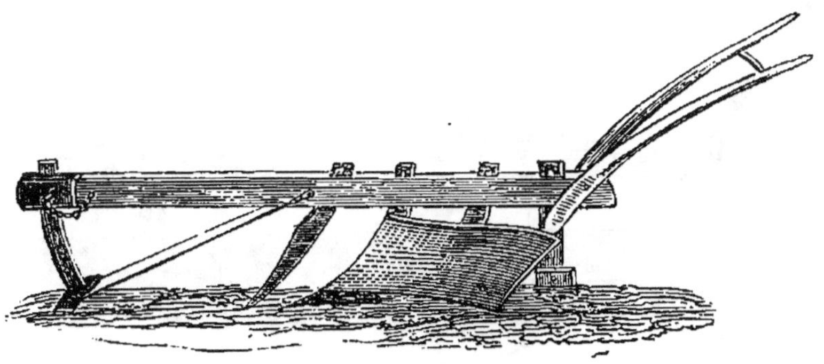

Fig. 2. — Charrue Dombasle.

La *charrue Ransome* (*fig.* 3), construite tout en fer, l'une des meilleures qui soient en usage dans la Grande-Bretagne, tient le milieu entre l'araire et la charrue avec avant-train ; les roues, fixées à l'age par des écrous, sont de hauteur inégale ; elles peuvent être enlevées à volonté, selon la nature du sol à labourer[1].

Fig. 3. — Charrue Ransome.

1. Voyez *Labours*, chap. VI.

Il est quelquefois utile d'ameublir le sous-sol pour faciliter le passage des eaux surabondantes, sans le ramener à la surface ni le mêler à la bonne terre du dessus, quand il n'est pas d'excellente nature. A cet effet, on fait suivre une charrue ordinaire, munie de son versoir, d'une autre charrue armée seulement d'un soc, sans versoir. La meilleure charrue de ce genre est la *charrue fouilleuse* du pays d'Altenbourg, en Saxe (*fig.* 4).

Fig. 4. — Charrue fouilleuse.

On se sert aussi pour la même destination de la charrue fouilleuse de M. Demesmay (*fig.* 5).

Fig. 5. — Charrue Demesmay.

Parmi les charrues nouvelles qui surgissent tous les ans, on doit en signaler deux d'un vrai mérite : la charrue de M. l'abbé Didelot et la charrue de la colonie pénitentiaire de Mettray. La valeur spéciale de ces deux charrues consiste dans la propriété qu'elles possèdent au plus haut degré de *garder leur entrure;* celle de Mettray est pourvue à cet effet d'un régulateur que le laboureur peut faire agir sans quitter les mancherons, de sorte que le labour n'est pas interrompu, et que la raie conserve une profondeur uniforme sur toute sa longueur. Toutes les bonnes charrues ont aussi un régulateur; mais, s'il vient à se déranger pendant le labour, il faut que le laboureur arrête la charrue et aille rajuster le régulateur, ce qui nécessite une interruption dans son travail.

On nomme *buttoir* (*fig.* 6) une charrue qui diffère des charrues ordinaires en ce que son soc est accompagné d'un versoir double; de sorte que quand l'instrument fonctionne, la terre, au lieu d'être rejetée toute du même côté, est versée très-également à droite et à gauche.

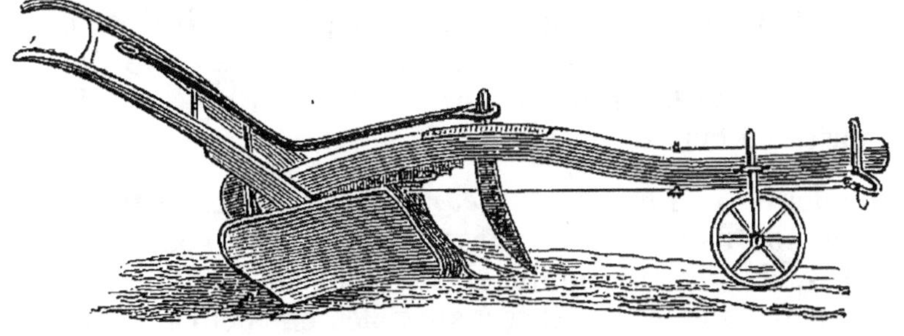

Fig. 6. — Buttoir.

On se sert du buttoir dans la grande culture pour réunir la terre au pied des touffes de pommes de terre, de maïs, de rutabagas et d'autres plantes qui ont besoin d'être buttées. Le buttoir sert aussi pour façonner le sol en *ados* ou *billons* d'un seul trait, sans qu'il soit nécessaire de faire passer la charrue deux fois en allant et en revenant, seul moyen d'obtenir des billons avec la charrue commune à un seul versoir.

Extirpateur. L'*extirpateur* (*fig.* 7) consiste en un châssis de bois semblable à celui d'une herse triangulaire, auquel sont adaptés, selon sa grandeur, trois ou cinq socs plats triangulaires, montés sur des tiges de fer qui permettent de les enlever à volonté. Quand une terre est infestée de chien-

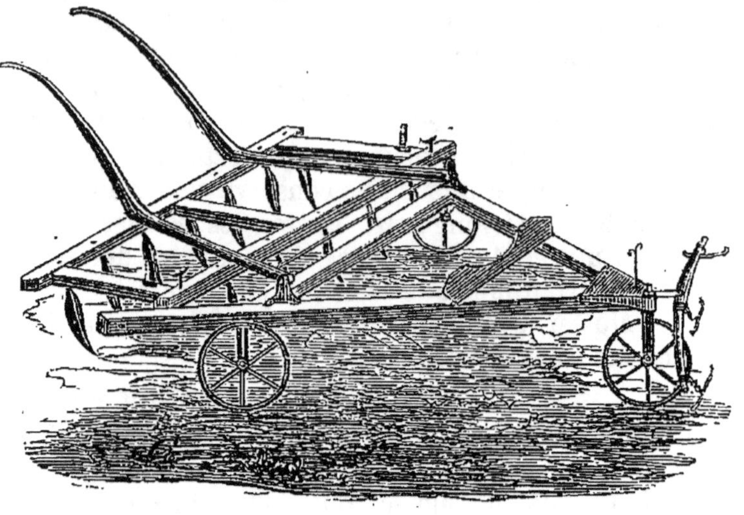

Fig. 7. — Extirpateur.

dent ou d'autres racines de mauvaises plantes vivaces, on y fait passer l'extirpateur, qui coupe ces racines entre deux terres; la herse les ramène ensuite à la surface, où elles sont mises en tas, séchées et brûlées.

Scarificateur. Le *scarificateur* diffère de l'extirpateur en ce qu'au lieu de socs, son châssis est armé de coutres, en plus ou moins grand nombre, qui coupent verticalement la terre sans la déplacer. Il sert spécialement pour préparer, avant leur premier labour à bras ou à la charrue, les bruyères à défricher ou bien les vieilles prairies naturelles ou artificielles qui doivent être rompues.

Houe à cheval. La *houe à cheval* est une sorte d'extirpateur armé de deux ou trois socs seulement, assez étroit pour passer facilement entre les rangées de céréales ou d'autres plantes semées en lignes, et leur donner une façon très-utile à leur croissance au commencement du printemps.

Herse. Les usages de la *herse* sont très-multipliés. Les meilleures herses sont armées de dents de fer adaptées à un

châssis trapézoïde ou triangulaire (*fig.* 8). Ces dents doivent
être placées de manière à ce que, quand la herse fonctionne,
les petits sillons ouverts par chacune des dents isolément
remuent et ameublissent très-exactement toute la surface
du sol. Les hersages sur les prairies enlèvent les mousses et
favorisent la croissance des bonnes graminées ; sur les blés,
au printemps, ils sollicitent la plante à *taller*, c'est-à-dire

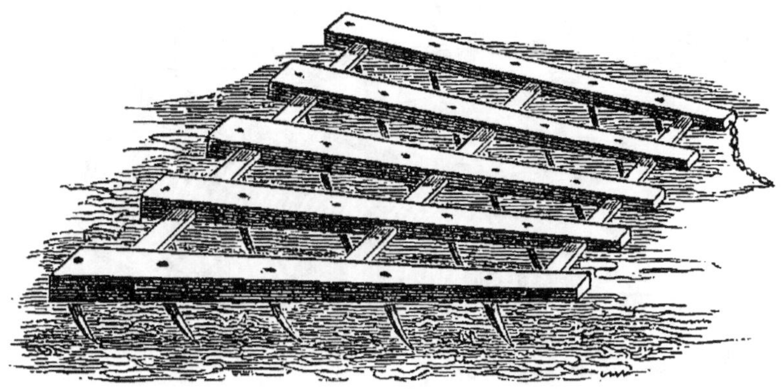

Fig. 8. — Herse.

à émettre un grand nombre de rejetons ; sur les terres labourées, ils divisent les mottes et recouvrent les semailles.
Pour enterrer les graines très-fines, particulièrement les
graines des graminées dont on veut former des prairies artificielles, telles que les ray-grass d'Angleterre et d'Italie,
on passe sur le sol ensemencé une herse formée de tringles
de fer portant des dents plus fines que les dents d'un très-
petit râteau. Ces hersages ont pour but principal de recou-
vrir la semence seulement assez pour qu'elle ne soit pas la
proie des oiseaux, qui en sont fort avides.

Rouleau. Le *rouleau ordinaire*, en bois de chêne, sert
à égaliser la terre pour les semailles en lignes faites au semoir, et pour raffermir le sol des champs emblavés, soulevé
par les alternatives de gelées et de dégels à la fin de l'hiver[1]. On nomme improprement *herse de Norwége* un rouleau formé de cercles de fer montés sur un axe commun,
et dentés en scie : ce rouleau sert à briser les mottes des

____
1. Voyez *Semailles,* chap. VIII.

terres très-fortes labourées lorsqu'elles sont trop humides,
et converties par la sécheresse en blocs solides. Le même
service s'obtient en Angleterre d'un rouleau du même genre
nommé *rouleau squelette* (*fig.* 9), dont les cercles, parallèles entre eux, sont dépourvus de dents à leur circon-
férence.

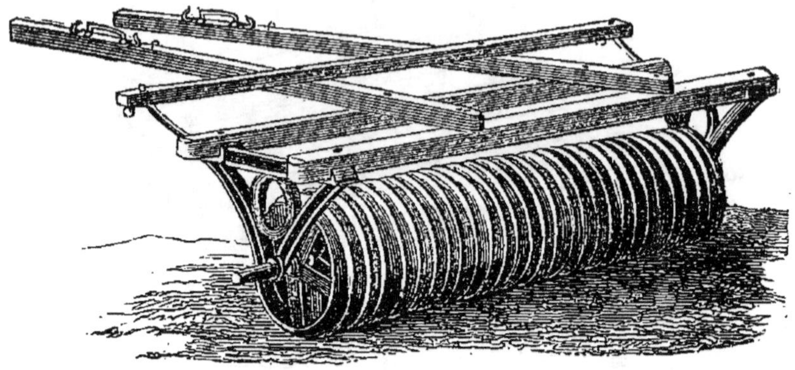

Fig. 9. — Rouleau squelette.

2° Instruments de transport. L'agriculture fait usage
d'instruments qui lui sont propres pour le transport des
fumiers de la ferme aux champs, des récoltes des champs à
la ferme, et des divers produits du sol au marché. Les trois
principaux instruments de transport à l'usage de l'agriculture sont le *chariot*, la *charrette*, le *tombereau*.

Chariot. Le *chariot* diffère de la charrette en ce qu'il
est monté sur quatre roues, deux plus grandes derrière et
deux plus petites par devant. Le chariot, dans les pays de
plaine, convient mieux que la charrette; il fatigue moins
les attelages et permet de transporter en un seul voyage des
charges considérables.

Charrette. La *charrette* est montée sur une seule paire
de roues, et le plus souvent terminée en avant par un brancard double dans lequel entre le cheval de limon, ou limo-
nier. Quelquefois les deux brancards de la charrette sont
remplacés par un timon simple, de chaque côté duquel
deux chevaux sont attelés de front. On nomme *guimbarde*
la grande charrette agricole terminée aux deux bouts par
des montants inclinés en avant et en arrière, désignés sous
le nom de *cornes de guimbarde* (*fig.* 10).

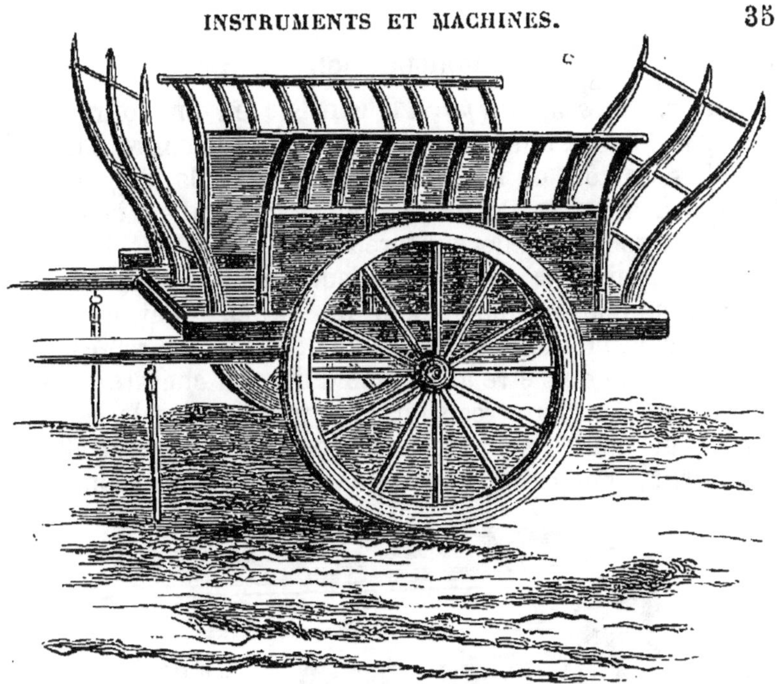

Fig. 10. — Guimbarde.

Tombereau. Le *tombereau* est une charrette à double brancard, fermée de planches, dont la partie postérieure s'enlève à volonté, et dont les brancards sont munis d'une charnière qui permet de la faire basculer en arrière, pour déposer la charge à terre sans dételer.

La charrette et le tombereau tournent avec facilité, circulent dans les chemins montueux impraticables pour les chariots, et utilisent plus complétement que les chariots la force des attelages. Trois chevaux attelés chacun à une charrette ou à un tombereau transportent une charge que quatre chevaux de même force ont de la peine à tirer lorsqu'ils sont attelés tous quatre à un seul chariot.

3° **Machines agricoles.** L'agriculture ne possède pas un matériel de machines comparable à celui dont dispose l'industrie manufacturière ; c'est à peine si, de nos jours, le génie de la mécanique a commencé à s'exercer en sa faveur. Les machines agricoles les plus usitées et les plus utiles à connaître sont : le *semoir*, le *hache-paille*, le *coupe-racines*, le *tarare* pour le nettoyage des grains, la *machine à battre les grains*, la *machine à moissonner*.

Semoir. Le *semoir* (*fig.* 11) consiste en un coffre traversé par l'axe d'une paire de roues. De ce coffre partent des tubes de tôle ou de fer-blanc par lesquels le grain est transmis à la terre; l'extrémité de chaque tube a la forme d'un petit soc en cuiller qui creuse une raie dans laquelle tombe le grain. La partie antérieure du semoir porte un brancard simple ou double pour un ou deux chevaux d'attelage, selon la grandeur du semoir : celui que représente la figure 11 ne doit être attelé que d'un seul cheval. Par un mécanisme intérieur très-simple, à mesure que le semoir avance, de petites soupapes s'ouvrent et se ferment alternativement, et déposent le grain dans la raie à des distances

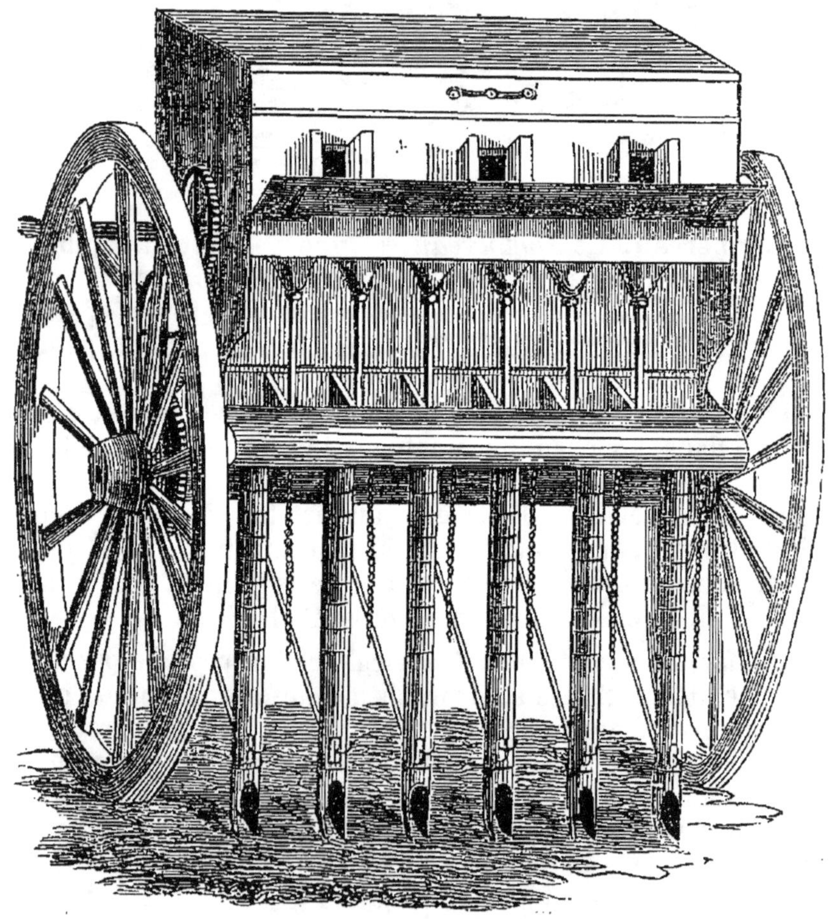

Fig. 11. — Semoir.

parfaitement régulières. Beaucoup de semoirs ont un double coffre, qui verse par les tubes du guano ou tout autre engrais pulvérulent en même temps que le grain de semence.

On se sert pour semer les graines volumineuses, telles que pois, fèves, haricots, d'un *semoir à bras,* basé du reste sur le même système que le précédent. Le semoir à bras est connu sous le nom de *semoir-brouette,* parce qu'il repose, comme la brouette commune, sur une seule roue et qu'on le fait fonctionner en le poussant en avant.

Hache-paille. Le *hache-paille* (*fig.* 12) consiste essentiellement dans un mécanisme peu compliqué, mis en action par un volant, monté sur un châssis de bois à hauteur d'appui, auquel est adaptée une auge en bois ouverte à l'une de ses extrémités. La paille, ou tout autre fourrage qu'il s'agit de hacher, est placée dans l'auge et poussée vers son extrémité ouverte, à mesure que l'instrument fonctionne. Une lame bien affilée, qui se lève et s'abaisse tour à tour, coupe à la longueur désirée la partie du fourrage qui dépasse l'ouverture de l'auge. Dans les grandes fermes, au moyen d'une courroie de renvoi, le hache-paille est mis en

Fig. 12. — Hache-paille.

mouvement par la force perdue de la machine à vapeur qui fait fonctionner en même temps la machine à battre.

Coupe-racines. La pièce principale du *coupe-racines* (*fig.* 13) est un cylindre court, armé de plusieurs lames très-tranchantes, monté sur un châssis de bois comme le hache-paille, et tournant au moyen d'un volant et d'une manivelle. Ce cylindre est surmonté d'une trémie qui reçoit les racines à couper. Un bon coupe-racines doit diviser les racines fourragères en rubans semblables à des copeaux de menuiserie ; de cette manière on peut les donner mêlées à des fourrages hachés, ce qui les rend bien plus profitables à la nourriture ou à l'engraissement des bestiaux que si les racines leur étaient distribuées seules et entières.

Fig. 13. — Coupe-racines.

Tarare. Le *tarare* (*fig.* 14) est un coffre en bois de forme irrégulière, accompagné d'une trémie par laquelle on verse le grain à nettoyer : il est fortement agité dans l'intérieur du coffre par des ailes de bois fixées à un axe à manivelle. Le courant d'air produit par l'agitation des ailes entraîne les matières légères qui peuvent se trouver mêlées au grain battu.

Fig. 14. — Tarare.

Machine à battre. Toutes les machines à battre consistent en une paire de cylindres cannelés entre lesquels passent les épis : ce qui en sépare le grain. La *machine à battre* (*fig.* 15) fonctionne au moyen d'un manége attelé de deux ou trois chevaux ou d'une machine mobile à vapeur. On possède aussi quelques machines à battre qu'un ou deux ouvriers peuvent faire fonctionner à bras; elles sont encore peu répandues. Dans les pays de grande culture des céréales, on fait voyager d'une ferme à l'autre les machines à battre avec leur machine à vapeur, ce qui tend à faire disparaître de ces pays l'usage du battage au fléau.

Fig. 15. — Machine à battre.

L'avantage du battage à la mécanique sur le battage au fléau ou le dépiquage sous les pieds des animaux de trait consiste dans la plus complète séparation du grain et dans la rapidité d'exécution, qui permet au cultivateur, peu de temps après la moisson, d'avoir tout son grain battu dans ses greniers, et de ne conserver en grange ou en meules que des pailles battues.

Machine à moissonner. L'application de la mécanique à la récolte des céréales a fait inventer de nos jours plusieurs *machines à moissonner*, utiles surtout dans les pays où les bras manquent au moment de la moisson. Toutes ces machines, dont la meilleure est celle de M. Mac-Cormick, ingénieur américain, ont pour base une rangée de ciseaux qui coupent la céréale au niveau du sol, et qui sont mis en action par un mécanisme adapté à l'axe des roues sur lesquelles repose l'appareil attelé d'un ou de plusieurs chevaux. A mesure que l'appareil avance, les ciseaux fonctionnent et font tomber la céréale coupée sur une plate-forme de planches où se tient l'ouvrier chargé du soin de la mettre en javelles, qu'il rejette en lignes sur le sol à mesure qu'elles sont liées. La moisson se fait ainsi très-vite et avec un nombre de bras de beaucoup inférieur à celui que nécessite la moisson à la faucille, à la sape ou à la faux, selon la méthode ordinaire.

Les machines à moissonner sont en général chères, compliquées, très-difficiles à réparer en cas d'accident. C'est aux États-Unis, où d'immenses céréales sont chaque année à récolter et où les bras manquent pour la moisson, que les premières machines de ce genre ont été inventées. Les plus parfaites, imitées par les constructeurs anglais et français avec plus ou moins de bonheur, sont celles de Burgess et Key, du docteur Mazier, et, plus récemment, celles de Hornsby et de Samuelson. Ces deux dernières, qui fonctionnent à l'aide d'un attelage de deux chevaux, *font la javelle,* selon l'expression reçue ; le conducteur n'a à s'occuper que de la direction de son attelage ; le blé coupé se trouve rangé sur le sol de façon à ce qu'il n'y ait plus qu'à le lier en gerbes et à l'enlever. Déjà, dans nos pays de grande culture des céréales et dans les plaines fertiles de la Pologne, de la Hongrie et de la Russie méridionale, la moisson se fait avec les

Fig. 16. — Moissonneuse de Samuelson. (Extraite du *Journal d'Agriculture pratique*.)

machines à moissonner, les bras disponibles n'y suffisant pas. La figure 16 représente, fonctionnant, la moissonneuse de Samuelson.

Dans ces dernières années, les charrues à plusieurs socs, mues par la vapeur, sont entrées dans la pratique agricole; en Angleterre, en Belgique et dans plusieurs de nos départements du Midi ces appareils labourent aussi bien et à meilleur marché que les charrues attelées.

CHAPITRE VI.

Des constructions rurales.

Constructions rurales; choix de leur emplacement; espace qu'elles doivent occuper. — Principaux bâtiments. — Logement du fermier. — Dispositions intérieures. — Grange; ses dimensions. — Écurie; espace nécessaire à chaque cheval. — Étable pour les bœufs de travail et les vaches laitières; pour les bœufs à l'engrais. Bergerie; espace nécessaire aux moutons de petite ou de grande taille. — Porcherie; toit à porc. — Poulailler. — Pigeonnier. — Laiterie. — Fournil; ses accessoires. — Hangar; ses divers usages.

Il importe beaucoup au cultivateur de disposer d'une habitation saine et suffisamment spacieuse pour lui et sa famille, et de pouvoir loger commodément ses bestiaux, ses récoltes et tout son matériel agricole. L'étendue et le caractère des constructions agricoles sont subordonnés à la nature même des terres cultivées et au mode d'exploitation auquel elles sont soumises. Avant de décrire en particulier chaque genre de construction rurale, il est nécessaire d'indiquer quelques-uns des préceptes généraux qui leur sont applicables. Il ne dépend pas toujours de celui qui fait bâtir une ferme, grande ou petite, d'en choisir l'emplacement. Les principales circonstances qui déterminent ce choix, lorsqu'il est possible, sont la facilité des arrivages, le voisinage d'un cours d'eau pour les besoins de la ferme, celui d'une route ou d'un chemin et la proximité d'un lieu habité : il faut aussi avoir égard à la salubrité; par conséquent, éloigner autant que possible les bâtiments des eaux stagnantes ou des terrains bas et marécageux. Toutes ces considérations réunies ne permettent que rarement de placer la ferme au milieu des terres qui en dépendent; quand un pareil emplacement est conciliable avec les autres conditions auxquelles les constructions rurales doivent satisfaire, il est le meilleur de tous : il facilite la surveillance, ménage le temps des ouvriers et la fatigue des attelages, et permet de réaliser de notables économies, tant sur le transport des fumiers de la ferme dans les champs que sur celui des récoltes des champs à la ferme.

L'exposition des bâtiments habités doit être autant que possible au sud, au sud-est ou au sud-ouest. Dans nos départements même les plus méridionaux, l'exposition au nord et au nord-est, recevant directement le vent froid et sec nommé *mistral,* est funeste, et doit être évitée au moins pour les constructions destinées au logement du cultivateur et à celui des bestiaux. Les matériaux, pierre, brique, galandage ou pisé, peuvent être tous également bons s'ils sont bien employés; les pierres et les briques sont les plus durables; le galandage, composé de bois et plâtre, est plus exposé que les autres aux chances d'incendie; le pisé, composé de terre battue mêlée de bourre ou crin de bêtes à corne et de paille hachée, est le moins solide de tous les matériaux de construction. Dans les pays où il y a nécessité de s'en servir, faute de mieux, les fondations et les murs, jusqu'à un mètre au-dessus du niveau du sol, doivent être de pierre ou de brique. On couvre les constructions rurales en ardoises, en tuiles plates ou creuses, en paille et en planches ou bardeaux. Ces deux derniers genres de couvertures devraient être interdits dans toutes les localités, en raison des dangers évidents qu'ils présentent pour les incendies; il suffit de la moindre étincelle échappée d'une cheminée pour incendier tout un village dont les bâtiments sont couverts en chaume ou en bardeaux. Ces deux matériaux doivent être exclus des toitures partout où il y a moyen de s'en procurer de meilleurs sans frais exagérés. Les bâtiments d'exploitation doivent être, autant que possible, isolés les uns des autres : cette simple disposition écarte la plupart des causes d'incendie et permet, en cas de sinistres, d'arrêter promptement les ravages du feu.

Bien qu'il soit impossible de limiter avec précision l'espace que les bâtiments d'une ferme doivent occuper, y compris les cours autour desquelles ils sont placés, on peut indiquer comme les plus usitées en France les proportions suivantes : pour 40 à 50 hectares, les cours et bâtiments couvrent une superficie de 20 mètres sur 25 ; pour 60 à 100 hectares, 30 mètres sur 40. Pour les fermes plus considérables, la cour renfermant l'abreuvoir et la fosse à fumier occupe, avec les bâtiments qui l'entourent, une superficie de 25 à 30 ares.

Principales constructions rurales. Les principaux bâtiments nécessaires à une exploitation rurale sont : le *logement du fermier*, la *grange*, l'*écurie*, l'*étable*, la *bergerie*, la *porcherie*, le *poulailler*, le *pigeonnier*, la *laiterie*, le *fournil* et le *hangar*. Chaque exploitation en particulier ne réunit pas toujours toutes ces constructions, mais toutes ont leur utilité. Les principes qui président à leur distribution doivent être exposés.

Logement du fermier. Si le bâtiment d'habitation n'a qu'un rez-de-chaussée, il doit être élevé au moins de $0^m,50$ au-dessus du sol de la cour : ce qui nécessite deux ou trois marches au seuil de la porte d'entrée. La cheminée, au lieu d'être placée à l'une des extrémités, est beaucoup mieux au centre : elle communique en hiver une température douce à la chambre à coucher adossée à la cuisine : c'est un moyen très-efficace de rendre la chambre à coucher plus salubre et moins humide, sans aucun surcroît de dépense. La grandeur et le nombre des chambres ne peuvent être limités ; tout dépend de l'importance de la ferme et du chiffre de son personnel. Les hommes de service ont leur lit les uns dans l'écurie, les autres dans l'étable ; les servantes couchent ordinairement dans le *fournil*, qui sert en même temps de buanderie. Quand l'habitation du fermier a un premier étage surmonté d'un grenier, il préfère en général occuper avec sa famille le rez-de-chaussée seulement, et réserver, pour mettre en sûreté les céréales battues, le grenier et les chambres du premier étage.

Grange. La destination spéciale de la grange est d'abriter les céréales conservées en gerbes, depuis la récolte jusqu'au moment où elles seront livrées au battage pour séparer le grain de la paille. On calcule que, année moyenne, un volume de 3 mètres et demi cubes de gerbes rend au battage 100 kil. de grain. On comprend qu'en se basant sur ces proportions, il faudrait des granges immenses pour que toutes les céréales y pussent être rentrées. Aussi la plus grande partie des grains non battus est-elle conservée en meules, habituellement le plus près possible de l'habitation du fermier. La grange doit avoir une porte très-haute, à deux battants, pour que les charrettes chargées de gerbes y entrent aisément; les granges un peu spacieuses ont deux portes vis-à-vis l'une de l'autre; la charrette, entrée pleine par une porte, sort vide, sans reculer, par la porte opposée. Beaucoup de granges sont, par nécessité, couvertes en chaume; dans ce cas, le toit doit avoir plusieurs grandes lucarnes fermées de volets pleins. Il vaut mieux, lorsque rien ne s'y oppose, couvrir la grange en tuiles, dont on enlève une partie à l'époque de la rentrée des récoltes, pour donner issue aux gaz et à la vapeur d'eau qui résultent du mouvement de fermentation éprouvé par les gerbes, même lorsqu'elles ont été *engrangées* dans les meilleures conditions. Le milieu de la grange reste vide; c'est là qu'est établie l'aire pour le battage au fléau, soit en fortes planches de chêne, soit en terre battue mêlée d'un bon ciment. Le même emplacement sert à faire fonctionner la machine à battre et le tarare pour le nettoyage des grains battus. La grange a beaucoup perdu de son importance depuis l'introduction du battage mécanique substitué au battage au fléau. La grange n'occupe plus qu'un rang tout à fait secondaire parmi les constructions rurales, partout où l'on a adopté le salutaire usage de battre toutes les céréales à la mécanique peu de temps après la moisson, pour n'avoir à conserver que des grains battus d'une part et des pailles vides de l'autre.

Écurie. Dans les pays de grande culture où les labours se font avec des attelages de chevaux, le prix élevé de ces animaux, les services indispensables qu'ils rendent toute l'année, font mieux sentir la nécessité d'en avoir grand soin et de les loger le plus commodément possible. L'écurie, selon sa largeur, reçoit une ou deux rangées de chevaux:

on regarde généralement comme plus favorables au bien-être des animaux les écuries où les chevaux sont sur un seul rang : c'est la disposition la plus usitée. La largeur d'une écurie de ce genre est de 4^m,50, dont 3 mètres pour le cheval, 1 mètre pour le passage, et 0^m,50 pour pouvoir suspendre au mur opposé, à la place occupée par chaque cheval, son collier et ses harnais sans gêner la circulation. L'espace latéral est de 1^m,50 par cheval : la longueur de l'écurie est calculée sur ces proportions; sa hauteur peut ne pas dépasser 3 mètres. Il faut, en outre, réserver dans l'écurie la place pour les coffres à l'avoine, l'armoire à serrer les brosses, les étrilles et les effets personnels des valets de ferme, et enfin les lits de ces derniers, à raison d'un palefrenier pour six chevaux au plus, si l'on tient à ce qu'ils soient bien soignés. Quand l'écurie est à deux rangs, la largeur peut n'être que de 7 mètres, le passage étant placé au centre : la hauteur et l'espace latéral sont les mêmes que pour l'écurie à un seul rang. Le sol de l'écurie doit être pavé et traversé dans le sens de sa longueur par une rigole qui conduit l'urine des chevaux dans la fosse au fumier ou dans la citerne au purin. La plupart des écuries de ferme sont garnies de râteliers où l'on place la ration de fourrage des chevaux, qui, en l'attirant à eux, en jettent à terre et foulent aux pieds une bonne partie, surtout lorsqu'ils ne sont pas très-affamés. On commence à substituer aux râteliers le système des mangeoires, où le fourrage est offert haché aux chevaux, en proportion de leur appétit, de façon à éviter le gaspillage inévitable avec le système des râteliers ordinaires.

Étable. L'espace à accorder dans l'étable aux bêtes à cornes est le même que celui dont les chevaux ont besoin dans l'écurie. Les bœufs de travail et les vaches laitières peuvent, sans inconvénient, occuper la même étable ; mais un local à part est nécessaire pour les bœufs à l'engrais, parce que l'étable doit, dans ce cas, être ouverte le moins souvent possible : le calme et l'obscurité favorisent l'engraissement. Les inconvénients des râteliers ordinaires sont les mêmes dans l'étable que dans l'écurie; dans tout l'ouest de la France, on évite le gaspillage par un procédé très-simple : une cloison en planches est élevée devant les bêtes à cornes; elle est percée de trous assez larges pour que les animaux, lorsqu'ils ont faim, puissent, en se levant de dessus leur litière, atteindre facilement à la mangeoire placée de l'autre côté de la cloison. La ventilation de l'étable doit être assurée par des ouvertures en regard l'une de l'autre, fermées par des volets pleins. Quand le bétail est tourmenté par les mouches pendant les chaleurs, on ferme exactement toutes ces ouvertures pour faire régner dans l'étable une obscurité complète pendant un bon quart d'heure : on entr'ouvre alors un des volets pour laisser pénétrer un filet de lumière vive; toutes les mouches, attirées par cette lumière, sortent de l'étable en quelques instants. Dans toutes les fermes bien tenues, l'étable est pavée comme l'écurie, et pourvue d'une rigole pour l'écoulement des urines vers la fosse au fumier ou la citerne au purin.

Bergerie. Les dimensions de la bergerie varient selon la taille moyenne des bêtes à laine qui doivent y loger. Pour les moutons de petite race, 80 centimètres carrés par tête sont suffisants ; on accorde un mètre carré par tête aux moutons de grande taille. En moyenne, une bergerie pour cent moutons doit avoir, dans œuvre, 80 mètres carrés de superficie : les proportions ordinaires sont 5 mètres de large sur 16 mètres de long, ou bien 10 mètres sur 8 ; la hauteur ne doit pas être moindre de 3 mètres. Un compartiment séparé est réservé dans la bergerie pour les brebis mères et leurs agneaux; un autre, isolé comme le précédent par une simple barrière à claire-voie à hauteur d'appui, est destiné aux moutons en voie d'engraissement. Le centre de la bergerie est occupé, sur toute sa longueur, par un râtelier double posé à terre, où les bêtes à laine peuvent manger des deux côtés.

Porcherie. C'est le plus souvent une simple loge désignée sous le nom de *toit à porcs,* destinée à recevoir un ou plusieurs de ces animaux. Les dimensions du toit à porcs varient selon la taille moyenne des races élevées dans chaque canton ; la hauteur, du niveau du sol au sommet du toit, ne dépasse pas 2 mètres. Il faut isoler les verrats, les gorets, les truies mères et les porcs à l'engrais, dans des compartiments séparés et suffisamment spacieux. Dans les grandes fermes où l'on élève un grand nombre de porcs, le toit à porcs occupe tout un côté d'une cour séparée, dans laquelle on laisse courir librement les jeunes gorets qui ont besoin d'exercice : c'est là ce qu'on nomme, à proprement parler, une porcherie. L'auge dans laquelle on distribue aux porcs leur ration doit être adossée au mur du fond de leur toit ; un volet à coulisse, qu'on fait glisser à volonté, permet de leur donner leur nourriture sans entrer dans le toit, ce qui ne serait pas toujours sans danger ; un passage libre doit toujours, par conséquent, être ménagé derrière le toit à porcs.

Poulailler. Il importe que les dimensions du poulailler soient en rapport avec le nombre des volailles qui doivent y passer la nuit ; un compartiment isolé est réservé pour les poules couveuses ; il est très-utile de séparer dans le poulailler les diverses espèces de volailles qui ne vivent pas habituellement en bonne harmonie. Le poulailler doit se fermer très-exactement, pour en exclure les petits rongeurs qui attaquent les œufs et les jeunes poulets, et les fouines, putois et renards qui font une guerre à mort à toutes les volailles.

Pigeonnier. Dans les fermes où l'on entretient un grand nombre de pigeons qui causent plus de dommage qu'ils ne donnent de profit, on leur consacre, sous le nom de pigeonnier, une tour ordinairement ronde, dont l'intérieur est garni de nids pratiqués dans l'intérieur du mur, et dont le toit doit être en pente assez douce pour que les pigeons puissent s'y poser aisément.

Laiterie. La laiterie n'est pas toujours un bâtiment isolé ; c'est souvent une pièce basse, voûtée et pavée en dalles. Quand elle constitue un local à part, c'est un bâtiment qui n'a qu'un rez-de-chaussée surmonté d'un petit grenier ; la laiterie ne doit avoir de fenêtre que du côté du nord, et se trouver à proximité d'une pompe ou d'un cours d'eau, pour les lavages fréquents que nécessite son entretien.

Fournil. Dans toutes les fermes de quelque importance, le fournil est un petit bâtiment le plus souvent isolé à l'un des angles de la cour. Il contient le four, le pétrin et tous les accessoires d'une boulangerie domestique. A l'extrémité du fournil opposée à l'ouverture du four, un fourneau en maçonnerie dans lequel est scellée une grande chaudière de fer est destiné à faire la lessive. Les dimensions du fournil doivent être telles que le cuvier et les autres dépendances de la buanderie y soient abrités, en laissant encore assez d'espace pour les lits des servantes et la facilité du service.

Hangar. Bien que cette construction ne se rencontre pas dans toutes les exploitations rurales, elle est tellement utile que la plupart des fermiers la regardent comme indispensable. Ce n'est le plus souvent qu'un toit en appentis appuyé sur le mur de clôture d'un des côtés de la cour de la ferme et soutenu en avant par des montants en charpente. On loge sous le hangar les charrettes, les tombereaux et les instruments aratoires à l'abri des injures de l'air. Dans les très-grandes fermes, le hangar, soutenu par des piliers en maçonnerie auxquels on suspend les colliers et les harnais des attelages, est un local très-spacieux sous lequel on abrite la plus grande partie de la provision de foin, qui s'y conserve parfaitement; elle y est bien moins exposée aux chances de détérioration et d'incendie qu'elle ne le serait dans les greniers au-dessus des écuries, des étables ou du logement du fermier. Souvent, dans ce cas, le hangar est surmonté d'une chambre qui sert de grenier pour les grains battus. Dans le midi de la France, les bêtes à laine, qui vivent presque toute l'année en plein air, sont abritées, seulement pendant les plus mauvais jours de la mauvaise saison, sous des hangars très-peu élevés, fermés par un mur en pisé du côté du nord et entièrement ouverts du côté du midi, usage qui s'est introduit dans plusieurs de nos départements méridionaux.

SECTION II. OPÉRATIONS AGRICOLES.

CHAPITRE VII.

Des labours.

Labours ; époques auxquelles ils sont possibles. — Vérification de
l'humidité du sol. — Principaux genres de labours. — Labours
à bras, à la pioche, à la bêche. — Nombre de journées pour
un hectare. — Labours à la charrue. — Conditions d'un bon
labour. — Proportion entre la largeur d'une raie et sa profondeur. — Labour à plat, en planches, en ados ou billons. —
Défoncements à bras, avec deux charrues. — Buttages ; leur
utilité. — Façons à l'extirpateur. — Façons au scarificateur.

Le labourage est sans contredit le plus important des travaux de l'agriculture; c'est celui qui influe le plus puissamment sur la production des denrées agricoles. Lorsqu'on
laboure la terre, quel que soit l'instrument qu'on emploie,
on se propose d'ouvrir le sol aux influences atmosphériques, d'ameublir la couche arable et de la nettoyer des
plantes annuelles ou vivaces dont elle peut être infestée.
Pour satisfaire à ces trois conditions, il faut d'abord que le
labour soit exécuté en temps opportun, c'est-à-dire lorsque
la terre n'est ni trop sèche ni trop humide. Sous les climats
chauds, la terre labourée trop humide, seulement une fois, est
gâtée pour trois ans, c'est-à-dire qu'il lui faut trois ans pour
revenir au degré parfait d'ameublissement que lui donnent
les labours soignés, exécutés au moment convenable. Dans
le midi de la France, les labours sont impossibles, à cause
de la sécheresse, pendant les mois de juin, juillet, août et
septembre. En Suède, aux environs de Stockholm, l'excès
de l'humidité ne laisse disponible pour les labours qu'un
très-court espace de temps, du 20 mai au 1er juillet. Dans
tout le nord de la France, on s'abstient de labourer les
terres fortes en janvier, février, novembre et décembre.

Les terres légères, au contraire, peuvent être labourées à peu près en toute saison. La facilité de labourer en tout temps est un des avantages essentiels qui résultent du *drainage*[1]. Si l'on veut agir méthodiquement et vérifier par la dessiccation d'un poids donné de terre arable son degré précis d'humidité, on peut s'en rapporter à la règle posée par les plus habiles agronomes. Ils s'accordent à reconnaître que la terre est dans le meilleur état pour recevoir un bon labour, lorsqu'à 30 centimètres de profondeur, après plusieurs jours de beau temps, elle contient 15 pour cent de son poids d'eau, et lorsqu'après quelques jours de pluie elle n'en contient pas plus de 23 pour cent. On comprend que la terre, pesée avant d'être soumise à une complète dessiccation et pesée de nouveau parfaitement sèche, perd une quantité d'eau que la différence entre les deux pesées fait connaître avec la plus exacte précision.

Principaux genres de labours. Les labours se donnent, soit à bras, soit avec divers instruments aratoires traînés par des attelages d'animaux de service; les plus usités sont les labours à la charrue. Tout labour qui dépasse la profondeur de 0ᵐ,30 prend le nom de *défoncement*. On désigne plus particulièrement sous le nom de *façons* les labours donnés par des instruments autres que la charrue proprement dite, spécialement les buttages donnés avec le buttoir ou charrue à double versoir et les façons à l'extirpateur et au scarificateur[2].

Labours à bras. Les labours à bras sont exécutés avec la bêche, la houe ou la pioche : la bêche est l'instrumen le plus usité pour les labours à bras. Un ouvrier de forc moyenne, dans un terrain qui n'est ni trop fort ni tro léger, pris au degré d'humidité convenable, peut, san excès de fatigue, donner 10,000 coups de bêche dans s journée de travail et bêcher 2 ares à la profondeur d'un fe de bêche : un hectare ainsi labouré exige par conséquen 50 journées d'ouvrier. Quand le même travail est fait l'entreprise, un homme bêche aisément un hectare en qu rante-quatre jours. En général les labours à la bêche se fo

1. Voyez *Drainage*, chap. x.
2. Voyez *Instruments et machines*, chap. v.

plus promptement et mieux à l'entreprise qu'à la journée, lorsqu'on y emploie des ouvriers actifs et de bonne foi. Le même travail *à la pioche* dans les terrains à défricher, et *à la houe* dans les terres cultivées dont il faut simplement rafraîchir la surface, se fait également mieux à la tâche qu'à la journée.

Labours à la charrue. Ce mode de labour est presque seul en usage dans la grande culture; il est très-nécessaire de se rendre compte des conditions dans lesquelles il peut être exécuté avec le plus de perfection. La terre étant prise à son juste point d'humidité, facile à vérifier d'après les indications qui précèdent, il s'agit d'abord de la rendre *meuble*, facilement pénétrable à l'air, prête à recevoir les semailles et à laisser sans effort se développer les racines des jeunes plantes. Quand le labour précède de beaucoup les semailles, il a pour but principal de multiplier les points de contact de la terre avec l'air, de renverser la couche arable et de ramener au jour sa partie inférieure. On comprend que, si la terre est labourée, même avec les meilleurs instruments et le plus d'habileté possible, alors qu'elle contient trop d'humidité, elle sera non pas ameublie et divisée, mais pétrie; de sorte qu'après le labour elle se trouvera, par rapport aux cultures qu'elle doit recevoir, en pire état que si le laboureur n'y avait pas mis la charrue.

Il importe beaucoup que la raie ouverte par la charrue soit partout d'une égale profondeur; cette condition est facile à remplir avec l'une des bonnes charrues décrites plus haut (*fig.* 1, 2 *et* 3, p. 27 et 28). Une fois l'*entrure* bien réglée, ces charrues ne se dérangent pas; le soc reste de lui-même, à très-peu de chose près, à la même profondeur. C'est au laboureur à apporter à son travail l'attention nécessaire pour le rendre aussi régulier que possible : si le soc tend à se relever, ce qui diminuerait la profondeur du sillon, le laboureur relève légèrement les mancherons; si le soc tend à s'enfoncer, ce qui augmenterait la profondeur du labour, il pèse plus ou moins sur les mancherons. Le laboureur de petite taille doit surtout prendre garde à ne pas soulever ses mancherons sans le vouloir, et le laboureur de haute stature doit faire attention à ne pas peser sur ses mancherons sans nécessité.

Dans les campagnes, on regarde comme un bon laboureur celui qui trace des raies parfaitement droites : c'est en effet une condition principale d'un bon labour, non pas seulement pour la beauté du coup d'œil, mais parce que, si les raies ne sont pas régulièrement droites, les bandes de terre déplacées ont nécessairement sur divers points de leur longueur des largeurs différentes, d'où il résulte que la surface du champ est inégalement ameublie, circonstance toujours fâcheuse, quelle que puisse être la culture qui doit occuper le sol labouré. La largeur à donner à la bande retournée par la charrue doit être en juste proportion avec la profondeur du labour. Si la largeur est égale à la profondeur, la bande retombe à plat dans la raie, sens dessus dessous; si la largeur est moindre que la profondeur, la bande retombe inclinée sous un angle plus ou moins aigu, appuyée sur celle qui vient d'être déplacée avant elle; dans ce cas, les arêtes des bandes rendent la surface du champ labouré hérissée de lignes saillantes qui doublent les points de contact entre l'air et toutes les parties de la couche arable : c'est ainsi seulement qu'en attendant le moment des semailles la terre profite complétement des influences atmosphériques propres à développer sa force productive.

En France, la proportion entre la largeur de la raie et l profondeur du labour est généralement celle de 2 à 3, c'est à-dire que pour labourer à $0^m,18$ de profondeur, on pren une raie de $0^m,12$ de large. En Allemagne et dans tous le pays du nord de l'Europe, la proportion est généralemen de 5 à 7 : pour labourer à $0^m,14$, on prend une bande d $0^m,10$ de largeur. En Angleterre et en Écosse, c'est cett dernière proportion qu'on suit dans les fermes les mieu cultivées.

Dans les terres naturellement saines ou assainies par drainage, on *laboure à plat*, c'est-à-dire sans interromp le labour, si ce n'est de loin en loin, par des rigoles d' gouttement, pour accélérer l'écoulement des eaux des plui et de la fonte des neiges. Dans les terres fortes, humide qui ne sont pas assainies par le drainage, on laboure s en *planches*, plus ou moins bombées, de largeur varia ordinairement de 6 à 8 mètres, soit en *billons*, égaleme nommés *ados*, séparés entre eux, comme le sont les pla ches, par de profondes rigoles. Ces deux derniers modes labour, très-usités dans tout l'ouest de la France, font perdre beaucoup de terrain à la production. Les rigoles qui séparent les planches sont ouvertes à la charrue et terminées à la bêche, afin de *parer* leurs bords et de rendre les éboulements moins fréquents. Pour labourer en billons ou ados, on fait fonctionner une forte charrue une fois en allant, une fois en revenant, dans deux raies qui se touchent. Les bandes de terre déplacées sont ainsi rejetées l'une contre l'autre, et forment une arête très-saillante qui s'affaisse d'elle-même et finit par s'arrondir; c'est cette arête qu'on nomme, à proprement parler, un *billon*. De quelque manière que le sol soit labouré, il faut toujours que la raie ouverte par la charrue soit nette dans toute sa longueur; s'il en est autrement, c'est qu'une partie de la bande retournée est retombée dans la raie par-dessus le versoir, ce qui nuit sensiblement à la régularité du labour, et ne peut arriver que par le défaut d'habileté ou d'attention du laboureur dans l'exécution de sa besogne.

Défoncements. On exécute les défoncements le plus souvent à la bêche et à la pioche; ils sont considérés comme indispensables lorsqu'on défriche une terre inculte dont le sous-sol n'est pas perméable à l'eau; leur profondeur est ordinairement de $0^m,80$; ils sont quelquefois poussés jusqu'à un mètre. Dans toute opération de défoncement, la couche superficielle, plus ou moins riche en humus ou terreau, est réservée et mise à part de distance en distance, soit seule, soit mélangée à une certaine quantité de chaux[1]. Le défoncement étant terminé, cette terre de la surface, seule ou en *compost* avec la chaux, est répandue sur le sol avant qu'il reçoive la première semaille. Il arrive assez souvent, dans les terres fortes, que le passage réitéré du *sep* ou talon de la charrue à chaque labour, à une profondeur qui ne varie jamais, finit par établir ce que les laboureurs nomment un *plancher*. C'est une couche durcie par le frottement et la compression, devenue par là tout à fait imperméable, bien qu'elle ne le soit pas de sa nature. Pour rompre le plancher, on a recours au défoncement. C'est aussi par le défoncement qu'on ameublit, pour le rendre per-

1. Voyez *Amendements,* chap. III.

méable, un sous-sol de mauvaise nature, qu'il importe de ne pas mélanger avec la terre cultivable de la surface. Dans ces deux cas, on défonce à la charrue. Après avoir fait fonctionner une bonne charrue ordinaire avec son versoir, prenant toute l'épaisseur de la couche arable, on fait suivre cette charrue, dans la même raie, par une charrue *sans versoir* qui brise et ameublit le sous-sol, mais en le laissant à sa place. Ce genre de défoncement ne peut pas approcher de la profondeur des défoncements à bras : la première charrue ne prend jamais au delà de 0^m,30 au plus, et la seconde, 0^m,15, ce qui donne en tout un défoncement de 0^m,45 de profondeur; cette façon donnée de temps en temps aux terres fortes à sous-sol argileux n'en est pas moins d'une très-grande utilité quand ces terres n'ont pas été drainées.

Buttages. Lorsqu'on fait fonctionner le buttoir, cet instrument déplace deux bandes de terre que son versoir double rejette à droite et à gauche. Le principal usage du buttoir, c'est de rechausser ou butter les pommes de terre, le maïs et plusieurs autres plantes cultivées en lignes suffisamment espacées pour admettre ce genre de buttage. Dans la petite culture, les buttages se donnent à bras avec la houe de divers modèles, selon les cultures et les diverses natures de sol cultivé. Le laboureur qui fait usage du buttoir doi toujours maintenir la pointe du soc dans le milieu de l'in tervalle entre les raies, pour ne point endommager le plantes buttées et répartir la terre sur leurs racines le plu également possible. Le plus souvent, un ouvrier armé d'un houe suit le laboureur qui fait fonctionner le buttoir pou donner plus de régularité au buttage. On butte assez sou vent les terres fortes après un labour à plat donné à la fi de l'automne; dans ce cas, le buttoir façonne rapideme le terrain en billons peu élevés. Cette forme rend plu efficace l'action successive des gelées et des dégels po ameublir les terres dans lesquelles l'argile domine en gran excès.

Façons à l'extirpateur. Le principal but des façons do nées au sol par l'extirpateur, c'est de détruire la mauvai herbe, dont ses socs tranchants, plus ou moins nombreu coupent les racines entre deux terres. On emploie aussi c instrument pour donner en peu de temps et à peu de frais un labour superficiel aux terres fortes qui, pendant les longues sécheresses, sont sujettes à se durcir, et ne peuvent plus ensuite être entamées par la charrue qu'avec de grands efforts de la part des attelages. Sous tous ces rapports, les façons à l'extirpateur rendent de très-utiles services; s'il fonctionne dans des terres infestées de chiendent et d'autres plantes à racines vivaces, il faut le soulever de temps en temps pour dégager ses socs des touffes de racines fibreuses qui peuvent s'y être accrochées. Il est bon de donner aux terres en cet état une façon préalable au scarificateur, avant d'y faire agir l'extirpateur.

Façons au scarificateur. Ces façons, non plus que celles qu'on donne au moyen de l'extirpateur, ne sont pas de véritables labours; elles n'en sont pas moins utiles dans plusieurs circonstances. Les coutres tranchants et solides dont le scarificateur est armé font verticalement le même travail que font horizontalement les socs de l'extirpateur; ils divisent les racines traçantes des plantes nuisibles. L'extirpateur est surtout usité pour rendre moins difficile le défrichement à la pioche ou à la charrue des terres depuis longtemps incultes et qu'on vient de dépouiller de la végétation de plantes sauvages qui s'en était emparée. Les racines de ces plantes, coupées par les lames du scarificateur, opposent peu de résistance à la pioche ou au soc de la charrue

CHAPITRE VIII.

Des semailles.

Importance des semailles. — Ce qu'on entend par *bien semer*. — Choix de la semence. — Essai sur les flotteurs. — Préparation. — Chaulage simple ; au sulfate de cuivre ; au sulfate de soude. —Pralinage ; manière de l'opérer.—Diverses manières de semer. — Semailles à la volée.—Comment doit opérer un bon semeur. — Semailles précoces, préférables aux semailles tardives. — Semailles au semoir. — Engrais distribués en même temps que la semence. — Inconvénients des semailles à la volée, comparés aux avantages des semailles en lignes au semoir. — Semoir-brouette pour les grosses graines ; son utilité. —Effets comparés des semailles claires et des semailles serrées.

Importance des semailles. « Blé bien semé est à demi récolté : » ce proverbe, répandu en France dans tous les pays de grande culture, dit assez de quelle importance il est de bien semer. Il faut, pour bien semer, choisir avec soin la semence, la préparer convenablement et la confier à la terre au moment le plus opportun. Il ne dépend pas toujours du cultivateur de semer la variété de chaque graine le mieux appropriée au sol et au climat de sa localité ; il est souvent forcé de se borner aux espèces admises par l'agriculture locale, faute d'en connaître de meilleure ou de pouvoir s'en procurer. Mais il lui est toujours possible de *trier* la semence en criblant le grain destiné aux semailles, et de s'assurer dans quelle proportion ce grain possède la faculté germinative : car souvent les céréales offrent l'aspect le plus favorable ; soumises à l'action de la meule, elles donnent d'excellente farine, et néanmoins une grande partie des grains semés ne lève pas. S'il y a lieu de concevoir des doutes à cet égard, on les éclaircit par le procédé suivant. Dans un local où règne une température douce, dans l'étable à vaches, par exemple, on place un baquet plei d'eau, à la surface de laquelle on pose un ou plusieur flotteurs en liége ; de vieilles semelles de liége sont excel lentes pour cet usage. Les flotteurs peuvent être couvert de mousse qui se maintient d'elle-même dans un état constant d'humidité. On sème dans cette mousse un nombre déterminé des grains dont on désire vérifier la qualité; au bout de quelques jours, tous ceux qui peuvent germer émettent une radicule : on compte les grains qui n'ont pas germé; la proportion entre les bons grains et les mauvais est évidemment la même dans le petit nombre de grains essayés sur les flotteurs que dans la quantité totale qui doit servir aux semailles : d'après cette donnée, on peut augmenter ou diminuer la quantité de ce grain qu'on juge nécessaire pour ensemencer un terrain d'une étendue déterminée.

Chaulage. Le grain, avant d'être confié à la terre, a souvent besoin de subir une préparation préalable; cette nécessité existe particulièrement pour les céréales. On sait que toutes les céréales, mais surtout le froment, sont sujettes aux attaques de plusieurs maladies, telles que la rouille, le charbon et la carie. Si l'on ne peut les en préserver complétement, on restreint sensiblement les ravages de ces maladies en faisant subir aux grains de semences diverses préparations connues sous le nom de *chaulage.*

Dans le vrai sens du mot, le chaulage consiste à enduire de chaux la surface du grain, immédiatement avant de le semer. La dose de chaux est de 4 kilogrammes pour un hectolitre de grain. La chaux vive est placée dans un baquet; on y verse peu à peu assez d'eau pour la faire fuser et la réduire en une bouillie très-claire. Tandis qu'un ouvrier verse par petites portions cette bouillie sur le haut d'un tas de grains, deux autres armés chacun d'une pelle remuent vivement le tas, qui finit par absorber toute la bouillie : il doit alors être enlevé et semé immédiatement. Pour agir avec plus d'efficacité contre les germes de la carie que le grain peut retenir à sa surface, on rend le chaulage plus énergique en ajoutant à la chaux du sulfate de cuivre (vitriol bleu du commerce). La dose est de 250 grammes de ce sulfate pour un hectolitre de blé de semence. On fait dissoudre le sulfate dans six litres d'eau bouillante; on verse par petites portions le liquide refroidi sur le froment vivement remué à la pelle jusqu'à ce qu'il en soit bien pénétré; on y incorpore alors 2 kilogrammes de chaux en poudre récemment éteinte, et l'on continue à remuer jusqu'à ce que la chaux se soit bien également attachée au grain encore humide; on sème le grain ainsi préparé sans perdre de temps. Le sulfate de soude, à la dose d'un kilogramme dans six litres d'eau pour un hectolitre de grain, toujours avec 2 kilogrammes de chaux, s'emploie au chaulage des grains en procédant comme avec le sulfate de cuivre. Le sulfate de soude agit avec moins d'énergie ; mais comme il est inoffensif et que le sulfate de cuivre est un poison violent, dont l'emploi exige la plus attentive surveillance, le chaulage à la chaux seule ou au sulfate de soude est préféré quand les grains ne semblent pas trop fortement exposés à la maladie dont on cherche à les préserver.

Pralinage. Les opérations qu'on vient de décrire sont de simples préservatifs, fort utiles, bien qu'on ne puisse espérer qu'ils détruisent complétement le germe du mal. Dans quelques pays, spécialement dans les cantons où l'on a de grandes étendues de terres récemment défrichées à ensemencer, on fait subir aux céréales un autre genre de préparation ayant pour but, non pas de les garantir ultérieurement contre diverses maladies pendant le cours de leur végétation, mais de communiquer à la jeune plante, dans les premiers moments de sa croissance, une vigueur qu'elle conserve durant toute sa vie végétale : cette préparation est connue sous le nom de *pralinage*. Voici en quoi elle consiste : on fait dissoudre à froid, dans 4 litres d'eau, 2 kilogrammes de nitrate de soude (sel de nitre du commerce); on humecte de cette solution un hectolitre de grain, comm pour le chaulage au sulfate de cuivre. Pendant qu'un ou vrier donne au grain cette façon préalable, un autre hu mecte modérément, en les agitant à la pelle, 400 kilo grammes de noir de raffinerie. On ne peut indiquer ave précision la quantité d'eau à employer, le noir de raffineri ou noir animal étant livré par le commerce à des états d dessiccation très-variables. Il est considéré comme suffi samment humecté lorsqu'en enfonçant les doigts dans l masse, on les en retire complétement noirs. Il vaut mieux pour le succès du pralinage, que le noir animal soit un pe trop mouillé que de l'employer trop sec. Le grain imbibé d la solution de nitrate de potasse est brassé longtemps

avec soin à la pelle dans la masse de noir animal humide.
Le travail est terminé quand tout le noir animal s'est attaché au grain en triplant son volume : c'est alors du grain
praliné ; il faut le semer à mesure qu'il est préparé, et ne
procéder au pralinage du grain qu'au moment des semailles.
La dose de 400 kilogrammes de noir animal suffit pour un
hectare; on praline exactement de même avec le guano,
en employant 150 à 200 kilogrammes au plus de cet engrais
pour le pralinage d'un hectolitre de grain, quantité suffisante pour ensemencer un hectare, à cause de l'augmentation de volume du grain praliné.

Diverses manières de semer. On connaît deux principales méthodes pour semer : les *semailles à la volée*, prati-
quées de toute antiquité, et les *semailles au semoir*, d'invention toute moderne; ces deux méthodes doivent être
étudiées séparément.

Semailles à la volée. C'est le mode le plus usité; les fermiers des pays de grande culture savent tellement combien
la bonne exécution des semailles importe au succès de leur
récolte la plus lucrative qu'ils ne s'en remettent de ce soin
à personne; ils sèment eux-mêmes leur froment et leur
seigle. Il est difficile de décrire exactement l'action de semer : l'habileté du coup de main s'acquiert par la pratique;
quelques indications ne sont pas néanmoins sans utilité.
Les semailles à la volée sont parfaites quand le grain est
également réparti sur toute la surface du terrain ensemencé.
Le semeur porte le grain dans une toile attachée à sa cein-
ture et dont une extrémité est rejetée par-dessus son épaule
gauche; il doit apporter la plus grande attention à prendre
ses poignées de grain parfaitement égales, à les disperser
toujours à la même distance, et à marcher avec une régularité, pour ainsi dire, mécanique. Il importe de choisir,
pour semer à la volée, un temps très-calme; sous le climat
de la plupart de nos départements, il règne ordinairement
un calme parfait le matin et le soir à l'époque des semailles
de printemps et de celles d'automne, qui sont les plus importantes. S'il s'élève un vent un peu vif vers le milieu de
la journée, le semeur, à moins qu'il ne se trouve excessivement pressé, ce qui arrive quand les semailles ont été
contrariées par le mauvais temps, doit interrompre son tra-

vail et ne recommencer à semer à la volée que quand le soir a ramené le calme dans l'atmosphère.

L'époque précise la plus favorable pour chaque genre de semailles varie d'année en année, selon l'état de la température; en règle générale, il vaut mieux se hâter que de rester en retard; il est très-rare que le fermier ait sujet de se repentir d'avoir semé trop tôt, soit au printemps, soit en automne; il a lieu très-souvent de se repentir d'avoir semé trop tard[1].

Semailles au semoir. La nécessité de régulariser la distribution du grain des semailles dans la couche arable a fait inventer divers instruments sous le nom de *semoirs,* appropriés aux différents genres de semence. Ces instruments, usités d'abord par l'agriculture de la Grande-Bretagne, sont de nos jours très-usités en France[2]. Les meilleurs semoirs sont construits de manière à pouvoir à volonté répandre en même temps que le grain et à la même place dans le sol toute sorte d'engrais en poudre, spécialement le noir animal, le guano, la poudrette et les os broyés. Quand on sème à la volée sur une fumure consistant en l'un ou l'autre de ces engrais, ceux-ci ne peuvent être distribués qu'à la volée, comme le grain des semailles; ils ne profitent jamais à la jeune plante aussi complétement que quand ils ont été régulièrement distribués avec le semoir.

Avant d'indiquer la manière de se servir des divers semoirs, il est utile de comparer leur emploi aux semailles à la volée. De quelque habileté que puisse être doué un semeur, il lui est impossible de distribuer également à la volée le grain sur le sol labouré : la semaille ne peut être recouverte que par un trait de herse; elle l'est donc fort inégalement : aussi une grande partie du grain est-elle répandue en pure perte. Pour s'en convaincre, il suffit de remarquer qu'un froment de bonne qualité, telle qu'on doit l'employer pour les semailles, contient en moyenne, par hectolitre, 1 million de grains; le blé de qualité inférieure en contient 1 million 500,000, et le seigle 2 millions. Si tous les grains levaient, la quantité moyenne de grain employé pour les

1. Voyez *Céréales,* chap. XIII.
2. Voyez *Instruments et machines,* chap. V.

semailles étant de 2 hectolitres, il y aurait sur un hectare
2 à 3 millions de plantes de froment. et 4 millions de plantes
de seigle, qu'assurément la terre ne saurait nourrir. Les
grains qui lèvent à la suite d'une semaille à la volée crois-.
sent très-inégalement; ils sont en effet placés dans des conditions fort diverses : les uns isolés, les autres gênés par
leurs voisins, trop ou trop peu profondément enterrés; une
partie des jeunes plantes, nées dans de mauvaises conditions, meurt étouffée par les plantes les plus vigoureuses.
Au printemps, quand la mauvaise herbe menace de dominer
la céréale, les sarclages dans les champs qui ont été semés à
la volée sont plus ou moins difficiles; une partie des bonnes
plantes est inévitablement enlevée avec la mauvaise herbe :
tels sont les inconvénients les plus saillants des semailles à
la volée. Le semoir distribue le grain dans le sol, en lignes
régulièrement espacées, à des distances égales dans les lignes;
il économise *au moins un tiers* du grain de semence; il enterre tous les grains à la même profondeur, soit seuls, soit
avec un engrais pulvérulent si l'état de la terre paraît l'exiger; tous les grains lèvent dans les meilleures conditions;
les plantes peuvent croître le plus également possible sans se
nuire réciproquement, et s'il faut au printemps que les céréales soient sarclées, soit à la main, soit avec la houe à
cheval, l'opération se fait rapidement sans endommager
les bonnes plantes, parfaitement distinctes de la mauvaise
herbe : tels sont les principaux avantages des semailles
faites en lignes au moyen du semoir.

On peut semer au semoir toute la journée, le vent plus
ou moins vif n'exerçant aucune influence sur la distribution
du grain : le sol doit avoir été hersé deux fois et aplani par
le rouleau; par un temps sec, l'opération marche mieux que
par un temps humide. Dans les pays de plaine où l'on est
dans l'usage de labourer à plat, on peut se servir des grands
semoirs attelés de deux chevaux, qui sèment douze lignes
à la fois; pour ensemencer les terres labourées en planches,
on emploie des semoirs construits exactement comme les
premiers, mais moitié moins larges, et qui ne sèment que
six lignes à la fois; ces semoirs ne sont attelés que d'un
cheval.

D'autres semoirs d'une grande utilité dans la petite culture portent le nom de *semoirs-brouettes,* parce qu'ils fonc-

tionnent au moyen de deux brancards et d'une seule roue, comme une brouette. Ces semoirs ne sèment qu'une seule ligne à la fois; mais ils déposent les grosses graines, pois, haricots, fèves, graines de betteraves, à des distances parfaitement égales. Le grand avantage que présentent les semoirs-brouettes, c'est que la régularité de leur service ne dépend pas, comme on pourrait le croire, de l'égalité de la marche de celui qui les fait agir; qu'il aille vite ou lentement, les grains sont toujours déposés en terre, avec ou sans engrais pulvérulent, à des distances parfaitement régulières, dans les meilleures conditions pour profiter complétement de la fertilité du sol et donner naissance à des plantes vigoureuses, capables de produire d'abondantes récoltes.

Résultats des semailles. La question des semailles claires ou serrées a été très-controversée entre les plus habiles agronomes. Pour que chacun puisse la résoudre conformément aux circonstances locales de chaque exploitation, il suffit de faire connaître les résultats certains des semailles claires et des semailles serrées, résultats dont l'importance est surtout relative à la culture des céréales. Une céréale semée clair donne une paille robuste, mais peu abondante; ses épis se forment lentement et arrivent à maturité huit à dix jours plus tard que les céréales de même espèce semées à la même époque, mais dont les semailles ont été serrées au lieu d'être claires. Une céréale semée serrée donne une paille mince, mais très-abondante; elle monte de bonne heure en épi et mûrit huit à dix jours plus tôt que la même céréale semée clair, d'ailleurs dans les mêmes conditions. Par conséquent, si le cultivateur, d'après ce qu'il connaît du climat local, croit avoir intérêt à récolter de bonne heure ou tardivement, il peut se décider pour semer clair ou serré en parfaite connaissance de cause.

CHAPITRE IX.

Des récoltes.

Principaux genres de récoltes. — Fenaison. — Moisson. —Vendanges. — Fenaison, deux opérations : fauchage, fanage. — Époque du fauchage. — Inconvénient d'un fauchage tardif. — Étendue de prairie qu'un bon ouvrier peut faucher en un jour. — Fanage ordinaire, aux fourches et râteaux.—Faneuse mécanique. — Râteau à cheval. — Fanage des légumineuses fourragères. — Fanage des regains; du trèfle par la méthode de Klapmayer. — Moisson à la faucille, à la faux, à la sape. — Piqueteurs; leur manière de moissonner, ses avantages. — Moyettes flamandes; leur utilité contre le temps pluvieux pendant la moisson. — Machine à moissonner de Mac-Cormick, de Gournier.

Le travail nécessité par la récolte des divers produits du sol est sans contredit le plus important de tous ceux auxquels peut se livrer le cultivateur; l'époque des récoltes est pour lui le meilleur moment de l'année; il sait que, d'une part, il ne doit rien laisser perdre des biens que lui envoie la Providence pour prix de son travail, et que, de l'autre, il a droit à quelques instants de délassement quand la série annuelle de ses principaux travaux est clôturée par l'enlèvement des récoltes.

Principaux genres de récoltes. Selon l'ordre des saisons, les récoltes principales, dans l'agriculture européenne, sont : la *fenaison* ou récolte des fourrages, la *moisson* ou récolte des céréales et les *vendanges* ou récolte du raisin. La fenaison et la moisson, qui dépassent en importance toutes les autres récoltes, sont seules décrites dans ce chapitre; la description des vendanges est jointe à la culture de la vigne[1].

1. Voyez *Vignes*, chap. XXV.

Fenaison. *Qui a foin a pain*, dit le proverbe ; l'agriculture progressive, qui supprime la jachère, admet en principe qu'on ne peut jamais donner aux terres arables trop de fumier ; la production du fumier a pour unique base l'entretien du bétail ; le seul élément sur lequel le fermier puisse compter pour l'entretien de son bétail, c'est le fourrage des prairies naturelles ou artificielles ; les racines et les autres ressources fourragères ne sont qu'accessoires et ne viennent qu'en seconde ligne : de là, l'intérêt capital qui s'attache à la fenaison. Quelle que soit la nature du fourrage récolté, la fenaison comprend deux opérations distinctes : le *fauchage* et le *fanage*.

Le soin qui doit présider à l'opération du fauchage a pour but de ne perdre aucune partie du fourrage et de laisser dans le meilleur état possible, pour la production des récoltes ultérieures, la prairie naturelle ou artificielle[1]. Le fauchage bien exécuté peut contribuer à amener ce double résultat. Il faut d'abord en bien déterminer l'époque ; quoiqu'elle soit variable d'une année à l'autre, selon l'état de la saison, elle est subordonnée à des considérations qui ne varient pas. Si l'on fauche trop tôt, il y a perte sur la quantité ; si l'on fauche trop tard, il y a perte sur la qualité du fourrage récolté. En général, dans les prairies naturelles, les plantes qui produisent le meilleur foin sont les graminées ; beaucoup d'entre elles meurent lorsqu'on les laisse arriver à un état de maturité trop avancé avant de les faucher ; le foin fauché trop mûr est plus semblable à de la paille qu'à du foin, dans le vrai sens du mot. Les mauvaises herbes à racines vivaces, notamment les centaurées et les patiences, prennent rapidement la place des graminées mortes sur pied ; la nature du fourrage récolté sur une prairie naturelle change ainsi d'une année à l'autre ; les propriétés nourrissantes, qui constituent sa valeur réelle, sont sensiblement altérées ; souvent on ne peut y remédier qu'en livrant pendant un an ou deux la terre à d'autres cultures, pour rétablir plus tard la prairie dans de meilleures conditions. Telles peuvent être les conséquences d'un seul fauchage exécuté seulement huit ou dix jours trop tard. Ce qui précède s'applique seulement aux fourrages des prairies

1. Voyez *Graminées fourragères,* chap. XVI.

4.

naturelles ou artificielles qui doivent être conservés secs. Beaucoup de plantes fourragères annuelles, bisannuelles ou vivaces, pour la plupart remontantes, se fauchent comme fourrage destiné à être consommé à l'état frais par le bétail nourri à l'étable[1]; l'époque de ces divers fauchages est déterminée par l'état de végétation de ces diverses plantes[2]. Le fermier a toujours le plus grand intérêt à ne confier l'opération du fauchage qu'à des ouvriers parfaitement exercés à ce genre de besogne. Le faucheur inexpérimenté est toujours disposé à laisser sur pied une portion des tiges de l'herbe des prairies, en ne prenant pas cette herbe assez près de terre ; en outre, sans le vouloir, il relève la lame de son instrument vers la fin de son trait de faux. Il en résulte un fauchage incomplet, sensiblement inégal, et une perte très-appréciable sur la quantité de foin récoltée ; si la prairie, peu de temps après la fenaison, est envahie par des eaux troubles, le limon s'accumule sur les parties où l'herbe n'a pas été coupée rez terre : de là des inégalités à sa surface qui rendront, les années suivantes, le fauchage de plus en plus irrégulier et défectueux ; enfin, si la prairie ainsi fauchée maladroitement est soumise à un système régulier d'irrigation, le mal pourra être encore plus grave : le niveau se trouvant dérangé, les rigoles de distribution ne pourront plus verser l'eau sur les pentes en nappes uniformes ; en peu d'années, tout le travail de nivellement de ces pentes sera à refaire. On voit combien il est nécessaire à la conservation des prairies naturelles ou artificielles, sèches ou irriguées, que le fauchage y soit fait en temps utile et avec l'habileté que donne la pratique aux faucheurs de profession, qui regardent avec raison le talent de bien faucher comme l'un des plus utiles que puisse posséder un ouvrier agricole. Un bon faucheur, dans sa journée de travail, ne doit pas abattre plus de 30 à 35 ares de bonne prairie naturelle ou artificielle ; s'il en expédie davantage, c'est que le fourrage est maigre, ou bien que l'ouvrier n'apporte pas assez de soin à son travail.

Le fanage est l'opération par laquelle l'herbe fauchée est convertie en foin sec. Selon la méthode habituellement en

1. Voyez *Bêtes bovines,* chap. XXVII.
2. Voyez chap. XVI et XVII.

usage, l'herbe est retournée et éparpillée avec des fourches et des râteaux pour se sécher complétement. Quand le fanage n'est pas contrarié par le mauvais temps et qu'on dispose d'un assez grand nombre de bras, toute une récolte de foin peut être séchée et rentrée en un jour ou deux. Une sage précaution à prendre quand le temps est pluvieux au moment de la fenaison, c'est de ne faire commencer à faucher que dans l'après-midi. L'herbe coupée, étendue sur le pré, ne s'échauffe pas pendant la nuit; elle peut recevoir, sans en être sensiblement altérée, une ou deux ondées de pluie. Dès que le soleil a dissipé la rosée du matin, le fanage bien conduit amène en quelques heures le foin au point de dessiccation désiré. Dans les grandes exploitations où la quantité d'herbe à faner est très-considérable, on se sert de deux instruments très-expéditifs pour le fanage : l'un, sous le nom de *faneuse mécanique,* consiste en deux cylindres armés de crochets de fer allongés et recourbés qui, tandis que l'instrument avance, prennent le foin étendu sur le pré, le soulèvent, l'éparpillent, et accélèrent sa dessiccation; l'autre, sous le nom de *râteau à cheval,* est construit exactement comme le râteau du jardinier, mais d'une largeur de deux mètres, monté sur deux roues et traîné, comme la faneuse mécanique, par deux chevaux.

Les procédés ci-dessus décrits sont applicables au foin des prairies naturelles et à celui des prairies artificielles composées de graminées, telles que le ray-grass anglais et le ray-grass vivace ou d'Italie. Le foin des autres plantes dont on fait habituellement des prairies artificielles, trèfle, luzerne, sainfoin, serradelle, appartenant à la famille des légumineuses, est fané par des procédés analogues, mais avec beaucoup plus de ménagement, pour n'en pas détacher les feuilles, qui en sont la partie la plus nourrissante pour les bestiaux. Tandis que les feuilles des graminées enveloppant les tiges de ces plantes y adhèrent très-fortement et ne tombent pendant le fanage que quand le foin a été fauché trop mûr, les feuilles des plantes fourragères légumineuses n'adhèrent presque pas à leurs pédoncules; si pendant le fanage elles sont trop vivement secouées, ces feuilles tombent et le foin des prairies artificielles perd la plus grande partie de ses propriétés alimentaires. Les plantes fourragères légumineuses, spécialement le trèfle, après avoir été fauchées, doivent donc être retournées doucement à la fourche pendant le fanage, et non pas éparpillées et secouées vivement comme le foin des graminées.

On nomme *regain* la seconde et la troisième coupe de foin que donnent les prairies en terre fertile, surtout quand elles sont irriguées; il arrive assez souvent que les derniers regains ne peuvent être fauchés qu'à une époque où le soleil ne donne plus assez de chaleur pour les sécher. Dans ce cas, on les étend sur le sol d'une grange ou sous un hangar, en stratifiant l'herbe fraîche par lits alternatifs avec de la paille de froment, d'orge ou d'avoine. Quand ce mélange est suffisamment sec, on le coupe au hache-paille pour le distribuer au bétail pendant l'hivernage; c'est un excellent moyen de tirer parti des derniers regains, qu'il serait difficile de faner et de faire sécher complétement de toute autre manière.

En Allemagne, dans les cantons où le climat excessivement humide rend difficile le fanage du trèfle, le plus aqueux de tous les fourrages, on le dispose en meules très-peu comprimées dans lesquelles on laisse la fermentation s'établir. Quelquefois elle se manifeste au bout de 12 heures; quand la température est froide et humide, les meules n'entrent en fermentation qu'au bout de 3 jours : on juge qu'elles sont à leur point quand la vapeur qui s'en échappe, et qui possède des propriétés enivrantes comme l'alcool, prend la forme d'une fumée blanche; on se hâte alors de démolir les tas et de faire sécher le trèfle, soit à l'air libre, soit à couvert, le plus rapidement possible. Le trèfle ainsi séché est d'un brun noirâtre; il a conservé toutes ses propriétés nourrissantes; les bestiaux le mangent sans répugnance. Cette méthode de fanage est nommée *méthode de Klapmayer*, du nom de son inventeur.

Moisson. La récolte des céréales, plus communément nommée *moisson*, est dans tous les pays de grande culture la plus importante des récoltes. Elle se fait à des époques variables pour chaque espèce de céréales, variables aussi d'année en année. En principe, il est plus avantageux de moissonner un peu avant la complète maturité des grains que de récolter les grains trop mûrs : dans ce dernier cas, on risque de perdre beaucoup par l'égrenage; dans le premier, les céréales coupées assez près de leur maturité rendent autant de farine que si elles avaient été récoltées tout à fait mûres; elles sont seulement moins bonnes comme grains de semence : mais il est facile de laisser sur pied un peu plus longtemps que le reste de la récolte la portion de chaque céréale dont on se propose d'employer les grains pour les semailles.

On se sert pour moissonner de trois instruments distincts : la *faucille,* dont l'usage remonte à la plus haute antiquité; la *faux,* spécialement usitée pour abattre l'orge et l'avoine, et la *sape,* espèce de petite faux à manche court qui sert surtout à abattre le froment et le seigle.

La *faucille,* à lame courbe, finement dentée en scie, coupe le chaume par une espèce de frottement : de là l'expression vulgaire : *scier les blés.* Le moissonneur saisit une poignée de chaume d'une main et la coupe de l'autre avec la faucille; tout en travaillant courbé, dans une position également gênante et fatigante, il ne peut que laisser sur pied un chaume fort long, ce qui réduit sensiblement la quantité de la paille récoltée. Si la céréale moissonnée à la faucille a été versée par des vents violents ou de fortes pluies d'orage, la moisson à la faucille devient une opération lente et pénible : ce qui occasionne au fermier des frais supplémentaires quelquefois fort lourds.

La *faux* usitée pour moissonner les céréales est ordinairement accompagnée d'un treillage plat, fixé au manche de manière à empêcher les épis fauchés de se disperser et à faciliter leur réunion en *javelles,* au moyen d'un lien de paille de seigle, par les ouvrières qui suivent les faucheurs. La faux, quelque bien affilée qu'elle soit, n'abat les céréales qu'avec peine, en leur imprimant une forte secousse qui cause des pertes sensibles par l'égrenage quand les grains sont abattus un peu trop mûrs; elle a de plus, pour la moisson des céréales, l'inconvénient grave d'imposer au faucheur une fatigue excessive, qu'il ne peut supporter longtemps sans compromettre sa santé.

La *sape,* usitée de toute antiquité en Belgique, est le meilleur de tous les instruments pour moissonner toute espèce de céréales; aussi gagne-t-elle du terrain en France d'année en année : on prévoit le moment peu éloigné où elle remplacera totalement la faucille et la faux dans tous les pays de grande culture. Les moissonneurs à la sape se nomment *piqueteurs*, parce qu'ils emploient conjointement avec la sape un *piquet* ou crochet de fer long et pointu, fixé au bout d'un manche plat, long d'un peu plus d'un mètre. D'une main, ils écartent et maintiennent à l'aide du *piquet* une forte poignée de la céréale sur pied ; de l'autre, ils frappent dessus, tout près de terre, sans se courber ; la forme particulière du manche court de la petite faux qui porte spécialement le nom de *sape* en rend l'usage à la fois facile, très-peu fatigant et très-expéditif. Avec la sape, les piqueteurs ne demandent pas plus cher par hectare pour moissonner les blés versés que les blés parfaitement droits ; et, en effet, ils n'éprouvent pas plus de fatigue et ne perdent pas plus de temps pour les uns que pour les autres. Le piquet range en ligne régulière derrière le moissonneur les céréales abattues, qui sont parfaitement disposées pour être liées en javelles.

Les céréales récoltées et reliées en gerbes ne peuvent pas être immédiatement rentrées en grange ou entassées en meules ; il faut qu'elles passent un ou deux jours sur place, à l'air libre, pour perdre ce qu'elles retiennent d'humidité. Souvent, pendant ce délai indispensable, les céréales, formées en tas peu volumineux qui portent le nom de *moyettes*, sont plus ou moins endommagées par le mauvais temps ; si les pluies se prolongent, la chaleur de la saison fait germer une partie du grain dans l'épi, ce qui donne lieu à des pertes très-considérables. En Flandre, où l'inconstance et l'humidité du climat rendent les accidents de ce genre très-fréquents, le besoin d'en préserver les récoltes coupées a fait imaginer une disposition particulière des moyettes qui commence à se propager dans tout le reste de la France sous le nom de *moyettes flamandes*. Elles sont formées de quatre gerbes, dont trois sont posées debout, inclinées les unes contre les autres, comme des armes en faisceau ; la quatrième, dont on desserre à cet effet le lien en le faisant descendre vers la base, est ouverte en forme de parasol et posée, les épis en bas, sur le sommet du faisceau formé par les trois autres gerbes. Un solide lien de paille rattache l'ensemble de la moyette flamande, qui peut en cet état braver plusieurs jours de mauvais temps. La pluie glisse sur la gerbe ouverte et n'atteint pas les gerbes debout ; le peu d'espace qui reste libre entre chacune d'elles suffit pour établir un courant d'air qui sèche en un instant l'humidité qui pourrait y avoir pénétré. Jamais le blé mis en moyettes flamandes n'est endommagé par le temps le plus défavorable qu'on puisse avoir à craindre à l'époque de la moisson.

Dans les pays où la main-d'œuvre est rare et chère au moment des récoltes, spécialement dans l'Amérique du nord et dans les grandes plaines de l'orient de l'Europe, on a introduit depuis quelques années l'usage des *machines à moissonner,* mues par des chevaux. Ces machines ont pour base une rangée de ciseaux qui coupent les chaumes au niveau du sol, à mesure que la machine avance; elles sont ordinairement accompagnées d'un plancher sur lequel sont reçues les céréales coupées, pour être mises en javelles et rangées à terre par les femmes qui accompagnent les conducteurs de la machine à moissonner[1].

La moisson au moyen des bonnes machines à moissonner se fait aussi bien et plus vite qu'avec la faucille ou la faux; mais, jusqu'à présent, cette manière de récolter les céréales n'offre aucun avantage réel sur la moisson à la sape, selon la méthode des piqueteurs belges, méthode dont les applications tendent à se généraliser, au moins pour le froment et le seigle, en France et dans toute l'Europe.

1. Voyez *Instruments et machines,* chap. v.

CHAPITRE X.

Du drainage.

Origine du drainage; son effet utile. — Accroissement de fertilité du sol drainé. — Principales conditions d'un bon drainage. — Diamètre des tuyaux. — Espacement. — Profondeur des drains. — Pente. — Exécution des travaux. — Creusement des drains. — Pose des tuyaux. — Empierrement. — Engorgement des tuyaux. — Regards. — Grillages aux extrémités des lignes de drains. — Prix de revient. — Utilisation des eaux provenant du drainage.

Le *drainage* est l'assainissement des terres qui souffrent d'un excès d'humidité; des drains ou fossés souterrains garnis de tuyaux de terre cuite servent à cet assainissement. C'est dans la Grande-Bretagne que le drainage a été, de nos jours, perfectionné et généralisé dans ses applications; il est devenu, entre les mains des habiles ingénieurs agricoles de ce pays, la plus grande amélioration agricole des temps modernes : c'est pourquoi les mots anglais *drainage* et *drains* ont été adoptés dans toutes les langues de l'Europe. Ces mots, en français, ne sauraient être rendus que par des périphrases.

Avant ses grandes et fécondes applications en Angleterre, le drainage, pratiqué sous diverses formes dans l'antiquité et pendant le moyen âge, était parfaitement connu; mais il n'était point passé à l'état de système, et ses avantages n'étaient pas suffisamment appréciés.

Lorsque le sous-sol contient des eaux stagnantes qui manquent de moyens d'écoulement, soit qu'elles proviennent d'infiltrations souterraines, soit qu'elles résultent de pluies prolongées ou de la fonte des neiges, elles s'opposent aux travaux de l'agriculture, et neutralisent la fertilité du sol arable en l'empêchant de développer sa force productive. On a vu que la terre labourée trop humide peut être gâtée pour longtemps, et qu'elle ne peut être ameublie par les labours que lorsqu'elle est parvenue à un degré de dessiccation dont les limites sont exactement déterminées par les agronomes[1]. En assurant par le drainage le rapide et complet écoulement de l'eau qui peut se trouver en excès dans le sous-sol, le cultivateur peut, dès les premiers beaux jours qui succèdent à l'hiver, commencer à donner au sol les façons qu'il réclame pour recevoir les semailles de printemps; il peut, quel que soit l'état de la saison, exécuter les labours d'automne depuis la fin des grandes sécheresses de l'été jusqu'aux fortes gelées de l'hiver. A l'époque où la végétation sort de son sommeil hivernal, le réveil de la vie végétale, qui dépend d'un degré donné d'élévation dans la température de la couche arable, est plus ou moins retardé quand cette couche est saturée d'eau; il faut, dans ce cas, que la chaleur de la saison s'épuise à faire évaporer l'eau superflue, sans échauffer le sol, avant de produire une élévation de température qui profite à la végétation des plantes cultivées. Quand la terre est assainie par le drainage, le cours annuel de la vie végétale commence plus tôt et finit plus tard, au grand avantage de la production agricole. En moyenne, l'accroissement de toute espèce de production résultant du drainage est de 12 à 15 pour cent; dans les terres très-fortes, dont le drainage détruit comme par enchantement l'excès de cohésion et la froideur naturelle, cet accroissement peut aller jusqu'à 25 pour cent.

Principales conditions d'un bon drainage. Pour pratiquer avec succès le drainage, il faut avant tout s'assurer que la terre a besoin d'être drainée, afin de ne pas s'exposer à dépenser inutilement des sommes considérables. Il faut ensuite vérifier le volume d'eau moyen dont le sous-sol doit être débarrassé, et régler d'après cette vérification le *diamètre des tuyaux* par lesquels l'eau doit s'écouler, l'*espacement* entre les lignes parallèles de drains, la *profondeur* du drainage, et la *pente* par mètre dont on dispose pour l'écoulement. C'est seulement après avoir réuni toutes ces données qu'on peut, en pleine connaissance de cause, procéder à l'exécution du drainage.

La terre peut être en apparence très-humide à la surface,

___

1. Voyez *Labourage*, chap. VII.

et n'avoir pas réellement besoin d'être drainée ; c'est ce qui a lieu lorsque la couche arable ne contient pas d'humidité souterraine, mais qu'en raison de sa nature plus ou moins compacte elle ne laisse pas filtrer assez rapidement les eaux des pluies et de la fonte des neiges. Il suffit, dans ce cas, de pratiquer de distance en distance des rigoles d'égouttement de 0^m,20 à 0^m,30 de profondeur et de les entretenir en bon état. Mais toutes les fois que la terre, suffisamment *saignée* par des rigoles ouvertes dans le sens de sa pente, se montre encore imprégnée d'une humidité surabondante, on est certain qu'il y a lieu d'appliquer le drainage. La nécessité de cette opération est encore indiquée par la présence des *joncs*, des *carex*, des *prêles* et des autres plantes propres aux terrains froids et marécageux. Il faut alors s'assurer, par des sondages à diverses profondeurs et par le volume d'eau souterraine écoulé dans un temps donné, du diamètre qu'il conviendra d'adopter pour les tuyaux à travers lesquels cette eau devra trouver son issue.

Dans les conditions ordinaires des terres qui ont besoin d'être drainées, le diamètre des tuyaux posés au fond des drains peut ne pas dépasser 25 à 30 millimètres ; celui des tuyaux placés dans les drains principaux, dans lesquels se rendent, pour être entraînées au loin, les eaux de tous les drains secondaires, est proportionné au nombre de ces derniers et aux quantités d'eau qu'ils peuvent fournir à différentes périodes de l'année. Pour les eaux troubles, chargées d'un limon d'oxyde de fer qui produirait à la longue un dépôt ocreux et finirait par obstruer les tuyaux d'un trop petit diamètre, on adopte des tuyaux de 50 à 55 millimètres.

Depuis que les ingénieurs agricoles sont d'accord quant à la nécessité de drainer profondément, l'espacement entre les lignes de drains varie de 8 à 16 mètres. Le choix entre ces deux distances et leurs intermédiaires est fixé d'après la pente qu'il est possible de leur donner.

Après avoir expérimenté l'insuffisance du drainage trop peu profond, on a reconnu généralement comme la plus efficace, dans presque toutes les circonstances données, la profondeur de 1^m,20 à 1^m,30 pour le complet assainissement des terres les plus compactes et les plus saturées d'humidité stagnante dans le sous-sol.

3.

Dans les conditions ordinaires, les tuyaux de 30 millimètres de diamètre espacés de 8 à 16 mètres doivent avoir une pente d'au moins 5 millimètres par mètre. On accorde le double de cette pente, soit un centimètre par mètre, quand les eaux circulant dans les tuyaux sont chargées d'un limon ocreux ou ferrugineux.

Exécution des travaux du drainage. Ces travaux comprennent trois opérations distinctes : le *creusement des drains*, la *pose des tuyaux* et l'*empierrement*.

Pour diminuer les frais de déplacement des terres, on coupe presque à angle droit avec la surface les côtés des drains au fond desquels doivent être posés les tuyaux. Ces tuyaux et les pierres cassées pour l'empierrement doivent être apportés d'avance sur place, sans quoi les secousses imprimées au sol par le passage des tombereaux et leur déchargement produiraient dans les drains, avant la pose des tuyaux, des éboulements continuels. Tout étant prêt, on ouvre rapidement les tranchées avec des pelles et des instruments appropriés à ce travail; on pose les tuyaux au moyen de crochets de fer semi-circulaires qui permettent de les descendre et de les juxtaposer exactement avec précaution et facilité sans risquer de les rompre, et l'on jette par-dessus les tuyaux un lit épais de pierres concassées, comme pour l'empierrement des routes à la Mac-Adam. Cette partie du travail, qui entraîne toujours avec elle des frais considérables de transport et de main-d'œuvre, n'est pas toujours nécessaire; on la supprime quand le sous-sol avec lequel les drains sont remblayés est de nature à laisser l'eau souterraine s'infiltrer jusqu'aux jointures des drains par lesquels elle doit prendre son écoulement. Si l'empierrement est jugé nécessaire, il doit toujours s'arrêter à une profondeur telle, que la bonne terre de la surface, mise de côté à cet effet, forme à la partie supérieure une couche assez épaisse pour que le soc de la charrue, pendant les labours les plus profonds que comporte la nature du sol, ne rencontre jamais l'empierrement. Divers procédés mécaniques et l'emploi de plusieurs machines ingénieuses permettent d'exécuter économiquement les grandes opérations de drainage. Ces procédés et ces machines sont surtout utiles dans les cantons où la main-d'œuvre est rare et chère.

Indépendamment des avantages qui résultent de l'assainissement plus complet de la couche arable, le drainage profond présente encore celui d'éloigner les drains des racines des arbres, qui souvent, lorsque les tuyaux ne sont pas assez profondément enterrés, s'introduisent par les jointures des tuyaux et pénètrent dans leur intérieur. Le moindre filament de racine qui parvient à s'y insinuer s'y ramifie à l'excès, obstrue complétement le tuyau, et le but du drainage est entièrement manqué. Ces accidents sont d'autant plus fâcheux que, lorsqu'ils surviennent, il est impossible de reconnaître la place précise où le passage de l'eau est intercepté. Pour pouvoir la chercher sans agir tout à fait au hasard, aux points de jonction des drains parallèles avec les drains principaux, on ménage des *regards,* consistant en tuyaux verticaux par lesquels il est possible de vérifier si l'eau coule ou ne coule pas d'un ou de plusieurs des drains parallèles dans le drain principal. Ceux qui ne débitent pas d'eau, tandis que les autres en dégorgent un filet plus ou moins abondant, peuvent être supposés encombrés, et c'est de leur côté que doivent être dirigées les recherches. Des grillages posés aux deux extrémités des lignes de drains, sans s'opposer au passage de l'eau, empêchent les souris, mulots et autres petits rongeurs de s'y introduire et de s'y noyer, en causant une obstruction moins grande et moins durable que celle produite par une racine d'arbre, mais tout aussi nuisible au moment où elle a lieu.

Prix de revient. Les applications du drainage sont dès à présent assez nombreuses en France pour qu'on puisse se former une idée précise de son prix de revient, dans les terres où l'on peut en espérer la plus forte somme d'effet utile; la moyenne, aux prix actuels des tuyaux de terre cuite, ne dépasse pas 200 à 250 francs par hectare. Mais l'application des machines à la fabrication des tuyaux en fait baisser le prix tous les ans; on prévoit avec certitude que dans quelques années un hectare pourra être parfaitement drainé pour 150 à 200 francs. Il est bon de remarquer que les frais d'entretien sont à peu près nuls et que la durée de l'effet utile d'un drainage bien établi est indéfinie. C'est donc une dépense une fois faite, dans laquelle

le propriétaire qui en a fait l'avance est assuré de rentrer,
soit par l'augmentation de valeur foncière de la terre drainée, s'il vient à la vendre, soit par l'accroissement du revenu qu'il en obtient, s'il la loue ou s'il la cultive lui-
même.

Utilisation des eaux du drainage. Le principal tuyau
par où se dégorgent les eaux provenant de tout le drainage
d'une terre de 100 à 200 hectares, donne en toute saison
un volume considérable d'eau courante toujours limpide;
car elle a été forcément filtrée avant d'arriver dans les
tuyaux. Cette eau peut toujours être utilisée pour former
des abreuvoirs ou des lavoirs à la campagne, ou, s'il y a
un centre de population à peu de distance, pour alimenter
une fontaine publique. Les propriétaires d'un canton où le
drainage a été largement appliqué peuvent se concerter
entre eux et avec les autorités locales pour réunir les eaux
du drainage de leurs terres dans un canal commun qui
donne alors, selon la configuration du sol et les besoins de
l'agriculture du pays, une chute d'eau pouvant faire mou-
voir des moulins et des usines, ou bien des prises d'eau
pour l'irrigation des prés et des terres arables stérilisées
par la sécheresse. L'eau du drainage, ayant traversé des
terres cultivées et fumées, est supérieure à toute autre pour
les irrigations.

Ce qui précède peut faire comprendre les services rendus
par le drainage à la production agricole, et les bienfaits qui
doivent en résulter pour l'agriculture européenne dans un
avenir prochain.

CHAPITRE XI.

Des défrichements.

Défrichement des terres incultes . — Défrichement par écobuage.
— Semailles sur les terrains défrichés. — Défrichement à la
pioche, à la charrue. — Défoncement. — Cultures fourragères
sur défrichement. — Défrichement des terrains boisés. —
Arrachage des souches. — Chaulage. — Cultures ultérieures.

Les opérations de défrichement ont pour but, soit de
rendre à la production des terres depuis longtemps incultes,
soit de convertir en prairies ou en terres arables des terrains précédemment boisés. Défricher un terrain inculte, ce
n'est pas seulement une bonne opération, c'est une bonne
action; c'est une valeur, la plus réelle et la plus fixe de
toutes, ajoutée à la fortune publique du pays. Pour s'en
former une juste idée, il suffit de remarquer que la valeur
foncière moyenne des terres incultes en France est de 150
à 200 fr. l'hectare, et qu'il y en a 7 millions d'hectares. Ces
terres défrichées valent de 1,500 à 2,000 fr. l'hectare; c'est-
à-dire que, si toutes les terres incultes étaient défrichées, la
valeur foncière du sol de la France recevrait un accroissement de 12 à 14 milliards.

Les procédés pour le défrichement des terres incultes et
pour celui des terrains boisés ne sont pas les mêmes; il y a
lieu de les décrire séparément.

Défrichement des terres incultes. La plus grande partie
des terres incultes de France est désignée sous le nom de
landes. Ce nom est également en Bretagne celui de l'*ajonc*
ou genêt épineux, qui croît sur les landes à l'état sauvage
conjointement avec la bruyère. Il existe un préjugé général
en France parmi les habitants des campagnes contre les
opérations de défrichement; le proverbe breton dit, en par-
lant des immenses bruyères de la presqu'île armoricaine :
« Lande tu es, lande tu as été, lande tu seras. » Malgré
cette opinion complétement erronée, le défrichement d'une
lande, s'il est bien dirigé et exécuté dans de bonnes condi-

tions, est toujours avantageux; il l'est surtout quand la lande défrichée est à proximité d'un bon chemin pour le transport des engrais et l'enlèvement des produits, et d'un centre de population où il est possible de se procurer à un prix raisonnable des ouvriers en nombre suffisant. Il faut d'abord s'assurer s'il convient de commencer l'opération par l'*écobuage* de la surface. Si la végétation sauvage y paraît assez abondante, et que la couche superficielle ne soit pas exclusivement siliceuse, ce dont il est facile de s'assurer par quelques coups de bêche ou de pioche donnés de distance en distance, on peut *écobuer*. A cet effet, on lève, soit à la tranche, soit avec une charrue qui ne prend pas plus de 5 à 6 centimètres d'épaisseur de la couche superficielle, tous les gazons avec la terre adhérente à leurs racines. On en forme de distance en distance des tas ou *fourneaux* où l'on ménage des vides intérieurs pour la circulation de l'air. Quand les gazons sont parfaitement secs, les fourneaux sont allumés à l'aide d'une poignée de broussailles; on a soin de rallumer ceux qui viendraient à s'éteindre : en quelques heures tout est réduit en cendres. Dès que les cendres sont refroidies, on les répand le plus également possible sur le sol, auquel on les incorpore par un labour soigné suivi d'un ou de deux hersages. La lande amenée à ce point est défrichée; elle peut recevoir sa première semaille de seigle, d'avoine ou de sarrasin, avec une fumure de 800 à 1,000 kil. de noir animal par hectare; les semailles de seigle sont celles qui réussissent le mieux sur un défrichement par écobuage. On peut, dans ce cas, économiser une partie du noir animal en soumettant le grain de semence à l'opération du *pralinage*[1].

Mais il arrive le plus souvent que la couche superficielle du terrain à défricher, suffisamment riche en *humus* ou terreau, ne contient d'ailleurs que du sable siliceux, et indique à peine à l'analyse des traces de chaux et d'argile. Dans ce cas, il ne faut pas commencer par l'écobuage : ce serait sacrifier l'avenir au présent. On obtiendrait en effet une ou deux récoltes passables de céréales de la lande écobuée; mais ensuite elle serait tellement épuisée, qu'il deviendrait impossible d'en continuer la culture avec bénéfice. Le but

1. Voyez *Semailles,* chap. VIII.

du défrichement doit être d'arriver à placer le sol défriché absolument dans les mêmes conditions de culture que les terres anciennement cultivées dans le voisinage.

Le défrichement sans écobuage débute par un labour profond, soit à la pioche, soit à la charrue. Dans tous les cas le sol est levé en gros blocs renversés sens dessus dessous, afin que les racines des plantes qui couvraient le sol avant le défrichement se trouvent exposées au contact de l'air. On laisse la terre en cet état pendant toute une année, afin que les alternatives de froid, de chaleur, de sécheresse et d'humidité *mûrissent* les gazons, selon l'expression reçue, c'est-à-dire qu'elles diminuent leur cohésion et les disposent à s'ameublir complétement par plusieurs hersages donnés avec une herse pesante à dents de fer; la terre peut alors être ensemencée comme après un écobuage. Le procédé de défrichement qui vient d'être décrit est le plus usité; mais il n'est pas, à beaucoup près, le meilleur. Les propriétaires qui veulent assurer l'avenir de leurs défrichements font défoncer le sol à la bêche ou à la pioche, à 0^m,80 de profondeur, en mettant de côté, pour la répandre sur le terrain défoncé, la bonne terre de la surface. Souvent il y a lieu de former des composts d'une grande énergie fertilisante en stratifiant par lits alternatifs les gazons de la superficie avec de la chaux grasse[1]. Le défoncement est également utile, soit qu'on se propose de convertir le terrain ainsi défriché en prairies irriguées ou non, ou en terres arables, soit qu'on veuille le boiser en y semant de la graine de pin, de sapin, de laricio ou de mélèze. On peut aussi, sur un bon défoncement, créer par voie de semis un bois de châtaigniers avec la certitude du succès.

Quand la terre défrichée doit entrer dans un système régulier d'exploitation, il faut, après les deux premières récoltes qui ont dû faire rentrer le cultivateur dans ses avances, déterminer, d'après l'état de la terre et les conditions économiques du pays, le genre d'assolement auquel il convient de la soumettre ultérieurement[2]. La plus grande difficulté à surmonter dans toute opération de défrichement, c'est celle que présente la nécessité de faire vivre sur un sol en-

---

1. Voyez *Amendements,* chap. III.
2. Voyez *Assolements,* chap. XXIII.

tièrement neuf, où tout manque en fait de ressources fourragères, les animaux de service et de produit, dont le fumier doit entretenir à perpétuité la fertilité du sol rendu à la culture. Un défrichement ne peut être considéré comme terminé que quand l'exploitation du sol défriché se soutient par ses propres ressources en fumier, sans avoir à acheter des engrais au dehors, charge indispensable des deux ou trois premières années qui suivent la mise en valeur des terres incultes. Moyennant le sacrifice d'un peu de guano et de noir animal, il est possible, dès la seconde année, de faire produire à la terre défrichée des navets, des carottes et de la *serradelle*, en quantité suffisante pour assurer la subsistance du bétail de l'exploitation[1]. Sur un défrichement après écobuage, ou sans écobuage, mais par labour superficiel sans défoncement, on ne peut demander en premier lieu au sol défriché que des céréales; sur une lande défoncée, on peut planter des pommes de terre avec une dose modérée d'engrais, et commencer, aussitôt après la récolte des pommes de terre, diverses cultures fourragères qui, à la vérité, ne donnent pas, comme le seigle, l'avoine ou le sarrasin, des produits immédiatement réalisables en argent, mais qui préparent pour l'entreprise de défrichement des ressources en engrais créés sur place, faute desquels elle ne pourrait se soutenir.

Il arrive trop souvent qu'une entreprise de défrichement échoue, et que la terre, après avoir donné pendant deux ou trois ans des produits médiocres, est abandonnée et se couvre de nouveau d'une végétation sauvage d'ajoncs et de bruyères. Ces revers, qui donnent raison en apparence aux adversaires des défrichements, ne surviennent jamais que par suite de l'avidité du cultivateur, qui a demandé coup sur coup au sol défriché des récoltes de nature à être converties en argent, au lieu de lui faire tout d'abord rapporter des plantes fourragères à l'aide desquelles il aurait pu fournir à la terre sa ration périodique d'engrais, et la soumettre alors à un assolement régulier, aussi productif que celui auquel sont soumises les terres de même nature cultivées de temps immémorial. C'est la loi invariable en dehors de laquelle aucune méthode de défrichement ne peut réussir.

1. Voyez chap. XVII et XVIII.

Défrichement des terrains boisés. Dans tous les pays où, comme en France, la population augmente rapidement, le besoin impérieux d'accroître dans la même proportion la production des denrées alimentaires amène forcément le défrichement des forêts lorsque les terrains qu'elles couvrent peuvent être avec avantage convertis en prairies et en terres arables. La production du bois, remplacé par le fer pour une grande partie de ses usages industriels, tend à se réduire aux terrains en pente, qu'il est difficile d'utiliser avantageusement, si ce n'est par la sylviculture. Une loi votée en 1860 alloue des sommes considérables pour le prompt reboisement des terrains en pente rapide, considéré comme d'utilité publique.

On ne peut pas défricher un terrain boisé sans obtenir l'autorisation préalable de l'administration; mais cette autorisation n'est jamais refusée quand la terre que le propriétaire se propose de déboiser est suffisamment fertile.

Après avoir fait abattre et enlever le bois d'œuvre ou de chauffage, il reste à faire arracher les souches; elles ont en général trop peu de valeur pour qu'il soit avantageux au propriétaire de faire exécuter ce travail à prix d'argent : les souches sont abandonnées comme salaire à des gens qui les arrachent à temps perdu pendant la morte saison. Les souches étant arrachées, le terrain déboisé reste encore plein de tronçons de racines qu'un labour profond donné à la charrue ramène au jour, et dont on forme des tas qu'on brûle sur place pour en répandre les cendres en qualité d'amendement. La terre qui a été de tout temps couverte de bois est nécessairement très-riche en substances végétales à l'état acide; c'est le principal obstacle au développement de sa force productive. La petite quantité de potasse contenue dans les cendres des racines brûlées à sa surface ne suffit pas pour neutraliser cette acidité; on ne peut y réussir complétement que par le *chaulage*[1]. En pareil cas, il n'y a presque jamais d'inconvénient à donner à la terre déboisée une forte dose de chaux, et à la renouveler deux ans plus tard. Le sol ayant été profondément remué pour l'arrachage des souches, travail qui équivaut à peu près à un défoncement, on peut lui faire porter des pommes de terre pour

1. Voyez *Amendements,* chap. III.

première récolte, et lui appliquer dès la seconde année un assolement approprié à sa nature et à sa situation.

Quand il est possible d'amener sur un terrain déboisé de l'eau de bonne qualité en quantité suffisante pour créer des prairies irriguées, la partie du sol à laquelle on se propose de donner cette destination doit être, au moins la première année, livrée à une culture de pommes de terre, de céréales ou de colza, selon sa nature et surtout selon la quantité d'engrais dont on peut disposer. Ce n'est qu'après qu'elle a perdu tout son acidité par un ou deux ans de bonne culture, que la terre peut être avec avantage divisée en planches à une ou deux pentes et sillonnée par des rigoles de distribution des eaux[1].

CHAPITRE XII.

Des irrigations.

Irrigations. — Leurs avantages sous divers climats. — Étendue des cours d'eau non navigables en France. — Étendue des terres irrigables, des terres exposées aux inondations. — Effets utiles de l'eau employée aux irrigations. — Irrigation par écoulement continu; la plus usitée pour les prairies. — Quantité d'eau nécessaire pour irriguer un hectare. — Canal principal. — Canaux secondaires. — Drainage. — Nivellement. — Planches à un seul versant ou à deux versants. — Limpidité de l'eau. — Condition essentielle de l'irrigation par écoulement continu; elle fertilise des sables stériles. — Irrigation par submersion, surtout usitée dans le Midi. — Irrigation par imbibition, particulièrement applicable à l'arrosage des marais desséchés.

Les avantages que peuvent offrir les irrigations à l'agriculture sont incalculables. Dans les pays méridionaux, avec le concours habilement ménagé de l'eau et de la chaleur, on peut tout demander à la terre; dans les pays tempérés ou septentrionaux, l'irrigation, particulièrement applicable

---

1. Voyez *Irrigations,* chap. XII.

à la végétation des plantes fourragères, permet d'élever beaucoup de bestiaux, d'en obtenir beaucoup d'engrais, et de porter à son maximum la fertilité de toutes les terres cultivées. L'un des premiers agronomes de notre temps, M. de Gasparin, a donc pu dire sans exagération : « Nous envoyons tous les ans par nos fleuves et rivières *trois milliards à la mer*. » La production agricole de la France pourrait être en effet augmentée de trois milliards au moins, si, sans rien retrancher de ce qui est nécessaire à la navigation fluviale, les eaux des fleuves, des rivières et de leurs affluents étaient dérivées et appliquées à l'irrigation partout où elles peuvent l'être avec avantage. D'après la statistique officielle, les petits cours d'eau non navigables, ceux dont les eaux peuvent le plus facilement être utilisées pour les irrigations, ont en France une longueur de 180,000 kilomètres, soit 45,000 lieues communes ; les terrains que leurs eaux peuvent irriguer ne représentent pas moins de 10 millions d'hectares ; ceux que ces eaux, soumises à un régime essentiellement vicieux, ravagent périodiquement par leurs débordements n'occupent pas moins de 550,000 hectares. Ces ravages cesseraient d'être possibles si les cours d'eau secondaires, qui font chaque année une ou deux fois déborder les fleuves et les rivières principales, étaient contenus par des dérivations et complétement employés à l'irrigation des terres arables ou des prairies. Bien que ce système ne soit encore chez nous qu'à son début, la France possède déjà 20,000 kilomètres de canaux de dérivation, dont la moitié environ sert au desséchement des marais et l'autre moitié à l'irrigation.

L'eau employée à l'irrigation agit utilement pour la végétation des plantes cultivées sous quatre rapports principaux : 1º elle combat les effets funestes des sécheresses prolongées ; 2° elle fournit au sol cultivé divers principes fertilisants qu'elle tient en suspension ou en dissolution ; 3° elle fait périr une partie des plantes nuisibles qui envahissent les terres en culture ; 4° elle empêche en hiver la température de la terre de se refroidir avec excès.

L'irrigation, soit sur les terres arables, soit sur les prairies, se pratique de trois manières différentes : 1º *par écoulement continu :* c'est l'irrigation proprement dite ; 2° *par submersion ;* 3° *par imbibition*.

Irrigation par écoulement continu. Avant de procéder aux applications de ce genre d'irrigation, le plus généralement pratiqué, surtout pour les prairies, il faut d'abord s'assurer que les eaux dont on dispose sont suffisamment abondantes et de bonne qualité. En général, les meilleures sont les eaux courantes ; celles qui proviennent des étangs et des mares situés sur des plateaux couverts de bruyères ne sont pas propres à l'irrigation : ce qu'il est facile de reconnaître en observant qu'elles sont également impropres à dissoudre le savon et à faire cuire les légumes. Ces eaux, si elles étaient dérivées pour les irrigations, favoriseraient sur les terres arrosées la croissance des joncs et de toutes sortes de plantes aigres et amères. La qualité des eaux étant vérifiée, il faut s'assurer de leur abondance pour ne pas s'exposer à faire exécuter sur les terrains irrigables des travaux ruineux et à manquer ensuite d'eau pour les irriguer. D'après les meilleurs auteurs et les observateurs les plus dignes de foi, 1,000 mètres cubes d'eau sont nécessaires pour irriguer à fond un hectare ; une prise d'eau qui fournit cette quantité coûte, en Lombardie et dans le midi de la France, 40 à 50 francs de redevance annuelle.

Le premier et le plus important travail pour préparer l'irrigation d'un terrain par écoulement continu, c'est le creusement des canaux, fossés et rigoles pour conduire, distribuer et faire écouler les eaux. Le canal principal qui reçoit la prise d'eau ne doit avoir qu'une pente très-faible : celle d'un demi-millimètre par mètre, soit un centimètre pour 20 mètres, est suffisante ; c'est aussi la plus usitée. La largeur et la profondeur du canal principal sont calculées d'après l'étendue des terrains à irriguer ; son parcours est déterminé par la configuration du terrain, dont ce canal occupe nécessairement la partie la plus élevée, afin de déverser ses eaux sur la plus grande surface possible de terrains inférieurs. Quelquefois les circonstances locales, spécialement la facilité de se procurer aisément de l'argile suffisamment tenace pour rendre *étanches* les parois et le fond du canal principal, permettent de le creuser dans une digue artificiellement construite à la crête des terrains irrigables. D'autres canaux de dimensions moindres partent du canal principal, avec lequel ils communiquent à volonté par des écluses. Chacun de ces canaux doit fournir l'eau à une surface d'une

étendue déterminée et recevoir du canal principal l'eau nécessaire à l'irrigation de cette surface. Ces premiers travaux
étant exécutés, il reste à drainer complétement les terres qui
vont être soumises à l'irrigation ; car autant l'eau qui devra
y couler périodiquement par nappes uniformes sera favorable
à la végétation, autant celle-ci serait contrariée par la présence de l'humidité stagnante dans le sous-sol. Après le
drainage opéré, selon la nature du sous-sol, à la profondeur
la plus convenable[1], on divise chaque portion de terrain en
pentes uniformes, à un ou à deux versants : les planches à
deux versants sont les plus usitées; leur sommet est par-
couru dans toute sa longueur par une rigole qui reçoit, au
moyen d'une petite vanne, l'eau du canal secondaire de
distribution. Cette rigole étant d'un bout à l'autre parfaitement de niveau, l'eau qu'elle reçoit ne peut s'écouler qu'en
débordant très-uniformément par-dessus ses deux rives, ce
qui produit sur les pentes gazonnées une nappe partout
d'égale épaisseur qui coule très-lentement, mais sans s'arrêter et sans former nulle part de flaque d'eau stagnante.
Au bas de chaque pente ainsi arrosée, l'eau est reçue dans
des rigoles qui la conduisent dans des fossés d'écoulement.
Le plus souvent, la configuration du terrain permet d'utiliser une seconde fois les eaux réunies dans ces fossés et
déversées dans des canaux de distribution pour l'irrigation
de terrains situés plus bas et disposés du reste comme les
terrains supérieurs, en planches à un seul versant ou à deux
versants.

Ce système, pratiqué très en grand dans plusieurs parties
de l'Allemagne, notamment en Westphalie, dans la vallée de
la Sieg, et en Poméranie, sur les bords de la mer Baltique,
permet d'arroser *en toute saison,* pour tirer parti de toutes
les propriétés de l'eau par rapport aux irrigations. On n'y
emploie que des eaux parfaitement limpides; si l'on intro-
duisait des eaux troubles et limoneuses dans les rigoles, non-
seulement celles-ci seraient promptement obstruées, mais encore l'égalité de surface des planches serait détruite, et tout
le travail de nivellement serait à refaire. Les eaux limpides
peuvent profiter à la végétation des plantes fourragères jusqu'au jour qui précède le fauchage; le foin n'en est que

1. Voyez *Drainage,* chap. x.

meilleur. L'irrigation par écoulement continu ou par *nappes* n'est pratiquée que pendant les nuits; l'observation a permis de constater que son effet utile est plus complet lorsqu'on retire l'eau à la pointe du jour, et qu'on laisse la chaleur solaire agir librement sur la terre profondément imbibée par l'irrigation de la nuit précédente. C'est par ce mode d'irrigation que des sables siliceux, frappés d'une stérilité absolue, sont changés en prairies et se couvrent avec le temps d'un épais gazon alimenté d'un côté par les principes fertilisants que l'eau lui apporte, de l'autre par les débris des végétaux décomposés qui se mêlent incessamment à la couche superficielle soumise à l'irrigation, qui fait périr les mousses et les mauvaises herbes et les convertit en terreau.

Irrigation par submersion. On pratique principalement le mode d'irrigation par submersion dans les pays méridionaux, où on l'applique à toute sorte de cultures autres que celles des plantes fourragères. Les conditions des prises d'eau et le volume d'eau exigé pour l'irrigation d'un hectare sont les mêmes que pour le mode précédemment exposé; il n'y a presque jamais lieu de se préoccuper de la qualité des eaux. Dans les contrées méridionales, la seule eau dont on dispose pour l'irrigation est celle des ruisseaux et des rivières qui ne tarissent pas en été : ces eaux sont toujours de très-bonne qualité au point de vue de l'irrigation. Les terrains qu'on se propose d'irriguer par submersion sont étagés par compartiments d'un niveau aussi parfait que possible; chacun de ces compartiments est entouré d'un bourrelet ou rebord de terre qui permet de l'inonder à volonté, afin que le sol altéré boive tout son content. La limpidité de l'eau n'est pas requise pour ce mode d'irrigation; si les eaux sont troubles, étant introduites uniformément sur une terre bien nivelée, elles y déposent leur limon en couche très-égale; ce limon, sans déranger la disposition du terrain, ne peut qu'ajouter à sa fertilité. Sur notre extrême frontière du Midi, dans les cantons où la culture de l'oranger est possible en pleine terre, on pratique au pied de chacun de ces arbres un bassin qu'on arrose par submersion. Dans ce cas, tout le terrain occupé par la plantation est dressé en pente peu sensible; l'eau est introduite par la partie supérieure; elle est conduite, par des rigoles ordinairement revêtues de briques posées sur champ, au pied de chaque arbre, qui reçoit ainsi sa ration d'eau journalière dans le bassin creusé à sa base. C'est encore par le mode d'irrigation par submersion que sont irrigués les jardins renommés d'Hyères, de Cavaillon, de Pézénas et des environs de Perpignan, tous d'une inépuisable fécondité.

Irrigation par imbibition. Lorsqu'un sol marécageux a été rendu cultivable par le desséchement, il reste ordinairement très-poreux, et sujet à souffrir plus que tout autre des sécheresses, pendant lesquelles toute végétation y disparaîtrait s'il n'était irrigué. On comprend qu'il serait difficile et même dangereux d'arroser des terrains dans de pareilles conditions, soit par écoulement continu, soit par submersion; ils ne peuvent être convenablement irrigués que par imbibition. A cet effet, on y pratique de distance en distance des fossés qu'on tient habituellement à sec, mais qui peuvent, à volonté, être remplis bord à bord, au moyen d'une prise d'eau suffisante. La nature poreuse du sol permet à l'eau de s'infiltrer par les parois des fossés, et d'imbiber toute la couche de terrain d'un fossé à l'autre, pourvu que l'eau soit constamment renouvelée dans les fossés, à mesure qu'elle est absorbée par la terre environnante. L'irrigation par imbibition s'applique à toute espèce de culture jardinière ou autre : c'est celle de toutes qui peut être pratiquée avec le moins de frais; mais elle n'est possible que dans les terres basses, conquises sur les marais par le desséchement; dans d'autres circonstances, les effets utiles en vue desquels l'irrigation est appliquée ne se réaliseraient pas.

SECTION III.

PLANTES ALIMENTAIRES ET FOURRAGÈRES.

CHAPITRE XIII.

Des céréales.

Céréales. — *Froment* ou *blé*. — Son origine. — Froments sans barbe; barbus; d'hiver ou bisannuels; de printemps ou annuels. — Culture. — Moyens de le préserver des atteintes des limaces. — Rendement en grain par hectare. — *Seigle*. — Seigle commun; de Rome; multicaule ou de la Saint-Jean. — Culture. — Rendement par hectare. — *Orge*. — Orge commune à deux rangs. — Orge éventail à six rangs; céleste; chevalier; de Namto; à balles violettes. — Escourgeon. — Culture; rendement par hectare. — *Avoine*. — Avoine propre aux terres fertiles; noire de Beauce; blanche des Flandres. — Avoine patate. — Avoines propres aux terres médiocres; propres aux terrains très-peu fertiles. — *Maïs*. — Maïs à haute tige, à gros grains, cinquantain, quarantain, à poulets. — Culture, engrais, rendement par hectare. — *Millet*. — Millet commun, d'Italie, d'Allemagne. — *Sorgho*. — Sorgho à balais, à sucre. — *Sarrasin* ou *blé noir*. — Culture, engrais, rendement par hectare. — Gruau de sarrasin; ses propriétés.

Après avoir exposé dans les chapitres précédents les notions qui se rapportent aux opérations préparatoires à la culture proprement dite, nous avons à passer en revue les cultures des plantes servant à la nourriture de l'homme et des animaux domestiques et celles des plantes dont les produits sont utilisés par diverses industries. De toutes ces plantes, les plus utiles et les plus généralement cultivées sont les *céréales*, dont le nom rappelle celui de *Cérès*, qui, dans l'antiquité païenne, était la déesse des moissons. On comprend sous le nom générique de céréales le *froment*, le *seigle*, l'*orge*, l'*avoine*, le *maïs*, le *millet* et le *sorgho*, tous de la famille des graminées, et le *sarrasin* ou blé noir, de la famille des polygonées. Toutes ces plantes sont cultivées pour leurs graines, qui sont la base de la nourriture des peuples civilisés.

Froment. Depuis les temps les plus reculés jusqu'à nos jours, le froment cultivé n'a subi aucune altération ; le froment trouvé dans les coffres renfermant les momies d'Égypte ne diffère en rien du froment actuellement récolté en Égypte. C'est de l'Orient que le froment et les autres céréales ont été importés en Europe, à une époque dont la date est impossible à préciser ; ce qui le prouve, c'est la présence dans nos champs de céréales du coquelicot et du bluet, deux plantes qui croissent à l'état sauvage dans toute l'Asie centrale et qu'on ne rencontre en Europe que dans les champs cultivés. Quant à l'origine du froment, M. Esprit Fabre, agronome éminent du midi de la France, a prouvé par voie d'expérience directe qu'en semant avec persévérance pendant onze ans de suite les graines d'une graminée sauvage nommée par les botanistes *ægilops triticoides*, et en donnant d'ailleurs aux plantes nées de ces semis des soins de culture semblables à ceux qu'on accorde aux diverses variétés de froment, on finit par transformer l'égilops par degrés en un blé aussi beau que les meilleurs blés connus dans le Midi sous le nom de *saissette de Provence.*

Le froment tient le premier rang non-seulement parmi les céréales, mais encore parmi les plantes, quelles qu'elles soient, qui sont l'objet des soins des cultivateurs européens. C'est de l'abondance et du prix modéré du froment que dépend le prix moyen de toutes les denrées nécessaires à la vie. Les froments, désignés indifféremment sous le nom de *blés,* se divisent en deux séries, celle des blés à épis *sans barbes* (*fig.* 17), à paille intérieurement vide, et celle des blés à épis *barbus* (*fig.* 18), à paille intérieurement pleine, au moins sur la plus grande partie de sa longueur. Parmi les froments sans barbes, les plus estimés sont les *blés anglais,* les *blés flamands blancs,* les *touselles* et la *saissette* du midi de la France ; parmi les froments barbus, on estime surtout les *blés poulards,* à grain très-renflé, les *pétanielles* du Piémont et de la Lombardie et les *épeautres*

de la Belgique et du nord de la France. Les épeautres constituent une espèce distincte qui tient le milieu entre l'orge et
le froment proprement dit; le grain des épeautres est revêtu
d'une enveloppe extérieure ou *balle*, adhérant fortement à
sa surface, et qui n'en peut être séparée que par des moyens
mécaniques.

Fig. 17.
Blé à épis sans barbes.

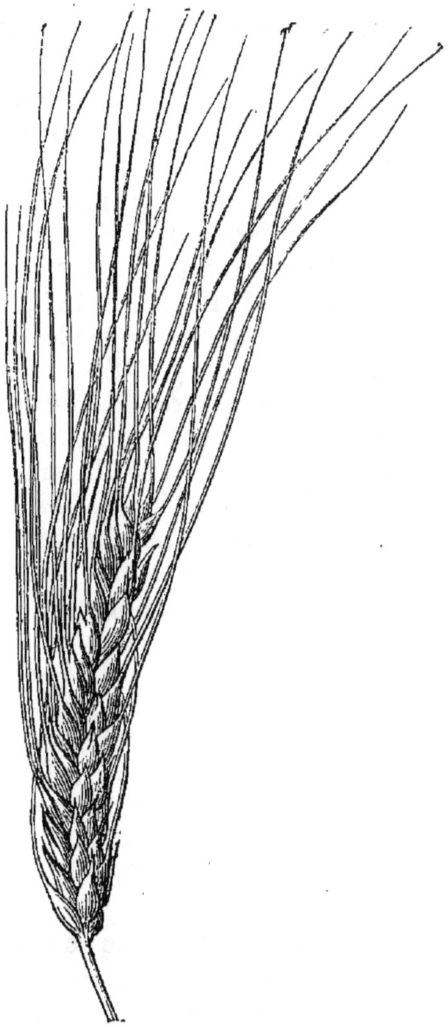

Fig. 18.
Blé à épis barbus.

Au point de vue de la culture, les blés se **divisent en fro-**

ments d'hiver et froments de printemps : les premiers, plus généralement cultivés que les seconds, se sèment à la fin de l'automne; les seconds se sèment dans le courant du mois de mars; les blés de printemps, aussi désignés sous le nom de *blés de mars*, ne servent, dans les pays de grande culture des céréales, qu'à remplacer les blés d'hiver quand ces derniers ont été détruits par les gelées tardives, si funestes, sous le climat européen, à toutes les récoltes qui passent l'hiver en terre. On connaît deux variétés principales de froment de printemps, le blé de mars et le froment de cent jours, dont la végétation est si rapide qu'il peut être semé jusqu'en avril; la farine des blés de printemps ou froments *annuels* fait d'aussi bon pain que toute autre.

Chaque année, en France, en Belgique, en Allemagne et en Angleterre, des variétés nouvelles de froment sont mises dans le commerce; bien peu d'entre elles se soutiennent et se font accepter dans la grande culture. Les deux meilleures acquisitions récentes dans ce genre sont le *blé bleu,* ou *blé de Noé,* du nom d'une ferme du midi de la France où il a été obtenu, et le blé anglais *Chidam,* l'un et l'autre appartenant à la série des blés sans barbes.

Le froment souffre beaucoup du contact de ses racines fibreuses et délicates avec l'humidité stagnante à la partie inférieure de la couche arable; c'est celle des céréales qui profite le plus de l'amélioration du sol par le drainage. Les labours destinés à préparer la terre pour une semaille de froment doivent avoir de 0^m,20 à 0^m,25 de profondeur partout où ia couche cultivable est suffisamment épaisse. Dans les cantons encore soumis à l'ancien assolement triennal avec jachère[1], on sème le froment directement sur la fumure, c'est-à-dire qu'on enfouit le fumier par un labour profond, et qu'on sème, soit à la volée, soit au semoir. Cette méthode est défectueuse sous deux rapports : d'une part, elle favorise outre mesure le développement de la mauvaise herbe qui nuit à la croissance du froment: de l'autre, elle expose la céréale à verser peu de temps après la formation de l'épi, ce qui endommage sensiblement la récolte. Partout où l'agriculture est plus avancée, la fumure est appliquée à la récolte qui précède le froment. Si elle est

---

1. Voyez *Assolements,* chap. XIII.

assez abondante, il reste en terre assez d'engrais pour que le froment en ait sa juste part. Les pommes de terre, les betteraves et les fèves, ces dernières surtout, préparent bien le sol à produire une belle récolte de froment; ces cultures, ayant besoin d'être sarclées, nettoient la terre en même temps qu'elles l'ameublissent; les principes qu'elles puisent dans le sol pour leur végétation ne sont pas les mêmes que doit lui demander le froment : elles laissent donc la terre dans le meilleur état possible pour la céréale. Par les mêmes raisons, le froment vient parfaitement lorsqu'on le sème sur une luzerne rompue ou sur un trèfle retourné. L'époque moyenne des semailles de froment s'étend d'octobre en novembre : quand les pluies n'ont pas trop fortement détrempé le sol, on peut semer le froment d'hiver jusqu'en décembre. La farine de froment est la matière première du meilleur pain; c'est la seule avec laquelle on puisse faire du pain blanc, tel que celui que vendent les boulangers dans les grandes villes. Le pain de ménage, tel que le consomment les habitants des campagnes, est fait avec trois quarts de farine de froment et un quart de farine de seigle.

La plupart des cultivateurs n'emploient pour leurs semailles que des froments récoltés l'année précédente : ce sont en effet ceux dont les facultés germinatives sont le plus complètes, bien que les vieux blés, conservés dans de bonnes conditions depuis plusieurs années, puissent lever aussi bien que les blés nouveaux ou les blés d'un an. Lorsque les froments sont prêts de rentrer en végétation, dès les premiers beaux jours qui précèdent le retour du printemps, il est toujours utile de leur donner un bon hersage, afin de rompre la croûte, souvent très-dure, formée à la surface du sol par les vents secs connus en France sous le nom de *hâle de mars*. Si cette croûte n'était pas brisée, la terre, en comprimant le collet des jeunes plantes, empêcherait le blé de *taller*, c'est-à-dire d'émettre un grand nombre de pousses latérales. Aussi, le cultivateur, lorsqu'il herse les blés au printemps, ne doit-il pas, dit-on, regarder derrière lui, c'est-à-dire qu'il ne doit pas s'inquiéter du nombre des plantes faibles ou superflues que son hersage peut détruire; les plantes vigoureuses et bien espacées qui restent sur pied étant dans les meilleures conditions pour bien taller, les vides sont promptement remplis : il n'y paraît plus quinze jours après. Quand les froments ont été semés en lignes parallèles au moyen du semoir, les sarclages ultérieurs peuvent être donnés avec beaucoup de promptitude et d'économie avec la houe à cheval, qu'on fait agir entre les lignes, et dont le travail sert en même temps à donner un buttage très-utile aux jeunes plantes qui, dans les terrains plus ou moins légers, sont *déchaussées,* c'est-à-dire dégarnies de terre à la naissance de leurs racines, par suite des alternatives de gelées et de dégels. Il arrive quelquefois, après un hiver doux et humide, que les limaces se multiplient dans les champs de froment en nombre désastreux ; elles en feraient bientôt disparaître toute végétation si l'on ne prenait des mesures énergiques pour les détruire. Le rouleau pesant passé sur les froments après le hersage fait périr une partie des limaces ; mais ce moyen de destruction est insuffisant quand les limaces sont excessivement nombreuses. On doit alors, un peu avant le lever du soleil, quand le temps est parfaitement calme, répandre le plus également possible sur le champ de froment infesté de limaces de la chaux en poudre, récemment éteinte à l'air libre ; la dose ordinaire est de deux hectolitres par hectare. La moindre parcelle de chaux qui tombe sur une limace la fait périr à l'instant. On peut remplacer la chaux par des cendres de bois tamisées, à la dose de 3 hectolitres par hectare ; mais l'efficacité de la chaux contre les limaces est plus certaine que celle des cendres. Le rendement moyen du froment en France varie entre 14 et 16 hectolitres par hectare ; mais, comme les terres médiocres ou de seconde classe entrent pour beaucoup dans les éléments de cette moyenne, elle ne donne pas une idée exacte du rendement des bonnes terres à froment.

Dans les plaines de Seine-et-Marne (Brie) et d'Eure-et-Loir (Beauce), un hectare donne rarement moins de 20 hectolitres de froment, année moyenne, et 25 hectolitres dans les très-bonnes années ; dans le Nord et le Pas-de-Calais (Artois et Flandre française), beaucoup de bonnes terres produisent tous les trois ans au delà de 30 hectolitres de froment par hectare. La production totale du froment en France est de 75 à 80 millions d'hectolitres, valant, aux prix actuels, un peu plus de deux milliards. Dans les années ordinaires, le poids de la récolte du froment en France est estimé à 55 millions de quintaux métriques représentant une valeur d'un milliard 800 millions.

Seigle. Bien que sa valeur nutritive soit loin d'égaler celle du froment, et que par conséquent sa valeur vénale soit beaucoup moins élevée, le seigle fournit une farine dont le pain est coloré, mais sain et nourrissant, surtout quand cette farine est mêlée d'une quantité même assez faible de farine de froment. Le seigle tient dans les cantons au sol léger, sablonneux, la même place que le froment dans les terres fertiles plutôt fortes que légères. La fumure et les labours préparatoires pour la culture du seigle sont les mêmes que pour la culture du froment; quand le seigle n'est pas semé immédiatement sur la fumure, les semailles réussissent très-bien sur un labour de $0^m,10$ seulement de profondeur. Le seigle est de toutes les céréales celle qui donne les meilleurs résultats avec une fumure de noir animal, surtout quand cet engrais lui est appliqué par le procédé connu sous le nom de *pralinage*[1]. Il arrive assez souvent que le seigle semé dès la fin de septembre ou les premiers jours d'octobre se trouve, à l'arrivée des premières gelées rigoureuses, dans un état de végétation très-avancé; il est alors très-exposé à souffrir beaucoup des froids prolongés. On prévient sa destruction en faisant parcourir les champs de seigle par des troupeaux de moutons. Le berger a grand soin de veiller à ce que ses bêtes à laine ne fassent que passer rapidement sur les seigles, en broutant seulement le sommet des jeunes plantes trop développées, ce qui suffit pour ralentir le mouvement de leur végétation et leur faire passer l'hiver sans détérioration. Les seigles sont habituellement semés dans des terres trop légères pour qu'il s'y forme une croûte au mois de mars : ils ont, par conséquent, rarement besoin d'un hersage au printemps; mais il est presque toujours utile d'y passer le rouleau pour raffermir les plantes déchaussées avant que leur tige commence à se former. Le seigle, dont la maturité précède de deux ou trois semaines celle du froment, est souvent semé par moitié avec cette céréale dans les terres de qualité moyenne : on nomme ce

1. Voyez *Semailles,* chap. VIII.

mélange du *méteil*. Il n'y faut employer que des variétés de froment assez hâtives ; la moisson du méteil doit être faite un peu avant la complète maturité du froment : sans ces deux précautions, une partie du seigle se perdrait par l'é-grenage.

Fig. 19. — Seigle commun.

On connaît en Europe trois principales variétés de seigle : le *seigle commun* (*fig.* 19), à épis barbus, mais dont les barbes tombent souvent d'elles-mêmes quand le grain approche de sa maturité ; le *seigle de Rome*, très-belle variété à paille longue et dure, à grain volumineux, mais qui mûrit mal au nord du bassin de la Seine, et le *seigle de la Saint-Jean* ou *seigle multicaule*, le plus rustique de tous, mais aussi celui dont le grain a le moins de valeur. Cette dernière espèce peut, comme son nom l'indique, être semée à la fin de juin, après la fête de Saint-Jean-Baptiste, sur une terre qui vient de porter un fourrage de printemps. A la fin de l'automne, ce seigle est en épi et peut être fauché, soit pour être distribué aux bestiaux comme four-rages frais, soit pour être enfoui en qualité d'engrais végé-tal. Au printemps suivant, la plante repousse et donne en juillet une récolte de grain aussi abondante que si elle n'avait pas été fauchée. Ce seigle talle beaucoup, ce qui l'a fait surnommer à juste titre *multicaule;* il doit être semé très-clair, à raison de 50 à 60 litres de grain par hectare. Lorsqu'une terre a été défrichée pour être convertie en bois d'essences résineuses, pin, sapin, épicéa, il est très-utile d'y semer sans engrais, ou avec une faible dose de noir animal, du seigle multicaule en même temps que la graine d'arbres résineux. Les jeunes arbres de semis viennent beaucoup mieux à l'abri d'une récolte de seigle que s'ils occupaient

euls le terrain ; le produit de cette récolte, sans être fort
levé, compense toujours en grande partie les frais du dé-
richement. La propriété la plus précieuse du seigle, c'est
le se contenter des terres les plus légères et d'y donner des
roduits passables avec une faible dose d'engrais. Sans cette
éréale, une grande partie des pays de l'Europe dont le sol
st de qualité médiocre n'aurait pas de pain. Le rendement
noyen du seigle est de 22 à 25 hectolitres par hectare ;
lans les bonnes terres légères suffisamment fumées, il
lonne souvent au delà de 30 hectolitres par hectare. La
arine de seigle récemment moulue exhale une odeur pro-
oncée, analogue à celle de la violette ; elle perd cette odeur
n vieillissant ; elle n'est réellement bonne pour faire le
ain que quand elle est récente, parce qu'elle s'altère très-
acilement.

Orge. L'orge, dans les terrains où elle réussit, est la plus
roductive en grains de toutes les céréales : de là le dicton
opulaire : « Faire ses orges. » La farine d'orge, bien qu'elle
oit très-nourrissante, se prête mal à la panification ; le pro-
erbe dit avec raison : « Grossier comme pain d'orge. » Mais
a fabrication de la bière dans le Nord et la nourriture des
estiaux dans le Midi absorbent des quantités considérables
'orge, ce qui justifie la place importante occupée par cette
éréale dans l'agriculture européenne.

Les variétés d'orge cultivées en Europe sont nombreuses ;
lles se divisent en deux séries, dont la première comprend
es *orges communes* (*fig.* 20), et la seconde, les *escourgeons*
(*fig.* 21), aussi nommés vulgairement *sucrions.* Dans la pre-
nière série, les meilleures variétés d'orge sont : l'*orge commune,* à deux rangs, à épis droits et longs, qui se sème en
utomne comme céréale d'hiver, et l'*orge éventail,* variété
eu difficile quant à la qualité du sol, mais qui ne peut être
ultivée que comme céréale de printemps. Son grain est plus
ourd et son rendement par hectare est plus élevé que celui
e l'orge commune. Dans la seconde série, les meilleures
ariétés sont l'*orge à six rangs* ou *hexastique,* la plus
roductive des orges d'hiver, et l'*orge céleste,* également à
ix rangs, très-hâtive : la première variété se sème en au-
omne, la seconde au printemps.

6

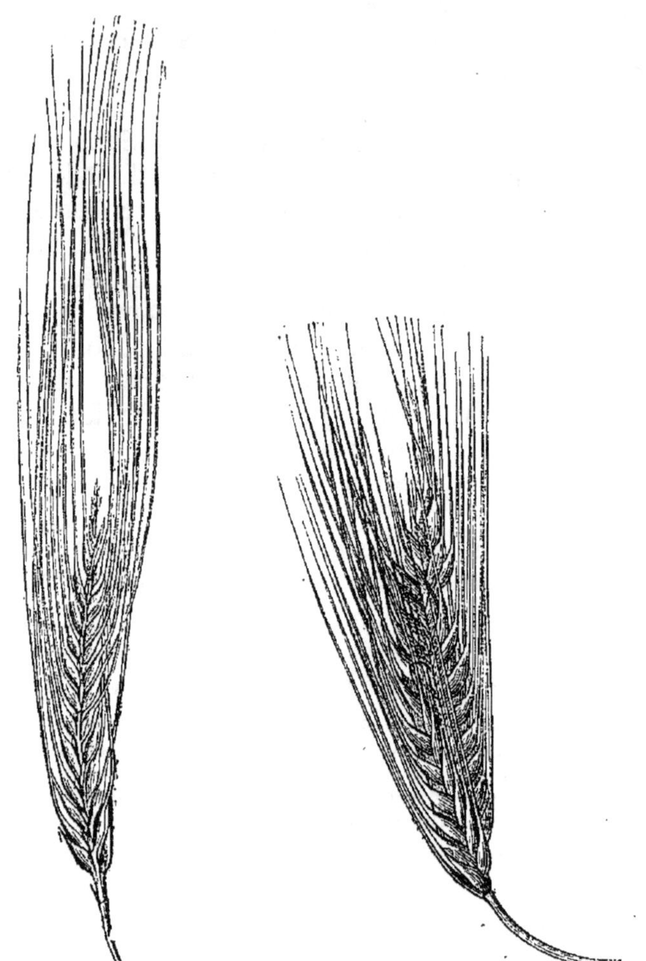

Fig. 20. — Orge commune.

Fig. 21. — Escourgeon.

On compte encore comme de très-bonnes variétés d'orge
de la deuxième série l'*orge chevalier*, l'*orge de Namto* et
l'*orge à balles violettes*, du nord de l'Amérique. La culture
de l'orge est la même que celle du froment quant aux labours et à la fumure ; elle ne réussit pas dans les terres
trop fortes ; elle redoute également l'excès de l'humidité et
celui de la sécheresse. En France, les orges de printemps
réussissent mieux que les orges d'hiver ; en Allemagne, en
Belgique et dans le nord de la France, les escourgeons sont
cultivés en grand pour la fabrication de la bière. Leur ren-

dement en grain atteint souvent à 40 hectolitres par hectare, du poids moyen de 60 à 65 kilog. l'hectolitre. Aux environs de Paris et des grandes villes où l'on entretient un grand nombre de chevaux de luxe ou de travail, on sème beaucoup d'orge d'hiver, qu'on fauche de bonne heure en avril; c'est un fourrage frais très-utile à la santé des chevaux après l'hivernage.

Avoine. L'*avoine* (*fig.* 22) est cultivée dans toute l'Europe pour la nourriture des animaux domestiques et dans quelques cantons seulement pour celle de l'homme. La farine d'avoine se prête mal à la panification; le pain dans lequel la farine d'avoine entre dans une trop forte proportion en mélange avec des farines d'autres céréales est noir, gluant, indigeste et très-peu nourrissant. Dans les pays où l'avoine est principalement cultivée pour la nourriture de l'homme, on consomme le grain de cette céréale non pas en farine, mais en gruau. L'avoine a produit par la culture, dans des conditions très-diverses de sol et de climat, un très-grand nombre de variétés, les unes à grain blanc, les autres à grain noir. Les avoines à grain noir sont généralement les plus nourrissantes. La paille d'avoine est un assez bon fourrage sec, spécialement pour les bêtes à laine, auxquelles on la distribue soit seule, soit mêlée à du foin haché. Au point de vue de la culture, les avoines se partagent en trois séries, dont la première comprend les variétés propres aux terrains riches et fertiles, la seconde, les avoines qui conviennent aux terrains d'une fertilité médiocre, et la troisième, les avoines qui se contentent des terres les plus ingrates.

Les avoines propres aux terres fertiles sont principalement l'*avoine*

Fig. 22.

noire de Beauce, l'*avoine blanche* des Flandres et l'*avoine patate*. L'avoine noire de Beauce réussit dans toutes les bonnes terres à froment, assez fortes sans être trop compactes. L'avoine blanche des Flandres demande un sol plus léger que fort, mais riche et profond; sa paille égale quelquefois en hauteur celle du froment. L'avoine patate, encore plus développée que la précédente, à laquelle elle ressemble beaucoup, a le défaut de mûrir tard; de sorte que, quand le mois de septembre n'amène pas avec lui son contingent habituel de beaux jours, elle ne mûrit pas du tout : elle ne convient qu'aux terres fertiles plutôt sèches que fraîches; on doit la semer de préférence dans les terrains en pente à l'exposition du midi.

Les avoines propres aux terres médiocres sont celles de Géorgie, de Pologne et d'Irlande. L'avoine de Géorgie croît et mûrit son grain avec une remarquable promptitude : c'est une avoine noire, bonne et nourrissante, sans être tout à fait de première qualité; elle convient aux cantons où la belle saison se prolonge peu et où, pour cette raison, plusieurs autres espèces d'avoine mûrissent imparfaitement. L'avoine de Pologne, de qualité médiocre, est très-productive; c'est celle de toutes qui résiste le mieux, sans verser, à l'action des vents violents qui balayent les plaines dépourvues d'abri. L'avoine d'Irlande souffre beaucoup de la sécheresse prolongée; elle ne réussit que dans les terrains naturellement frais et dans les pays où les pluies sont fréquentes, comme elles le sont dans le pays dont elle est originaire.

Les avoines propres aux terrains très-peu fertiles sont particulièrement celles du Shérif et de Kildrummie. L'avoine du Shérif, très-cultivée en Écosse, réussit dans les terres les moins fertiles; elle mûrit passablement sur les pentes des montagnes où l'été consiste en quelques rares beaux jours, précédés et suivis de brouillards continuels. L'avoine de Kildrummie est encore plus rustique que celle du Shérif; elle en a, d'ailleurs, les qualités recommandables. C'est avec ces deux avoines que se prépare le gruau, principal aliment des habitants des montagnes d'Écosse. L'avoine, dans tous les pays au nord de la vallée de la Loire, est essentiellement une céréale de printemps; au sud de cette vallée, c'est une céréale d'hiver, qu'on peut semer en octobre et novembre, comme le froment. Cette céréale redoute par-dessus tout la sécheresse prolongée ; c'est pourquoi elle doit être enterrée à quatre ou cinq centimètres de profondeur, afin que ses racines puissent profiter de la fraîcheur qui peut subsister en été à la partie inférieure de la couche arable. Le rendement d'une bonne avoine en terre fertile peut aller à 45 et même à 48 hectolitres par hectare ; ce qui dépasse le rendement des meilleures orges en volume, mais non pas en poids, car l'hectolitre de bonne avoine ne pèse que de 45 à 50 kilogr. Avec l'assolement triennal où l'avoine succède au froment, son rendement, même dans les bonnes terres à blé, ne dépasse guère 15 à 20 hectolitres par hectare.

Maïs. Le *maïs* (*fig.* 23) est très-improprement nommé *blé de Turquie*, car cette plante est originaire de l'Amérique du Sud : elle est également propre à la nourriture de l'homme et à celle des animaux domestiques. Le maïs a produit par la culture un très-grand nombre de variétés et de sous-variétés, parmi lesquelles il s'en trouve qui peuvent croître et mûrir leur grain dans les conditions les plus diverses de sol et de climat.

Dans les parties de la France où le maïs est cultivé pour la nourriture de l'homme, on consomme la farine de maïs sous forme de bouillie accommodée au bouillon gras ou au lait, bouillie connue sous le nom de *gaude*.

Les espèces à haute tige, à gros grains, ne prospèrent que dans les départements du sud-ouest et du sud-est, où la farine de maïs convertie en bouillie est le principal aliment des classes laborieuses. Dans le centre, et à plus forte raison au nord du bassin de la Seine, on ne peut cultiver avec chance de succès que les espèces à tiges moyennes ou basses, spécialement le cinquantain, le quarantain et le maïs à poulets : en se bornant à la culture de ces espèces à végétation très-hâtive, on peut cultiver le maïs avec bénéfice jusque dans les provinces méridionales de la Belgique.

La culture du maïs demande habituellement trois labours, dont le premier est donné à la fin de l'automne, le second à la fin de l'hiver et le troisième immédiatement avant les semailles. On peut cependant semer le maïs sur

un seul labour, mais seulement lorsqu'il succède à une récolte fumée de pommes de terre ou de betteraves, qui laisse
le sol à la fois propre et profondément ameubli. Sous le climat
de Paris, le maïs ne peut être semé que dans la première
quinzaine de mai; au sud de la vallée de la Seine, l'époque
des semailles du maïs est déterminée selon le climat local.

Les grandes espèces, à grain jaune ou blanc, se sèment
en lignes espacées entre elles de 0^m,80, et à 0^m,60 ou 0^m,70
dans les lignes; les autres se sèment également en lignes,
à 0^m,50 en tous sens. Avant la formation de l'épi, le maïs
veut être butté au moins deux fois. Pourvu qu'on lui accorde
la dose de fumier qu'on
donne habituellement à
une semaille de froment
ou bien à une plantation
de pommes de terre, le maïs
vient à peu près partout.
L'engrais humain étendu
d'eau, et distribué à l'état
liquide au pied de chaque
plante lorsqu'elle a environ la moitié de sa hauteur, est celui de tous qui
convient le mieux au maïs;
avec ce seul engrais, il y a
en Italie des terres qui, de
temps immémorial, donnent tous les ans deux récoltes, une de froment et
une de maïs quarantain,
obtenu en récolte dérobée.
Le grand maïs, dans les
terres qui lui conviennent
le mieux, peut donner jusqu'à 60 hectolitres de grain
par hectare; la farine de
ce grain ne peut guère être
panifiée qu'en l'associant
à de la farine de froment;
encore ce mélange ne
donne-t-il qu'un pain lourd,

Fig. 23.

de qualité médiocre. Le petit maïs ne produit pas au delà de 30 hectolitres par hectare, du poids de 65 à 75 kilogr. l'hectolitre. Le grain du petit maïs est éminemment propre à la nourriture des volailles et à l'engraissement des porcs. Dans les Flandres belges, on a obtenu récemment une excellente variété de maïs nommée *maïs de Thourout;* c'est celle de toutes qui mûrit le mieux sous le climat du nord de la France.

Dans les cantons où le climat ne permet pas au maïs de mûrir, on sème avec avantage cette plante, à la volée, sur un seul labour, à raison d'un hectolitre et demi à deux hectolitres par hectare. La plante, fauchée au moment où les épis mâles commencent à se montrer, fournit un fourrage abondant, également salutaire pour toute espèce de bétail, soit à l'état sec, soit à l'état frais.

Millet. On cultive dans le midi de la France trois variétés de millet, le *millet commun,* le *millet d'Italie* et le *millet d'Allemagne;* les deux premières sont les plus répandues. Le grain, très-abondant, a besoin d'être décortiqué pour pouvoir servir à la nourriture de l'homme, sous forme de gruau ou de semoule; son usage sous ces deux formes est assez limité. Le grain du millet, non décortiqué, est la base de la nourriture habituelle des serins et des autres petits oiseaux de volière. Le millet exige les mêmes soins de culture et la même fumure que le maïs; il ne réussit que dans les terres à la fois légères et fertiles; les terres fortes ne lui conviennent pas. On sème, sous le climat de Paris, vers le 15 mai, soit à la volée, soit en lignes espacées entre elles de 0^m,30, à raison d'environ un hectolitre par hectare. Pour ne pas perdre trop de grain par l'égrenage, on récolte le millet un peu avant sa complète maturité, et l'on a soin de garnir de forte toile l'intérieur des charrettes dans lesquelles on le transporte des champs à la ferme.

Dans le midi de la France, le produit moyen d'un hectare de millet est de 30 à 32 hectolitres de grain, du poids de 70 kilogr. l'hectolitre. Pour pouvoir livrer ce grain à la consommation, il doit être dépouillé de son écorce, ce qui réduit le poids réel de l'hectolitre à 43 kilogr. Le millet, de même que le maïs, peut être semé à la volée comme plante fourragère, et fauché avant le développement des épis; il donne un excellent fourrage, précieux surtout pour la nourriture à l'étable des vaches laitières.

Sorgho. Le *sorgho* est une graminée très-voisine du millet. On cultive deux variétés de sorgho, le *sorgho à balais* et le *sorgho à sucre,* improprement nommé *canne à sucre de la Chine :* la plante n'a aucun rapport avec la canne à sucre. Les deux variétés de sorgho se cultivent dans les mêmes terres que le millet et par les mêmes procédés. Le sorgho à balais ne sort pas de la petite culture; ses tiges, très-ramifiées et d'une grande solidité, servent à faire d'excellents balais après que le grain en a été séparé par le battage; les propriétés du grain sont les mêmes que celles du millet. On a introduit de la Chine depuis quelques années une variété de sorgho, dite sorgho à sucre, peu différente du sorgho à balais, mais renfermant dans ses tiges, après la formation des épis, une assez grande quantité de sucre cristallisable. La culture du sorgho à sucre a été essayée en France, dans le Midi, sur une assez grande échelle, dans le but d'extraire de ses tiges du sucre et de l'alcool; ces tentatives n'ont pas encore donné sous ce rapport de résultats qui permettent d'apprécier le sorgho à sucre en dernier ressort. Les deux variétés de sorgho peuvent être, comme le millet, cultivées dans toute l'Europe méridionale et centrale en qualité de plantes fourragères du premier ordre.

Sarrasin. On ne cultive en Europe qu'une seule variété de *sarrasin (fig. 24),* dont le grain, également connu sous le nom de *blé noir,* bien qu'il n'ait avec le blé aucune analogie, est la base de la nourriture des habitants de plusieurs départements de l'ouest de la France. La farine de sarrasin ne peut, en raison de sa composition chimique, subir la fermentation panaire; elle se refuse, par conséquent, à la panification. On la mange sous forme de bouillie et de galettes cuites sur une plaque de tôle. En Bretagne, cette bouillie et ces galettes sont d'un usage universel : on ne mange du pain que les jours de fête. Les terres légères et fertiles sont celles qui conviennent le mieux à la culture du sarrasin; mais il s'y rencontre rarement, à moins que ce ne soit à titre de récolte dérobée à la suite d'une céréale d'hiver. Le prix vénal du sarrasin n'est pas assez élevé pour qu'on lui consacre une terre fertile; on profite habituelle-

ment de la faculté que cette plante possède au plus haut
degré de donner des produits passables dans des terres sableuses si peu fertiles que toute autre culture y réussirait
difficilement. C'est ainsi que, dans toutes les parties de
l'ancienne Bretagne qui sont en voie de défrichement, le
sarrasin est souvent semé sur une terre récemment défrichée en qualité de première récolte, surtout lorsqu'on ne
peut disposer au moment des semailles que d'une faible
quantité d'engrais. Les cendres, même à une dose peu élevée, sont plus utiles que le fumier à la végétation du sarrasin. Lorsqu'on le sème en première récolte, l'époque des
semailles est du 10 au 15 mai sous le climat de Paris, la
plante étant aussi sensible au moindre froid que le maïs,
le millet et le sorgho. On sème habituellement à raison
d'un hectolitre 50 par hectare. Si le sarrasin est cultivé
comme récolte dérobée après un seigle
ou un colza, il faut semer aussitôt après
l'enlèvement de la récolte précédente,
sur un labour superficiel.

L'un des grands défauts du sarrasin,
c'est de fleurir successivement et de ne
pas mûrir tous ses grains en même
temps. Lorsqu'on le récolte, les tiges
sont toujours chargées de fleurs au
sommet, de grains à demi mûrs vers le
milieu et de grains trop mûrs vers le
bas, de sorte qu'il s'en perd une partie
considérable par l'égrenage pendant la
récolte. Comme compensation à ce défaut, qui réduit son rendement en grain
à 12 ou 15 hectolitres par hectare dans
les terres médiocres et 20 à 25 dans les
très-bonnes terres, le sarrasin nettoie
parfaitement le sol; il s'en empare complétement et n'y souffre pas d'autre végétation que la sienne. La paille battue
du sarrasin, donnée comme litière au
bétail, produit un excellent fumier parce
qu'elle est très-riche en potasse. On distribue quelquefois les tiges fleuries du
sarrasin aux bestiaux comme fourrage

Fig. 24.

frais ; mais ils en sont fréquemment incommodés. Le sarrasin semé tardivement après une céréale d'hiver est, en raison de la rapidité de sa croissance, une plante excellente à enfouir comme engrais végétal, au moment où il commence à fleurir.

La farine de sarrasin n'est un aliment indigeste que parce qu'elle est en général mal blutée et qu'elle retient une partie de l'écorce du grain ; cette écorce renferme un principe vireux que la chimie peut isoler et qui est un véritable poison. En Tartarie et en Pologne, où l'on fait grand usage du sarrasin pour la nourriture de l'homme, on ne le consomme que sous forme de semoule ou de gruau, qui ne retient aucune parcelle de l'écorce du grain et qui se digère aussi facilement que le gruau d'avoine.

CHAPITRE XIV.

Des graines légumineuses.

Graines légumineuses : haricot, fève, pois, lentille. — Haricots à rames ; sans rames. Meilleures espèces de chaque série. — Haricots blancs, plus avantageux dans la grande culture que les haricots de couleur. — Semailles. — Pose des rames. — Récolte. — Rendement par hectare. — Fèves de marais ; de Windsor. — Semailles. — Culture. — Étêtage contre le puceron noir. — Récolte. — Valeur des tiges comme fourrage. — Rendement par hectare. — Pois vert normand ; de Norfolk. — Culture en mélange avec les fèves. — Rendement par hectare. — Lentille blonde ou de Gallardon ; petite ou à la Reine. — Culture en mélange avec l'avoine. — Rendement par hectare.

La place importante assignée aux graines de plusieurs plantes de la famille des légumineuses dans l'alimentation habituelle des peuples civilisés, la facilité de leur culture et l'abondance de leurs produits, rangent ces légumineuses immédiatement après les céréales, comme plantes cultivées pour la nourriture de l'homme. Par leur puissance nutritive et la facilité de leur conservation, ces graines, connues sous le nom vulgaire de *légumes secs*, font partie obligée des approvisionnements maritimes.

On cultive généralement en France quatre plantes légumineuses en vue d'en récolter les graines comme légumes secs : ce sont le *haricot*, la *fève*, le *pois* et la *lentille*. Il n'est question dans ce chapitre que des espèces de ces plantes qui sont du domaine de la grande culture.

Haricots. A part les espèces jardinières, qui sont exclusivement du ressort de la culture maraîchère, on cultive dans les champs plusieurs espèces de haricots : les uns à haute tige grimpante, désignés sous le nom de *haricots à rames*; les autres à basse tige, ou *haricots sans rames*. Les meilleurs haricots à rames sont le *Soissons*, le *sabre* et le *rouge de Prague*. Le *haricot de Soissons* est une sous-variété toute locale; il ne possède l'ensemble des qualités qui le font rechercher à juste titre comme le premier des haricots secs que lorsqu'il a été cultivé dans les plaines de la vallée de l'Oise et du département de l'Aisne, dont le sol et le climat lui sont particulièrement favorables. Récolté partout ailleurs, ce haricot n'est jamais aussi bon que dans son pays natal, tout en restant néanmoins supérieur aux autres espèces. Le *haricot sabre*, à cosse longue, plate et recourbée vers la pointe, est celui qui approche le plus des qualités du haricot de Soissons; le grain en est plus petit; il est un peu moins productif. Le *haricot rouge de Prague*, aussi nommé improprement *rouge de Suisse*, est de qualité inférieure; la peau du grain est dure, ce qui le rend d'une digestion souvent difficile; mais il se recommande par une très-grande fécondité.

Les meilleures espèces de haricots sans rames sont le *flageolet*, le *Soissons nain* et le *nain de Suisse*, dont on a plusieurs variétés à grain blanc, rouge, gris ou bigarré. Le *haricot flageolet* des environs de Paris est la meilleure des espèces naines. Depuis que l'industrie des légumes cuits desséchés a pris de vastes proportions à Paris et dans plusieurs grandes villes maritimes, ce haricot occupe, pour cette seule destination, une grande place dans l'agriculture. Le *haricot de Soissons nain* possède à un moindre degré les qualités du haricot de Soissons à rames; il est beaucoup moins productif. Le *haricot nain de Suisse* et ses sous-variétés ne se recommandent que par leur rusticité et par l'abondance de leurs produits; leur grain n'est que de seconde qualité. En général, dans la grande culture, on préfère les variétés blanches aux espèces à grain diversement coloré ; il y a pour cela une raison qui mérite d'être signalée. Lorsque les haricots blancs ont vieilli, le lustre de leur peau disparaît ; ils deviennent d'un blanc terne, légèrement jaunâtre ; s'ils contractent la moindre tache, elle est visible : l'acheteur peut donc être difficilement trompé quant à l'âge et à la qualité de la marchandise, lorsqu'il achète des haricots blancs. Il n'en est pas de même lorsqu'il achète des haricots de couleur, sur lesquels les taches ne paraissent presque pas et qui ne changent pas d'aspect en vieillissant.

La préparation du sol pour la culture des haricots est la même que pour celle des céréales [1]. Les haricots ne sont pas exigeants quant à la qualité du sol : ils viennent à peu près dans toutes les terres cultivables ; les terres fortes très-compactes sont celles qui leur conviennent le moins, mais leur culture demande beaucoup d'engrais. On les sème habituellement sur une fumure entière ; ce qui reste en terre de cette fumure après l'enlèvement de la récolte des haricots sert à une semaille de céréale d'hiver. Les haricots sans rames se sèment, dans la grande culture, dans des raies ouvertes par une charrue légère, à 4 ou 5 centimètres de profondeur ; la semaille, distribuée le plus également possible dans les raies, soit à la main, soit avec le semoir-brouette, est ensuite recouverte par un léger hersage. Quand la main-d'œuvre n'est ni trop rare ni trop chère, il est de beaucoup préférable de semer les haricots dans des trous ouverts à la houe sur le sol préalablement labouré, fumé et hersé. La distance entre les trous varie selon le développement que doit prendre la plante ; on met dans chaque trou 5 ou 7 haricots, en ayant soin que le trou soit suffisamment large, et que les haricots mis en terre dans le même trou ne se touchent pas. Si l'on dispose d'une quantité suffisante de cendres de bois, de houille ou de tourbe bien tamisées, il est bon d'en répandre environ 2 hectolitres par hectare, non pas à la volée, mais sur les haricots mêmes au moment des semailles, soit dans les lignes, soit dans les trous. L'époque des semailles ne

---

1. Voyez *Céréales*, chap. XIII.

peut être précisée; elle ne dépend pas seulement de la
température, il faut aussi avoir égard à l'état plus ou moins
humide de la terre. Le haricot, très-sensible au moindre
froid, ne peut être semé que quand il n'y a plus lieu de
craindre les gelées tardives, à la fin d'avril ou au commencement de mai. Mais il arrive souvent qu'après les derniers
froids de printemps, le sol est encore trop imprégné d'humidité; les haricots semés dans une terre trop humide lèvent
mal, et la récolte de leurs produits en est sensiblement
diminuée.

Les espèces à rames ne se sèment qu'à la main, dans des
trous larges et peu profonds, au centre desquels les rames
sont plantées au moment même des semailles. La meilleure
manière de les placer consiste à incliner toutes celles d'un
rang dans un sens et toutes celles du rang qui suit dans le
sens opposé. De cette manière, les rames se croisent un
peu au-dessous de leur sommet; on les rattache entre elles
par des liens de jonc ou d'osier à tous les points de rencontre; cette disposition empêche les rames d'être renver-
sées par les vents, auxquels elles offrent beaucoup de prise
lorsqu'elles sont chargées de plantes garnies du haut en bas
de cosses à divers degrés de maturité. La récolte des haricots mûrs doit se faire le matin, avant que le soleil succédant à la brume d'automne ne fasse entr'ouvrir les cosses
et perdre une partie des haricots par l'égrenage. Les haricots se conservent mieux dans leurs cosses que de toute
autre manière; on ne doit les écosser à la main ou les battre
qu'au moment de la vente. On ne peut trop recommander
de faire trier par des enfants, dont le travail coûte peu, les
haricots battus pour en séparer les grains tachés ou défectueux; ces grains ne sont pas perdus : on les fait cuire pour
les distribuer aux porcs, soit seuls, soit en mélange avec des
pommes de terre cuites écrasées. Les haricots soigneusement épluchés obtiennent sur les marchés des prix plus
avantageux que quand l'acheteur y voit des grains tachés
qui déparent la marchandise. Un hectare de bonne terre
bien fumée donne en moyenne 20 à 25 hectolitres de haricots sans rames et 25 à 30 hectolitres de haricots à rames.
Le haricot rouge de Prague, en bon terrain, donne jusqu'à
35 hectolitres; mais son prix de vente est toujours inférieur
à celui des bonnes espèces de haricots à grains blancs. Bien

des cultivateurs n'aiment point la culture du haricot parce qu'elle veut beaucoup de fumier ; cela n'est vrai qu'en apparence, puisque la plus grande partie de la fumure donnée à la récolte des haricots reste en terre pour la céréale d'hiver qui doit leur succéder.

Fèves. La culture de la *fève* demande les mêmes façons et la même fumure que celle du haricot ; elle ne réussit pas dans les terres trop légères ; les terres à la fois fortes et fertiles sont celles où elle donne les meilleurs produits. La fève prépare encore mieux que le haricot les terres à blé pour la culture des céréales. Deux variétés seulement appartiennent à la grande culture : ce sont la *fève de marais* ou grosse fève commune, et la *fève de Windsor* ; toutes les autres sont des espèces exclusivement jardinières. La fève de Windsor, cultivée en grand dans toute la Grande-Bretagne pour les approvisionnements de la marine, est très-productive ; elle se reconnaît aisément à la couleur de son grain, qui reste vert même après qu'il est complétement mûr. La fève se sème à la fin de février ou au commencement de mars ; il faut donner un premier binage aux jeunes plantes 8 ou 10 jours après qu'elles sont sorties de terre, et un second 15 à 20 jours plus tard. Au moment de la pleine floraison, les champs de fèves sont quelquefois envahis presque subitement par un insecte du genre *aphis*, le puceron noir, qui suce la plante, entrave sa végétation, et peut rendre la récolte à peu près nulle. Lorsqu'on s'en aperçoit à temps, comme le puceron noir attaque toujours la plante par le sommet, on l'en préserve jusqu'à un certain point en *étêtant* les fèves, c'est-à-dire en retranchant la touffe de feuilles du haut de la plante alors qu'elle est seule infestée du puceron. Les parties retranchées ne doivent point être jetées à terre et abandonnées sur place, ce qui rendrait la besogne inutile, car les pucerons noirs remonteraient promptement le long des tiges et pulluleraient de plus belle ; les femmes employées à étêter les fèves doivent avoir au bras un panier où elles mettent les sommités pleines de pucerons noirs pour les aller jeter au fumier à mesure que les paniers en sont remplis. On récolte les fèves quand les cosses passent du vert au noir violet, indice de la maturité de la graine. Les tiges sont coupées près de terre à la faucille ou simple-

4.

ment arrachées, puis liées en bottes qu'on laisse sécher sur place à l'air libre avant de les livrer au battage. Le rendement des fèves en grains ne dépasse guère 15 à 16 hectolitres par hectare; mais les tiges battues sont un fourrage sec très-nourrissant, surtout pour les chevaux fatigués par des travaux excessifs ; il y a lieu d'ajouter à la valeur de la récolte de fèves celle de ce fourrage, bien qu'elle ne soit pas de nature à être réalisée en argent.

La farine de fèves mêlée à celle de froment et de seigle rend la panification plus facile sans nuire à la qualité du pain, pourvu que dans les mélanges de ce genre la dose de la farine de fèves n'excède pas la proportion d'un vingtième à un dixième des farines de céréales. Dans les villes, ce mélange, regardé comme une fraude, est interdit par les règlements aux boulangers de profession ; mais, à la campagne, on peut faire entrer la farine de fèves avec avantage à petite dose dans la composition du pain de ménage.

Pois. Presque toutes les espèces de pois appartiennent au jardinage ; leurs produits se consomment à l'état frais sous le nom de *petits pois;* deux espèces appartiennent à la grande culture : ce sont le *pois vert normand* et le *pois anglais de Norfolk,* l'un et l'autre cultivés en grand comme légumes secs, dont les produits sont un des aliments le plus communément consommés par les marins pendant les voyages de long cours. Les pois se sèment de préférence dans une terre légère, fumée l'année précédente, ayant déjà porté une récolte de céréales sur la fumure. Dans une terre récemment fumée, le pois pousse de très-longues tiges, fleurit peu et ne donne que très-peu de grains. On sème en ligne ou à la volée, de bonne heure en mars, à raison de 150 à 200 litres par hectare. Souvent on ne sème pas les pois seuls; dans ce cas, on les sème en lignes espacées entre elles de 0^m,70, dans les intervalles desquelles on sème une rangée de fèves. Ces deux plantes prospèrent dans le voisinage l'une de l'autre; les tiges droites et roides de la fève soutiennent celles des pois et la fève n'en est pas moins productive. Quand les pois occupent seuls le terrain, leur rendement est de 12 à 15 hectolitres par hectare. Les tiges battues sont un fourrage passable, particulièrement propre à la nourriture des moutons et des chèvres.

Le pois a pour ennemi un insecte coléoptère nommé *bruche*, dont la femelle perce la cosse du pois vert, afin de déposer un œuf microscopique dans la substance de la graine à demi formée. Le ver sorti de cet œuf ronge lentement le pois sans l'empêcher de grossir, ni même de mûrir; il en sort sous forme d'insecte parfait, après avoir subi ses diverses transformations, et comme il n'a pas attaqué le germe, les pois mûrs, percés de part en part d'un trou cylindrique, peuvent être employés aux semailles: ils n'ont pas perdu leurs facultés germinatives.

Lentilles. On regarde avec raison la *lentille* comme le plus délicat des légumes secs; c'est aussi le plus nourrissant et celui dont on obtient le prix de vente le plus élevé. Les tiges de la plante sont un fourrage tellement substantiel que, dans les pays où la lentille est cultivée en grand, ses tiges battues ne sont jamais distribuées aux bestiaux qu'en mélange avec d'autres fourrages secs ou de la paille hachée. Mais, par compensation, la lentille est une plante si petite et si peu productive, que la culture en est peu avantageuse. On cultive en grand deux espèces de lentilles, la *grande lentille blonde*, connue en France sous le nom de *lentille de Gallardon*, et la *petite lentille* ou *lentille à la Reine*. Toutes deux prospèrent, comme les pois, dans les terres légères fumées l'année précédente, ayant déjà donné une récolte sur la fumure. Le plus souvent les lentilles se sèment à la volée, à raison d'un hectolitre seulement par hectare, en mélange avec une égale quantité d'avoine. Les graines des deux plantes étant mûres à la même époque, elles peuvent être fauchées et battues ensemble; l'avoine est ensuite séparée des lentilles par le criblage. Quand la lentille est cultivée seule, elle ne donne pas plus de 7 à 8 hectolitres de grain par hectare. Quoique sa culture soit possible dans toutes les régions agricoles de la France, elle est en quelque sorte cantonnée dans l'Aisne, l'Oise et l'Eure-et-Loir.

CHAPITRE XV.

Des tubercules alimentaires.

Tubercules alimentaires : pomme de terre, dioscorée ou igname de Chine. — Pommes de terre précoces. — Marjolin. — Shaw. — Sept-semaines. — Neuf-semaines. — Pommes de terre tardives. — Vitelotte, rohan, patraque, corne de chèvre, Jacobs, bread-fruit, red-apple, violette de Campine. — Yeux bleus. — Choix du terrain. — Fumure. — Plantation du printemps. — Plantation automnale; à la charrue; à la houe. — Binage. — Buttage au buttoir. — Arrachage à la bêche, à la houe. — Rendement par hectare. — Maladie des pommes de terre. — Moyens proposés en Belgique en 1765. — Modifier les assolements. — Propager les bonnes espèces de semis. — Procédé de M. Tombelle-Lomba. — Cause probable de la maladie. — Résultat des semis. — Dioscorée; se propage par ses bulbilles. — Oxalide crénelée. — Ulluco. — Psoralier comestible ou piquotiane. — Capucine tubéreuse.

Après les céréales et les graines légumineuses, les tubercules alimentaires sont les produits agricoles qui contribuent le plus largement à nourrir le genre humain. En France et dans toute l'Europe, à l'exception des pays les plus méridionaux, ces tubercules sont seulement au nombre de deux : la *pomme de terre* et la *dioscorée* ou *igname de Chine*. La pomme de terre est de beaucoup la plus importante de ces deux plantes à tubercules comestibles; la dioscorée, d'introduction récente en Europe, paraît avoir beaucoup d'avenir; mais elle n'a pas encore fait complétement ses preuves dans la culture en grand.

Pomme de terre. La culture de la pomme de terre, dans les conditions les plus diverses de sol et de climat, a donné naissance à un nombre prodigieux de sous-variétés, partagées en deux séries, dont l'une comprend les pommes de terre précoces, l'autre, les pommes de terre tardives. Parmi les précoces, les plus hâtives sont la *marjolin*, des environs de Paris, la *shaw*, d'Angleterre, et les deux variétés blanches dites l'une *sept-semaines* et l'autre *neuf-semaines*, toutes deux originaires de Belgique, où elles sont très-estimées. La marjolin, la shaw et la pomme de terre de sept-semaines sont peu productives : leur seul titre pour être cultivées consiste dans leur grande précocité, qui, d'une part, rend la vente des tubercules avantageuse, de sorte que leur prix élevé compense la faiblesse de leur rendement, et qui, de l'autre, laisse le sol libre de très-bonne heure en été pour une récolte dérobée ou pour préparer la terre à recevoir une semaille de céréale d'hiver. Il n'en est pas de même de la pomme de terre belge de neuf-semaines ; celle-là est à la fois précoce et très-productive : c'est la plus avantageuse à cultiver de toutes les pommes de terre précoces. Parmi les tardives ou pommes de terre d'automne, dont les tubercules ne peuvent être arrachés qu'en septembre et octobre, il y a beaucoup plus de choix ; les espèces rondes, longues, blanches ou jaunes, rouges et violettes, sont pour ainsi dire innombrables. Les meilleures pour la nourriture de l'homme sont la vitelotte, la rohan, la patraque, la rouge longue dite *corne de chèvre*, du pays de Liége, la rouge de Jacobs, et les deux espèces anglaises *bread-fruit* et *red-apple*, les plus productives des pommes de terre cultivées dans la Grande-Bretagne. On peut encore citer parmi les bonnes variétés la *violette de Campine* et la *grise aux yeux violets*, connue dans tout le pays wallon sous le nom d'*yeux bleus*.

La pomme de terre vient dans tous les terrains, à moins qu'ils ne soient excessivement compactes ; elle se contente des moins fertiles, pourvu qu'on lui donne une fumure suffisante, qu'elle paye largement par l'abondance de ses produits. Lorsqu'on plante les pommes de terre sur la fumure en tête de l'assolement, il ne faut pas mettre les tubercules en contact immédiat avec le fumier ; celui-ci doit être enfoui par un labour profond à l'entrée de l'hiver, quand la plantation doit avoir lieu au printemps de l'année suivante, ou à la fin de l'été, lorsqu'on se propose de planter en automne.

Le mode de plantation le plus habituellement en usage consiste à employer à titre de semence de petits tubercules de rebut triés pour cette destination à l'époque de la récolte. Cette coutume est vicieuse à tous égards ; les petits tubercules, formés après les autres sur les tiges souterraines de la plante, possèdent moins d'énergie vitale et sont imparfaitement mûrs au moment où on les arrache. Il vaut beaucoup mieux planter des tubercules de grosseur moyenne en les laissant entiers, ou de gros tubercules coupés en morceaux munis chacun de deux yeux au moins. Dans ce cas, les tubercules ne doivent pas être coupés, comme on le fait trop souvent, au moment de les planter; ils doivent l'être deux ou trois jours d'avance, afin que les parties coupées puissent se ressuyer. Sans cette précaution, les morceaux de tubercules pourrissent en partie et lèvent inégalement. Il faut en moyenne 8 hectolitres de tubercules pour la plantation d'un hectare; on ne peut trop redire que c'est une économie ruineuse de planter des tubercules mauvais ou médiocres; il faut réserver à cet effet les meilleures pommes de terre de chaque espèce.

Dans la grande culture, on plante à la charrue, depuis le commencement de mars jusqu'au milieu d'avril, en ouvrant une raie dans laquelle une femme qui suit le laboureur dépose les tubercules entiers ou en morceaux, à mesure que le sillon est tracé; un trait de herse recouvre la plantation. Jamais les pommes de terre plantées de cette manière très-expéditive ne produisent autant que celles qu'on plante dans des trous ouverts à la houe; ce dernier mode de plantation doit être préféré partout où la rareté et la cherté de la main-d'œuvre n'y mettent pas obstacle.

Dans toutes les parties de la France où le froid n'est pas assez vif pour pénétrer en terre à plus de 0^m,15 à 0^m,20 de profondeur, il est avantageux de planter les tubercules d'après les indications qui précèdent, non pas au printemps, mais à l'entrée de l'hiver. Ce n'est pas que la plantation faite à cette époque de l'année avance en rien la maturité des tubercules; mais ceux qu'on destine à servir de semence, s'ils sont conservés à la cave ou dans des silos pour n'être plantés qu'au printemps, fermentent plus ou moins, s'échauffent et émettent des pousses étiolées qui les épuisent. Ces mêmes tubercules, mis en terre à la fin de l'automne, s'y conservent beaucoup mieux, émettent au printemps des pousses plus vigoureuses, et donnent en fin de compte une récolte plus abondante et de meilleure qualité.

Au printemps, quand les pommes de terre sont bien levées, il faut leur donner un binage qui rompt la croûte produite par le hâle de mars à la surface du terrain, et plus tard, quand les tiges dépassent un décimètre de hauteur, un buttage soigné. Si cette dernière façon est donnée au moyen de la charrue à double versoir connue sous le nom de *buttoir*[1], un ouvrier armé d'une houe doit suivre le buttoir et rassembler autour de chaque touffe la terre ameublie entre les lignes. Il n'y a plus ensuite à s'occuper des pommes de terre jusqu'à l'époque de l'arrachage, qui se fait ordinairement dans la grande culture avec une charrue à large soc; cette charrue doit entamer la terre à 0m,30 au moins de profondeur, afin de ramener les tubercules à la surface; on fait suivre ce mode d'arrachage d'un hersage avec une herse à longues dents de fer, qui met encore à découvert une partie des tubercules oubliés. Il est néanmoins difficile, quand les pommes de terre sont arrachées à la charrue, qu'on n'en oublie pas en terre une assez grande quantité; ce n'est pas seulement une perte, c'est un embarras, parce que les tubercules entiers ou en morceaux laissés dans le sol émettent au printemps de l'année suivante des pousses qui contrarient plus ou moins la croissance de la récolte confiée au sol à la suite des pommes de terre. L'arrachage à la bêche ou bien à la houe est plus cher et moins expéditif, mais au total plus avantageux que l'arrachage à la charrue; il permet de ne pas perdre le moindre tubercule de la récolte. On regarde comme un bon rendement 150 hectolitres de tubercules dans un sol médiocre fumé sans prodigalité, et 200 hectolitres dans une bonne terre largement fumée; dans ce cas, ce dernier rendement est souvent dépassé.

La maladie dont les pommes de terre ont été atteintes dans toute l'Europe pendant ces dernières années a donné lieu à beaucoup de travaux, de recherches et d'essais sans résultat. La même affection avait déjà atteint la pomme de terre en Belgique, avec les mêmes caractères que de nos jours, en 1765. A cette époque, les concours ouverts à ce sujet par l'académie de Bruxelles donnèrent lieu à beaucoup de mémoires en latin et en langue flamande; tous arrivaient

---

1. Voyez *Instruments et Machines,* chap. v.

à cette conclusion logique, que la terre en Flandre était *lasse* de la pomme de terre ; qu'il fallait la faire revenir moins souvent dans les assolements, et chercher à la régénérer par les semis souvent répétés des graines des meilleures espèces. Ces conseils furent suivis, et la maladie des pommes de terre disparut graduellement. A sa seconde invasion, on ne songea pas à remettre immédiatement en pratique ces indications du bon sens : des sommes énormes furent dépensées en enquêtes sur les causes du fléau et les moyens de s'en préserver ; il n'en résulta rien de pratique. On rappelle seulement le procédé de M. Tombelle-Lomba, de Namur, le seul qui ait donné quelque résultat utile, non comme moyen curatif, il n'y en a pas, mais comme moyen de sauver au moins une partie d'une récolte de pommes de terre attaquées par la maladie. Dès que l'on reconnaît la présence du mal, qui se manifeste par des taches brunes sur les feuilles et les tiges ou *fanes* de la pomme de terre, on se hâte de les couper au niveau du sol ; immédiatement après, la terre renfermant les tubercules est fortement comprimée, par le piétinement d'hommes chaussés de gros sabots dans la petite culture, et par le passage du rouleau en long et en large dans la grande culture. Par ce moyen, dont l'emploi n'exige qu'une dépense peu considérable de main-d'œuvre, les tubercules restés en terre jusqu'à l'époque ordinaire de l'arrachage grossissent moins que si les tiges avaient été conservées ; ils ne parviennent pas au volume normal de leur espèce, mais ils ne sont pas atteints par la maladie. Le procédé de M. Tombelle-Lomba a reçu jusqu'à ces derniers temps de larges applications en Belgique et en Angleterre, partout où la maladie des pommes de terre a sévi avec le plus d'intensité : son efficacité ne s'est jamais démentie.

Si, comme l'avaient déjà reconnu en 1765 les hommes pratiques en Belgique, il n'y a pas de moyen praticable de préserver les pommes de terre de la maladie, ni de les guérir lorsqu'elles en sont atteintes, il y a toujours lieu de recourir aux deux procédés préventifs indiqués par eux à la même époque : 1° faire revenir moins souvent la pomme de terre dans les assolements ; 2° la régénérer par le semis de ses graines. Dans la plupart des terrains, la pomme de terre ne peut pas revenir plus souvent qu'une fois dans le cours d'un assolement quadriennal [1]. Il y a pour cela une raison particulière qu'il est utile de signaler. La pomme de terre, soit par ses fanes, soit par ses tubercules, est celle de toutes les plantes cultivées qui enlève à la terre le plus de potasse. La potasse n'existe qu'en très-minime proportion soit dans le sol cultivable, soit dans les engrais; les récoltes trop souvent répétées de pommes de terre peuvent épuiser la potasse contenue dans une terre qui conserve d'ailleurs sa fertilité à l'égard des autres plantes cultivées, tandis que la pomme de terre, privée de l'un des éléments minéraux qui lui sont indispensables, y devient forcément malade.

La reproduction des bonnes espèces de pommes de terre par le semis de leurs graines est assurément le plus sûr de tous les procédés pour éloigner la maladie des pommes de terre, restreindre graduellement ses effets désastreux, et finalement la faire disparaître. Ce mode de propagation du plus précieux des tubercules alimentaires offre en outre l'avantage de maintenir chaque bonne variété à son maximum de fécondité. Les semis, la première année, ne donnent que des plantes peu développées, dont les tubercules dépassent rarement le volume d'une noix; la seconde année, ces tubercules, employés comme semence, donnent des plantes robustes dont le rendement en tubercules est à son *maximum*. Au bout de quelques années, la pomme de terre de semis rentre dans les conditions ordinaires de fécondité. Dans les grandes exploitations, il est facile et avantageux de consacrer chaque année un certain espace à la multiplication des pommes de terre par la voie des semis, et d'avoir tous les ans une bonne provision de tubercules de deuxième année, de manière à n'employer pour la plantation que des tubercules à leur plus haut degré de force productive. C'est en suivant assidûment ce procédé qu'on est parvenu dans les Flandres, grâce à une abondante fumure, à récolter jusqu'à 300 hectolitres de pommes de terre sur un hectare. Après une année pluvieuse, où les pommes de terre ne mûrissent qu'imparfaitement, il est bon d'exposer à l'air et au soleil les tubercules destinés pour la plantation. Au bout de quelques jours, ces tubercules contractent une teinte verdâtre qui leur communique une saveur détestable; en cet

---

1. Voyez *Assolements,* chap. XXIII.

état, ils ne peuvent plus être livrés à la consommation, mais leurs germes ont acquis une vigueur qui les dispose à pousser énergiquement et à résister aux atteintes de la maladie.

Dans chaque canton où la pomme de terre est cultivée, il y a toujours une ou plusieurs variétés moins accessibles à la maladie que les autres, surtout parmi celles dont les produits destinés aux féculeries, aux distilleries et à la nourriture des bestiaux, ne sont presque jamais usités pour l'alimentation de l'homme. L'une d'entre elles surtout, la pomme de terre *chardon*, ainsi nommée parce que sa feuille ressemble de loin à celle du chardon béni, est devenue la préférée dans tous les départements au nord de la vallée de la Seine. Cette variété jusqu'alors peu estimée, parce qu'elle n'est considérée que comme de seconde qualité, s'est montrée exempte de maladie dans les cantons les plus cruellement éprouvés ; sa rusticité sous ce rapport ne s'est jamais démentie, ce qui justifie la préférence dont elle est l'objet.

Dioscorée ou igname de Chine. On a introduit en France depuis quelques années, des provinces septentrionales de la Chine, la *dioscorée*, plante à racines tuberculeuses très-longues, en forme de massue, à tiges sarmenteuses, garnie dans les aisselles des feuilles de *bulbilles* ou gemmes qui se détachent, prennent racine en terre et sont le principal moyen de propagation de la plante. Les tubercules sont intérieurement blancs, riches en fécule, contenant en outre de l'azote, propres, lorsqu'ils sont desséchés et réduits en farine, à la panification en mélange avec des farines de céréales ; ils sont d'ailleurs dépourvus de toute saveur forte, et se prêtent aussi bien que la pomme de terre à recevoir toute espèce d'assaisonnement.

On mentionne ici seulement pour mémoire plusieurs plantes à tubercules alimentaires proposées à diverses époques comme rivales de la pomme de terre, mais dont aucune n'a pu prendre place à côté d'elle dans les champs cultivés de l'Europe.

L'*oxalide crénelée* (*oxalis crenata*), dont on a deux variétés, l'une à tubercule blanc, l'autre d'un rouge violacé, a joui un moment d'une grande vogue en France. Mais on a reconnu que, d'une part, sa culture exige trop de main-d'œuvre, la plante ayant besoin d'être buttée 5 à 6 fois, et que, de l'autre, ses tubercules, d'une saveur plus ou moins acide, sont inférieurs, comme aliment, à la pomme de terre.

L'*ulluco* ou *olluco* (*ullucus tuberosus*) ne produit en Europe que de petits tubercules dont la substance gluante est d'un goût résineux désagréable; sa culture en Europe a été presque aussitôt abandonnée qu'introduite.

Le *psoralier comestible* (*psoralea esculenta*), très-vanté il y a quelques années sous le nom de *piquotiane*, est une bonne racine comestible, très-utile aux chasseurs du haut Canada, qui la récoltent en grande quantité à l'état sauvage. Mais il lui faut deux ans de culture pour donner en Europe une récolte passable : il n'y a pas de plante comestible qui puisse rembourser deux ans de loyer de la terre et de frais de culture.

La *capucine tubéreuse* (*tropæolum tuberosum*), d'une culture facile, donne des tubercules d'un volume médiocre en quantité assez considérable; mais ces tubercules, après mûr examen, ont été reconnus pour être dépourvus de valeur nutritive, indépendamment de leur saveur détestable.

Aucune des plantes qu'on vient de nommer n'a donc pu faire sérieusement concurrence à la pomme de terre : toutes sont restées à leur vraie place, dans les jardins potagers de quelques amateurs; elles ne paraissent pas mériter d'en sortir.

Le *topinambour* (*helianthus tuberosus*), bien qu'il soit quelquefois cultivé en petit pour l'usage alimentaire, n'appartient à l'agriculture que comme racine destinée à la nourriture du bétail[1]. On distribue aux moutons, pendant l'hivernage, les tubercules du topinambour coupés par tranches et mêlés à des fourrages secs hachés. On commence aussi, dans plusieurs départements, à livrer ces tubercules à la fermentation, comme les pommes de terre, pour en extraire de l'eau-de-vie.

1. Voyez *Racines fourragères,* chap. XVIII.

CHAPITRE XVI.

Des plantes fourragères graminées.

Plantes fourragères graminées. — Pâturages. — Caractères qui les distinguent des prairies. — Prairies naturelles. — Prairies artificielles. — Plantes graminées pour les pâturages permanents, dans des terres de diverse nature. — Création des pâturages permanents. — Semailles. — Fumure. — Rajeunissement. — Création des prairies naturelles permanentes. — Drainage. — Renouvellement, précédé d'une autre culture. — Moyen de récolter la graine des meilleures graminées. — Procédé pour le nettoyage des prairies. — Fumure. — Époque où le bétail doit être exclu des prairies naturelles permanentes.

Les terres de la vieille Europe, cultivées de toute antiquité, ne peuvent maintenir leur force productive qu'à l'aide du fumier des bestiaux, dont l'alimentation repose sur les plantes fourragères; outre le fumier, ces plantes fournissent à l'homme la viande, le suif, le cuir, le crin, la laine : car, ainsi que le fait remarquer Mathieu de Dombasle, « le bétail, c'est du fourrage qui prend des jambes pour se porter lui-même au marché. » Ce mot résume parfaitement l'importance de la culture des plantes fourragères dans l'agriculture moderne.

Les terrains occupés par les plantes fourragères portent en général le nom de *prairies*. Ce terme toutefois ne s'applique avec justesse qu'aux terres assez fertiles pour que l'herbe y soit *à faux courante*, selon l'expression consacrée, c'est-à-dire pour que leur fourrage puisse être fauché une ou plusieurs fois par an et converti en foin sec. Les terrains couverts d'herbes trop courtes ou trop peu abondantes pou être fauchées portent particulièrement le nom de *pâturages* l'herbe qu'ils produisent doit être consommée sur place pa les bestiaux.

Les plantes fourragères appartiennent à deux grande familles naturelles de végétaux, celle des *graminées* et cell des *légumineuses*. Les plantes fourragères graminées constituent les pâturages et les prairies dites *naturelles;* les plantes fourragères légumineuses constituent spécialement les prairies dites *artificielles.*

Dans les pays incultes des deux hémisphères, les terres plus ou moins fertiles qui ne sont pas boisées se couvrent *naturellement* de plantes graminées : ce sont là les vraies prairies *naturelles,* celles que l'homme a dû commencer par utiliser pour la nourriture des animaux herbivores domestiques, avant de songer à cultiver des plantes fourragères. L'Europe, sous ce rapport, est plus favorisée que l'Amérique : les prairies naturelles d'Europe sont surtout peuplées de graminées *vivaces;* celles de l'Amérique du Nord, sous les latitudes correspondantes, ne sont peuplées que de graminées *annuelles,* qui se reproduisent seulement par le semis naturel de leurs graines.

Les prairies naturelles, dans le vrai sens de cette expression, et les pâturages formés sans l'intervention de l'homme peuvent recevoir de grandes améliorations par des soins de culture intelligents ; on en jugera par le relevé suivant, dressé d'après des observations authentiques, pour les pâturages naturels des départements de l'ouest de la France :

Pâturages élevés : bonnes graminées, *un quart;* plantes inutiles ou nuisibles, *trois quarts ;*

Pâturages en pente : d'une élévation moyenne : bonnes graminées, *deux septièmes;* plantes inutiles ou nuisibles, *cinq septièmes ;*

Pâturages bas, *marécageux :* bonnes graminées, *un septième;* plantes inutiles ou nuisibles, *six septièmes.*

On ne donne pas ces proportions pour constantes : elles doivent varier d'un pays à un autre; elles montrent seulement dans quelles larges limites l'homme peut améliorer les pâturages et les prairies naturelles, en y faisant croître celles des graminées qui donnent le meilleur fourrage, selon les conditions locales de sol, de climat et d'exposition.

Le choix des graminées dont il convient de semer la graine pour former de bons pâturages permanents est réglé par diverses considérations, dont les plus importantes sont la nature du sol, la précocité de la végétation des graminées, leurs propriétés nourrissantes et l'abondance de leur fourrage.

Pour constituer de bons pâturages permanents, on peut semer avec avantage les graminées suivantes :

Dans les terres fortes, plus argileuses que sableuses : *houque laineuse*, *agrostis traçante*, *pâturin*, *vulpin*, *phléole ;*

Dans les terres de consistance moyenne, plus sableuses qu'argileuses : *fétuque des brebis, dactyle pelotonné, brome des prés, flouve odorante ;*

Dans les terres très-légères, siliceuses, en pente : *mélique ciliée, brize tremblante, canche flexueuse, élyme des sables.*

Les graines de ces plantes doivent être semées en mélange plutôt qu'isolément; on s'en procure aisément la graine dans le commerce, à des prix modérés. Dans les localités éloignées des villes, le cultivateur soigneux peut faire récolter une petite quantité de graines de ces graminées par des enfants à l'époque de leur maturité, semer ces graines à part, et en récolter plus qu'il ne lui en faut pour ses semis.

On ne doit consacrer aux pâturages permanents que les terrains qui, par leur nature ou leur situation, ne sauraient être utilisés pour d'autres cultures. C'est ainsi qu'on établit de bons pâturages sur des terrains maigres, en pente, difficiles à labourer et à fumer en raison de leur configuration, et sur des terres d'ailleurs d'assez bonne nature, mais très-voisines d'un cours d'eau, et qu'on ne saurait efficacemen protéger contre les inondations. En règle générale, quelqu pauvre que soit le terrain à convertir en pâturage, on doi toujours commencer par le labourer, le fumer du mieu possible, et lui demander une récolte quelconque. Quan même les produits de cette récolte ne couvriraient qu' peine les frais de culture, le cultivateur y gagnerait toujour d'avoir constitué à la suite de cette récolte un bon pâtura qui, une fois bien établi sur le sol ainsi préparé, se mai tient par le peu d'engrais que les bestiaux y laissent en venant chercher leur nourriture. Les graines des graminé dont le pâturage doit être formé se sèment au printemp non pas à nu sur le sol, mais dans la céréale d'hiver sem à la fin de l'automne de l'année précédente; un léger h sage, après lequel on passe le rouleau, quand la forme de surface ne rend pas impossible l'emploi de cet instrume enterre suffisamment les graines des graminées. Après moisson, qui dans ce cas doit se faire à la faux, le plus p de terre possible, l'herbe, demeurée à peine visible sous la céréale, prend promptement le dessus; le pâturage peut être livré dès l'automne de la même année au parcours des bestiaux. On peut aussi, surtout quand le climat local n'est pas rigoureux, semer les graines de graminées en automne, en même temps que la céréale principalement destinée à protéger leur croissance.

On ne fume pas les pâturages dont les produits ne compenseraient pas les frais d'une fumure périodique, même faible; mais, quand ils commencent à se dégarnir, on peut, après un léger hersage en février ou mars, y répandre par hectare 100 à 150 kil. de guano ou 200 à 300 kil. de noir de raffinerie, mêlés à un volume égal de terre sèche pulvérisée. Cette très-légère fumure ranime le pâturage et en prolonge la durée, sans frais exagérés.

Les prairies naturelles permanentes, suffisamment distinctes des pâturages par cela seul que leur herbe peut être fauchée, tandis qu'on ne peut faucher celle des pâturages, sont, sans contredit, la manière la plus économique d'utiliser le sol, c'est-à-dire celle qui rapporte le plus comparativement aux frais de culture qu'elle réclame : ces frais sont presque nuls; mais l'existence de très-grandes prairies permanentes n'est pas compatible avec le système d'agriculture moderne, destiné à résoudre le problème de la production agricole mise en rapport avec les besoins de la consommation dans les pays très-peuplés [1].

Les terres qu'on se propose de convertir en prairie naturelle permanente sont toujours assez profondes pour qu'il soit possible de les consacrer à une culture préalable de pommes de terre, de carottes ou de toute autre racine fourragère propre à nettoyer à fond le sol et à le bien ameublir. A cette première culture largement fumée succède une céréale dans laquelle on sème la graine de graminées, soit en automne, soit au printemps, selon que la céréale avec laquelle on la répand à la volée est d'hiver ou de printemps. Lorsque le sol d'une prairie est sujet à retenir l'humidité, il doit être drainé; le drainage profite aux graminées des prairies naturelles permanentes au même degré qu'à toute autre culture.

1. Voyez *Plantes fourragères légumineuses,* chap. xvii.

Quand une prairie a été fauchée un peu trop tard, et qu'à la suite de la fenaison il survient des sécheresses prolongées, cette prairie, sans être fort ancienne, peut se trouver subitement ruinée par la mort prématurée de la plus grande partie des plantes qui la composent. Dans ce cas, il ne faut pas hésiter à mettre immédiatement la charrue dans la prairie pour la retourner, en livrer le sol pendant un an à toute autre culture, et rétablir la prairie l'année suivante.

Il est toujours coûteux et quelquefois assez difficile de se procurer dans le commerce de grandes quantités de graines de bonnes graminées, pour ensemencer ou rajeunir des prairies permanentes d'une grande étendue. Pour parer à cette difficulté, le fermier soigneux doit donner tous les ans à un coin de sa meilleure prairie des soins particuliers; dès les premiers beaux jours, il en fera arracher les plantes vivaces à racines pivotantes, spécialement les *centaurées jacées,* les *berces* et les *patiences,* afin de n'y laisser subsister que les meilleures graminées. Quand celles-ci sont précisément à leur point de maturité, on les fauche avec précaution pour ne pas trop les égrener; elles sont battues sur place sur une forte toile. Ce procédé simple, d'une exécution facile, assure à chaque exploitation sa provision de graines pour les prairies naturelles. La *flouve odorante,* graminée dont la présence dans le foin lui donne le parfum particulier qui le fait rechercher des bestiaux, doit être cultivée à part; quelques poignées de cette plante ajoutées à du foin assez bon, mais sans parfum, lui donnent les propriétés du foin de première qualité.

On ne peut apporter trop de soin à purger chaque printemps les prairies permanentes des mauvaises plantes qui s'y multiplient toujours plus ou moins, parce que le vent y transporte souvent de fort loin les graines de ces plantes; comme elles sont faciles à distinguer des graminées, on peut les faire arracher par des enfants à une époque de l'année où l'herbe est encore trop peu développée pour que le piétinement cause un dommage réel à la prairie. En Hollande, après avoir fait tondre de très-près une prairi par des moutons affamés, on y lâche des porcs qu'on laissés jeûner à dessein. Ne trouvant plus d'herbe dans l prairie, les porcs la fouillent avec leur groin pour se nour rir de toutes les racines pivotantes des patiences, des cen taurées, des berces, dont ils débarrassent complétement le sol. C'est ainsi que sont maintenues constamment nettes de mauvaises herbes ces admirables prairies semblables à des tapis de velours vert qui ne se voient guère qu'en Hollande, et qui pourraient exister au même degré de perfection partout où l'on cultive des prairies permanentes de graminées fourragères.

Lorsqu'une prairie a besoin d'engrais, il n'y faut répandre que du fumier très-consommé parvenu presque à l'état de terreau. Quand les prairies, après avoir donné une première coupe de fourrage, sont pâturées par le gros bétail, on doit éviter d'y conduire les animaux après des pluies abondantes, sans quoi la prairie est en partie gâtée par leur piétinement. En général, les bestiaux doivent cesser d'aller au pâturage dans les prairies permanentes passé la seconde quinzaine d'octobre sous le climat de Paris, et dès le 15 octobre au nord de la vallée de la Seine.

CHAPITRE XVII.

Des plantes fourragères légumineuses.

Plantes fourragères légumineuses. — Prairies artificielles ou temporaires. — Trèfle commun ou des prés, incarnat ou farouche, blanc ou rampant. — Effet du plâtre sur le trèfle. — Trèfle de Boukhara. — Luzerne; sa durée comme prairie artificielle. — Sainfoin commun ou esparcette, géant ou à deux coupes. — Lupuline, trèfle jaune ou minette dorée. — Serradelle, propre aux sols siliceux. — Pois à fourrage; valeur nutritive de leurs tiges. — Gesse, pois gris ou jarosse. — Vesces. — Féveroles ou fèves à cheval; semées seules ou avec d'autres plantes fourragères.

Les plantes fourragères de la famille des légumineuses rendent à l'agriculture le même genre de services que les plantes fourragères graminées, comme base de la production des engrais; elles ont, en outre, un genre d'utilité qui leur est propre. Ces plantes sont de celles qui puisent dans l'atmosphère, par leurs feuilles et leurs tiges, la plus grande partie de leur nourriture; il en résulte que quand l'une d'entre elles, la luzerne, par exemple, a pris tout son développement, ses feuilles, ses tiges, ses racines longues et volumineuses, ne se sont pas formées aux dépens de la terre où elles ont vécu; si à cet instant la terre précédemment occupée par la luzerne est rendue à la culture des céréales, cette plante y laisse par ses racines qui s'y décomposent plus de principes fertilisants qu'elle n'en a emprunté pendant le cours de sa vie végétale. C'est ainsi que les plantes fourragères légumineuses, dont la culture s'intercale entre les récoltes de céréales, de racines fourragères et de plantes industrielles, contribuent à développer au plus haut degré les forces productives du sol cultivable[1].

Les plantes fourragères légumineuses sont particulièrement propres à la création des *prairies artificielles*, qui pourraient être plus exactement nommées *prairies temporaires;* car on a vu dans le chapitre précédent que les prairies naturelles ont pour principal caractère d'être permanentes, et qu'en réalité, étant établies et entretenues par le travail de l'homme, elles ne sont pas moins artificielles, dans le vrai sens du mot, que celles auxquelles on applique plus spécialement cette dénomination.

Le *trèfle*, la *luzerne* et le *sainfoin* sont les plantes fourragères légumineuses dont on forme en Europe les meilleures prairies artificielles.

Trèfle. Le *trèfle,* par l'abondance et la bonne qualité de son fourrage, autant que par la propriété qu'il possède au plus haut degré d'accroître la fertilité du sol et de le préparer à porter de riches récoltes de céréales, est la première des plantes fourragères légumineuses; trois espèces sont principalement cultivées comme fourrage : ce sont le *trèfle des prés* ou *trèfle commun,* le *trèfle incarnat* ou *farouche* et le *trèfle blanc* ou *rampant.* Le trèfle des prés, le plus généralement cultivé en Europe ainsi que dans l'Amérique du Nord, se sème au printemps, selon l'état de la température, dans la seconde quinzaine de mars ou la première quinzaine d'avril. Les terres où il donne les meilleurs produits sont les terres fertiles plutôt légères que fortes; les terres excellentes d'ailleurs, mais où l'argile est en excès, lui conviennent moins. Il ne demande ni labours préparatoires ni fumures pour son propre compte; on le sème dans

1. Voyez *Assolements,* chap. XXIII.

une céréale d'hiver, sans hersage préalable, la graine n'ayant pas besoin d'être recouverte. Dans les terres peu fertiles, où la plante ne doit pas prendre un grand développement, la dose de semence est de 9 à 10 kil. par hectare : elle n'est que de 5 à 6 kil. pour les terres très-riches, où chaque plante talle beaucoup et couvre une grande surface. Au moment où la céréale à l'abri de laquelle le trèfle a pu lever et s'enraciner est enlevée, la terre semble nue : le trèfle s'aperçoit à peine. Mais bientôt, surtout s'il survient quelques ondées de pluie bienfaisante à la fin de l'été, le trèfle forme une très-belle prairie artificielle dont le fourrage peut être pâturé ou même fauché avant l'hiver. Dans le courant de l'été suivant, le trèfle donne deux et assez souvent trois bonnes coupes de fourrage, principalement avantageux lorsqu'on le distribue à l'état frais au bétail tenu en stabulation permanente[1].

On peut aussi faire sécher le trèfle, dont le fourrage sec est excellent pour toute espèce de bétail; mais il est fort difficile d'empêcher que par la dessiccation même la plus soignée il ne perde une partie de ses feuilles, qui sont précisément la partie la plus nourrissante du trèfle; le bétail n'en profite complétement que lorsqu'il le consomme à l'état frais. Si l'on fait pâturer sur place un trèfle trop court pour être fauché, il ne faut en laisser prendre aux bestiaux qu'une petite quantité à la fois; sans cette précaution ils en mangent avec tant d'avidité, qu'ils s'en donnent des indigestions souvent mortelles.

L'amendement par excellence pour le trèfle, c'est le plâtre. Cet amendement répandu en poudre, par un temps calme et humide, sur un champ de trèfle au moment de la reprise de la végétation, en mars ou avril, y produit un effet réellement merveilleux. On sait qu'en Amérique, Franklin voulant démontrer à ses compatriotes l'efficacité du plâtre pour activer la végétation du trèfle, en fit répandre sur un champ voisin d'une grande route de façon à tracer sur le sol des mots anglais signifiant : *ceci a été plâtré*. En quinze jours, la partie plâtrée devançait tellement le reste du champ qu'on y lisait aisément l'inscription détachée en vert foncé et saillante sur la prairie artificielle. La

1. Voyez *Bêtes bovines*, chap. **XXVII**.

dose ordinaire de plâtre est de 300 à 400 kil. par hectare : on en peut mettre le double dans les localités où il est possible de se procurer à bas prix du plâtre de qualité inférieure, aussi efficace que le plâtre fin pour amender les prairies artificielles de trèfle.

La terre, selon l'expression vulgaire des cultivateurs, se *lasse vite* du trèfle ; il ne peut y revenir qu'à des intervalles plus ou moins longs, variables pour chaque nature de terrain : sa culture trop souvent répétée à la même place finit par ne plus rien produire. En Belgique et dans tout le nord de la France, les champs de trèfle sont souvent envahis par l'*orobanche,* plante parasite qui s'attache aux racines du trèfle et entrave sa végétation. Cette plante, qui est pour le bétail un véritable poison, peut causer les accidents les plus graves, lorsqu'elle est mêlée au fourrage frais de trèfle distribué au râtelier. Les cultivateurs soigneux la font arracher au printemps avant qu'elle n'ait fleuri ; ses tiges droites, d'un brun pâle, se distinguent aisément au milieu du jeune trèfle ; l'orobanche n'étant pas vivace, il suffit de la faire soigneusement extirper, sans lui laisser le temps de se propager par ses graines, pour en débarrasser complétement les champs de trèfle. On cultive beaucoup depuis quelques années une bonne sous-variété de trèfle, le trèfle hybride de Suède, peu différent du trèfle commun, mais plus rustique, moins sensible au froid et moins exigeant quant à la qualité du sol.

Le *trèfle incarnat* ou *farouche* se sème en automne, à la même dose que le trèfle des prés, ordinairement à la suite d'une culture de céréales ; il se contente des terrains les moins fertiles, et donne au printemps de très-bonne heure une seule coupe d'un fourrage abondant, peu profitable à faucher pour le convertir en foin sec, mais fort avantageux à faire consommer à l'état frais par le bétail au sortir de l'hivernage. La grande précocité du trèfle incarnat est son principal et presque son seul mérite. Comme il ne remonte pas, le sol qu'il laisse libre en avril doit être immédiatemen labouré et consacré à une culture de printemps. En 1860, o a introduit dans l'ouest de la France une variété de farouch à fleur blanche, supérieure en qualité au farouche incarnat

Le *trèfle blanc* ou *trèfle rampant* ne constitue jamais ' lui seul une prairie artificielle ; on le sème ordinairemen en mélange avec d'autres plantes pour constituer un assez bon pâturage sur des terres médiocres, légères et très-peu profondes, où il se soutient longtemps. La graine de trèfle blanc se sème au printemps à la dose de 4 à 5 kil. par hectare, mêlée à une quantité égale de graine d'autres plantes fourragères.

On mentionne seulement pour mémoire le *trèfle de Boukhara*, très-grande plante légumineuse à tiges coriaces, qui a joui d'un ou deux ans de vogue, mais qui n'a pu se soutenir dans les cultures, à cause de la qualité inférieure de son fourrage.

Luzerne. La *luzerne* est la seule des plantes légumineuses fourragères qui forme des prairies artificielles d'une très-longue durée, dont les produits dépassent de beaucoup celui des meilleures prairies naturelles ; elle a pour principal mérite d'être essentiellement *remontante*, c'est-à-dire de repousser, du printemps à l'automne, à mesure qu'elle est fauchée. Dans le Midi, la luzerne, partout où elle peut être arrosée, donne jusqu'à six coupes par an ; elle en donne habituellement quatre dans les bonnes terres, sous le climat de Paris ; elle n'en donne que trois dans nos départements du Nord. C'est que la luzerne ne peut entrer en végétation au printemps que sous l'influence d'une température assez élevée, et que sa végétation s'arrête en automne dès que la terre a subi l'influence des premiers froids. La culture de la luzerne n'est donc réellement avantageuse que sous les climats chauds ou tempérés.

La luzerne, ainsi que le trèfle, se sème ordinairement à l'abri d'une céréale de printemps ; on répand à la volée 10 à 12 kil. de graine par hectare. Les terres de fertilité moyenne, mais dont la couche arable est profonde et repose sur un sous-sol facilement pénétrable, sont celles qui conviennent le mieux à la luzerne ; elle y donne des produits plus abondants et plus durables que dans les terres dont la couche superficielle est très-fertile, mais qui manquent de profondeur.

La terre dans laquelle on se propose de semer une luzerne avec une céréale de printemps doit avoir reçu une forte fumure et au moins deux labours, l'un à la fin de l'automne, l'autre au printemps, immédiatement avant les semailles ; ces labours doivent être aussi profonds que le comporte la nature du sol. Il ne faut ultérieurement à la luzerne qu'un hersage énergique, donné avec une herse à dents de fer chaque printemps, au moment où elle se dispose à rentrer en végétation.

Sainfoin. Le sainfoin ne réussit bien que dans les terres très-riches en principes calcaires, ou qu'il est possible d'amender largement avec du plâtre à forte dose. On en connaît deux variétés, le *sainfoin commun* (*fig.* 25), aussi désigné sous le nom d'*esparcette*, qui ne remonte pas et ne fournit par conséquent qu'une seule coupe, et le *sainfoin géant* ou *sainfoin à deux coupes,* qui remonte et se fauche deux fois par an, la première en juin, la seconde en septembre ou octobre. Pour préparer la terre à recevoir une semaille de sainfoin, on donne deux labours, l'un en novembre, l'autre en décembre, et le sol est laissé en cet état jusqu'au mois d'avril de l'année suivante : vers la fin d'avril on répand la graine sur la terre anciennement labourée, à la dose de 100 à 120 litres par hectare ; cette semaille n'a pas besoin d'être enterrée. Le meilleur moment pour faucher le sainfoin est celui où il est en pleine fleur, avant qu'il ait commencé à former sa graine.

Fig. 25.

Plusieurs autres plantes de la famille des légumineuses doivent être mentionnées ici, bien qu'elles ne puissent servir à former des prairies artificielles comme les précédentes. Ce sont principalement en France la *lupuline,* la *serradelle,* les *pois à fourrage,* la *gesse* ou *pois gris,* les *vesces* et les *féveroles.*

Lupuline. On désigne communément la *lupuline* sous les noms de *trèfle jaune,* bien que ce ne soit pas un trèfle, et de *minette dorée,* à cause de la couleur de ses fleurs.

On ne la sème jamais isolément, à moins que ce ne soit dans le but d'en récolter la graine ; mais elle est fort utile pour rendre plus abondant et plus nourrissant le fourrage des prairies maigres, surtout celui des prairies nouvellement formées. Si l'on y répand de bonne heure, au printemps, 5 à 6 kilogrammes par hectare de graine de minette dorée, on obtient immédiatement une bonne récolte de fourrage due à la végétation abondante de la lupuline ; en quelques années celle-ci disparaît peu à peu, et les bonnes graminées prennent le dessus.

Serradelle. La culture de la *serradelle* (*fig.* 26) n'est à sa place que dans les terres siliceuses, légères, très-peu fertiles, spécialement dans les bruyères récemment défrichées. Cette plante se contente des terrains les plus maigres ; elle brave les plus longues sécheresses à cause de la longueur extraordinaire de sa racine pivotante qui va chercher très-profondément un peu d'humidité dans le sous-sol ; c'est pourquoi elle ne réussit parfaitement que dans une terre profondément défoncée : elle y peut donner jusqu'à 18 à 20 mille kil. de fourrage frais par hectare, bien qu'elle ne remonte pas et ne donne par conséquent qu'une seule coupe. On sème avec une demi-fumure de guano ou de noir de raffinerie, à raison de 5 à 7 kil. par hectare, sur un seul labour, en avril.

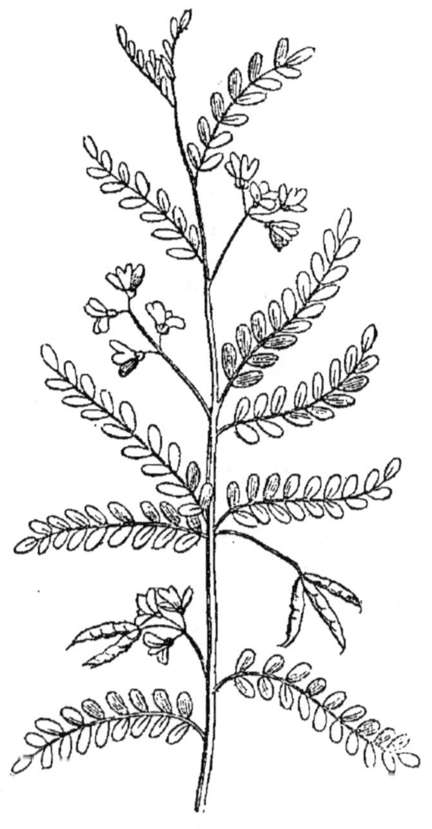

Fig. 26.

Pois à fourrage. On cultive plusieurs variétés de pois dont les graines ne sont pas propres à l'alimentation de l'homme : les unes se sèment uniquement comme plantes fourragères, en vue d'en récolter les tiges fauchées et séchées au moment où la plante est en pleine fleur ; les autres sont surtout cultivées dans le but d'en récolter la graine. Dans tous les cas, on sème au printemps, à raison d'un hectolitre et demi à deux hectolitres par hectare. Souvent les pois à fourrage sont semés en mélange, soit avec la grande avoine blanche, soit avec les féveroles. Le fourrage sec qui en résulte est très-nourrissant ; il ne doit être donné au bétail qu'en petite quantité à la fois. Quand on se propose de récolter la graine du pois à fourrage, on laisse les tiges jaunir sur place et l'on choisit pour les faucher le moment où le plus grand nombre des cosses renferme des pois mûrs ; l'enlèvement de cette récolte doit se faire avec précaution, sous peine de perdre une grande partie des produits par l'égrenage ; les tiges sèches, qui pendant le battage se trouvent comme broyées, n'ont rien perdu de leur valeur nutritive ; on les donne aux bestiaux en mélange avec du foin sec et de la paille hachée.

Gesse. Le pois gris, dont le vrai nom est *gesse cultivée*, est aussi désigné sous les noms de *jarosse* ou *jarousse*. Sa culture est la même que celle du pois commun à fourrage. Quoique son grain concassé ou réduit en farine grossière soit excellent pour l'engraissement des bestiaux, il est un poison pour l'homme. Des cas de paralysie progressive incurable sont souvent résultés de l'emploi de la farine de gesse mêlée, dans les années de disette, à la farine de céréales pour la fabrication du pain bis à l'usage des classes laborieuses dans les campagnes.

Vesces. La *vesce* commune se sème à la même époque et à la même dose que le pois à fourrage, soit seule, soit en mélange avec une avoine. Son fourrage est très-nourrissant ; elle doit être fauchée et séchée un peu après la pleine floraison, quand une partie des cosses est déjà remplie de grains à demi formés. Lorsqu'on veut en utiliser la graine, on la laisse complètement mûrir avant de la faucher. La vesce en grain est particulièrement recherchée pour la nourriture des pigeons. On cultive aussi, dans les départements du centre, une bonne variété connue sous le nom de *vesce d'hiver,* qui se sème en automne pour être récoltée l'année suivante. La vesce d'hiver ne réussit que rarement dans les départements au nord de la vallée de la Seine.

Féverole. On nomme également cette plante *fève à cheval,* parce qu'elle convient en effet tout spécialement pour la nourriture des chevaux, soit de luxe, soit de travail. Elle se plaît surtout dans les terres plus fortes que légères, qu'elle prépare parfaitement pour recevoir une culture de céréales. La féverole se sème au printemps, sous le climat de Paris et au nord de la vallée de la Seine ; au sud de cette vallée, on peut la semer en automne, comme les céréales d'hiver, à la dose de 150 à 200 litres par hectare. On lui associe souvent les pois à fourrage, la grande avoine blanche, la gesse et les vesces, auxquelles les tiges droites et fermes de la féverole servent de soutien ; ces mélanges donnent un fourrage abondant et d'excellente qualité. Lorsqu'on sème les féveroles seules, il vaut mieux les semer en lignes qu'à la volée, en espaçant les lignes entre elles de $0^m,60$, ce qui facilite les binages entre les lignes avec la houe à cheval.

Ajonc. On sème rarement l'*ajonc* comme plante fourragère ; mais dans les pays où il couvre de grands espaces de terres incultes, on l'utilise pour la nourriture des bestiaux ; la propriété qu'il possède de repousser à mesure qu'il est coupé le rend précieux dans les cantons au sol siliceux, trop maigre pour admettre la culture des autres plantes fourragères. On peut semer la graine d'ajonc, *sans engrais,* sur un seul labour superficiel ; comme la plante est vivace, elle s'empare du terrain et s'y établit à perpétuité. Pour faire consommer aux bestiaux les tiges de l'ajonc hérissées de piquants, on les broie en frappant dessus dans une auge de pierre avec une masse de bois dur garnie de têtes de gros clous.

Spergule. On place ici la *spergule,* aussi nommée *spargoute,* bien que cette plante n'appartienne ni à la famille des graminées ni à celle des légumineuses, mais à celle des *alsinées ;* elle mérite une mention à part à cause des propriétés nourrissantes de son fourrage, peu abondant, mais d'excellente qualité. On sème la graine de spergule à raison de 10 à 12 kilogr. par hectare, en été, sur un chaume retourné par un labour superficiel aussitôt après la moisson des céréales. On obtient ainsi, en récolte dérobée, une coupe de spergule qui profite plus aux bestiaux quand on la leur donne à l'état de fourrage frais que lorsqu'on la fait sécher. La *spergule géante*, variété plus développée, mais un peu moins nourrissante que la spergule commune, peut être avec plus d'avantage séchée, fanée et conservée comme fourrage sec. Son infériorité quant à la spergule commune tient à ce que celle-ci fleurit abondamment et se charge d'une prodigieuse quantité de capsules remplies de graines blanches à l'état frais, noires à l'état sec, douées, sous un très-petit volume, de propriétés nutritives très-prononcées. La spergule géante fleurit peu et produit peu de graine, ce qui explique l'infériorité de ses propriétés alimentaires pour le bétail.

CHAPITRE XVIII.

Des racines fourragères.

Racines fourragères. — Navets proprement dits ou turneps ; à collet vert ; à collet rose. — Culture de printemps ; culture en récolte dérobée ; arrachage. — Rutabagas ; culture du plant en pépinière ; transplantation ; produit par hectare. — Betterave, racine principalement industrielle. — Carotte ; blanche à collet vert du Palatinat ; blanche de Flandre ; jaune d'Achicourt ; rouge d'Alteringham ; culture de printemps ; en récolte dérobée. — Panais. — Topinambour.

La culture des racines fourragères, principalement destinées à nourrir et à engraisser le bétail, n'est bien comprise et convenablement pratiquée que dans les parties de l'Europe où l'agriculture a fait le plus de progrès. Jusqu'à une époque assez peu éloignée de la nôtre, la presque totalité des terres arables étant soumises à l'assolement triennal avec jachère, les pâturages, les prairies naturelles et l'herbe croissant sur les terres en jachère étaient les seules ressources du cultivateur pour l'alimentation de ses bestiaux. On sait aujourd'hui qu'en faisant alterner avec les plantes alimentaires et les plantes industrielles la culture des prairies artificielles et celle des racines fourragères, on augmente la fertilité du sol en même temps que la somme de tous ses produits utiles, et la jachère improductive peut être complétement supprimée. Il n'y a plus en France une seule exploitation bien tenue où la culture des racines fourragères ne soit considérée comme la base de l'assolement[1].

Les racines fourragères généralement admises en France dans la grande culture sont le *navet*, le *rutabaga*, la *betterave*, la *carotte*, le *panais* et le *topinambour*.

Navets. Il ne peut être question ici des nombreuses variétés de navets cultivées dans les potagers pour l'usage de la cuisine. Les navets admis dans la grande culture se divisent en deux séries, celle des *navets ronds aplatis* ou *turneps* et celle des *navets longs* ou *raves*. Les deux variétés les plus répandues de la première série sont le *navet rond à collet vert* et le navet rond ou oblong *à collet violet;* dans la seconde série, on ne cultive en grand que le *navet long d'Alsace* et ses nombreuses sous-variétés.

Le navet, quelle que soit la variété adoptée en se conformant aux conditions locales de chaque région agricole, peut être cultivé, soit en tête de l'assolement, soit en récolte dérobée : la première méthode, très-peu pratiquée en France, est au contraire presque seule suivie en Allemagne et en Angleterre. Quand l'assolement commence par une culture de navets, la terre reçoit deux labours préparatoires, l'un en automne, l'autre à l'entrée de l'hiver pour enterrer la fumure; on lui en donne un troisième de bonne heure au printemps, immédiatement avant les semailles. On sème en ligne ou à la volée, mais le plus souvent en lignes, à raison de 5 à 6 kil. de graine par hectare. Le plant doit être éclairci de bonne heure pour qu'il se trouve espacé à peu près à 25 ou 30 centimètres en tout sens, selon le volume propre à chaque variété. Les navets ont atteint de bonne heure tout leur volume; ils doivent être arrachés avant les

1. Voyez *Assolements,* chap. XXIII.

premières gelées blanches de la fin de septembre dans le nord de la France; ils laissent la terre en très-bon état pour recevoir une semaille de froment d'hiver. On sème aussi les navets au printemps par une méthode un peu différente quant à la manière d'appliquer la fumure. Après avoir donné le premier labour d'automne, on façonne la surface du sol en billons au moyen du buttoir[1]. Au printemps, on apporte la fumure sur le terrain; des ouvriers armés de fourches de fer distribuent régulièrement l'engrais dans les intervalles des billons. On donne aussitôt un second trait de buttoir qui refend les anciens billons par le milieu, verse la terre à droite et à gauche, et reforme de nouveaux billons sous lesquels la fumure se trouve enterrée. Ce travail terminé, un léger roulage au rouleau de bois aplatit la crête des nouveaux billons, dont les lignes n'en restent pas moins visibles. On répand au milieu des billons la graine de navets, soit à la main, soit au semoir; ces semis doivent être très-clairs; ils ne demandent pas plus de 3 kilogr. de graine par hectare. La jeune plante, dès qu'elle commence à grandir, enfonce sa longue racine verticale dans le fumier au-dessus duquel la semence a levé : toute la fumure profite ainsi complétement aux navets, qui deviennent très-volumineux. Après l'arrachage, les billons sous lesquels se trouve tout ce qui reste de l'engrais en terre sont refendus de nouveau, afin de rejeter la terre engraissée sur toute la surface du champ. Un hersage énergique donné en travers achève de bien mélanger la fumure avec les portions du sol qui n'ont pas primitivement reçu d'engrais, après quoi l'on sème la céréale qui doit suivre les navets semés sur la fumure en tête de l'assolement. Ces deux méthodes, bien qu'elles soient rarement appliquées en France, sont de beaucoup les meilleures pour obtenir de la culture du navet tout ce que cette plante peut rendre. Dans toute la Grande-Bretagne, où l'on cultive par ces procédés au delà de vingt variétés de navets, on échelonne les semis selon le degré de précocité des espèces, afin de les arracher successivement et de faire consommer immédiatement par le bétail les variétés qui ne se conservent pas; on sème jusqu'en juin les espèces d'une vé-

1. Voyez *Labourage,* chap. VII.

gétation très-hâtive : elles prennent toute leur grosseur avant la fin de la belle saison.

En France et en Belgique, le navet n'est guère cultivé qu'en *récolte dérobée*. Aussitôt après l'enlèvement d'une récolte de céréales ou de colza, on donne un labour superficiel par-dessus lequel on sème les navets, dont la graine est enterrée par un léger hersage. Ces semis ont beaucoup à redouter des attaques de l'*altise*, aussi connue sous ses noms vulgaires de *tiquet* et de *puce de terre*. L'altise, petit insecte coléoptère dont la multiplication n'est guère moins rapide que celle du puceron, échappe à tous les moyens qu'on peut tenter d'employer pour la détruire. Comme les *mandibules* ou mâchoires avec lesquelles elle ronge les navets récemment levés sont trop faibles pour entamer les feuilles de la jeune plante dès que celles-ci ont pris une certaine consistance, il s'agit de faire traverser très-rapidement au plant de navets la première période de sa vie végétale pour que l'altise soit impuissante à l'attaquer. C'est ce qui a lieu quand les navets sont semés après une céréale succédant à une récolte largement fumée; dans le cas contraire, une demi-fumure d'engrais pulvérulent, répandue à la volée en même temps que la graine de navets, active tellement leur végétation que le plant est en peu de jours inattaquable pour les altises, qui meurent d'inanition.

Environ quinze jours après que les navets en récolte dérobée sont levés, il faut les éclaircir; sinon la plante ne pousse que des feuilles, dont la valeur nutritive est à peu près nulle, et ne donne que des racines grosses tout au plus comme des œufs de poule.

Les navets obtenus de cette manière doivent être arrachés en octobre, avant qu'ils aient subi l'action des premières gelées sérieuses. Récoltés trop tard, les navets à demi gelés, sans être précisément gâtés, ont acquis des propriétés nuisibles et peuvent faire contracter aux bestiaux, pendant l'hivernage, des maladies dangereuses. C'est à ce fait, observé de toute ancienneté, qu'est due la coutume en vigueur dans tout le centre de la France, coutume en vertu de laquelle toute récolte dérobée de navets qui n'est pas enlevée à la Saint-Martin (11 novembre) est considérée comme abandonnée par le propriétaire : le premier venu peut s'en emparer.

Rutabagas. La culture du *rutabaga*, connu sous le nom
de *navet de Suède* à chair jaune, n'est un peu répandue
que dans les cantons les mieux cultivés du nord et de l'ouest
de la France; elle est inconnue dans la plupart des départements, où elle pourrait rendre à l'agriculture le plus de
services. Le rutabaga n'est confondu avec les navets proprement dits qu'à cause de la forme de sa racine : ce n'est
pas un navet, mais un chou; ce qui se reconnaît aisément
à sa feuille lisse, tout à fait semblable à celle du colza. Il
possède, comme racine fourragère, plusieurs avantages sur
le navet; le plus important consiste dans sa rusticité. Sa racine ne subit aucune altération lorsqu'elle est exposée à un
froid vif et prolongé; elle ne gèle pas sous l'influence des
hivers ordinaires du climat de Paris. On peut sans danger
laisser en terre une récolte de rutabagas et ne l'arracher
qu'au fur et à mesure des besoins de la consommation, au
sud de la vallée de la Seine ; au nord de cette vallée, on peu
ne les arracher qu'aux approches des gelées rigoureuses
leur conservation est donc beaucoup plus facile que cell
des navets. Lorsqu'on donne en hiver un peu trop de navet
aux vaches laitières, une partie de leur poil tombe, et leu
lait contracte un goût désagréable qui se retrouve dans l
beurre; ces inconvénients ne se reproduisent pas quand le
vaches laitières ont consommé des rutabagas, même pen
dant longtemps et en grande quantité.

La méthode la plus avantageuse pour cultiver le rutabag
consiste a le traiter comme plante bisannuelle. Un carré d
bonne terre, labouré à la bêche et largement fumé, est con
sacré à la culture du plant. On sème la graine assez clair
vers la fin de juillet ou au plus tard pendant la premièr
quinzaine d'août. Le plant est bon à être transplanté dan
la première quinzaine d'octobre, en lignes, au plantoir,
0^m,50 en tout sens. La terre doit avoir reçu les mêmes la
bours et la même fumure que pour une céréale d'hiver. O
a, par ce mode de plantation, 40 000 plants de rutabaga
par hectare, et si le sol est bon et suffisamment fumé, o
peut compter sur un rendement de 40 à 50 000 kilogramme
de racines par hectare. La plante a besoin d'un bon buttag
donné au buttoir entre les lignes, au moment où les racine
commencent à se former. Il en résulte qu'après l'arrachag
au mois de septembre de l'année qui suit celle de la mis

en place du plant de rutabagas, la terre se trouve dans les meilleures conditions pour recevoir, sur un seul labour suivi d'un ou de deux hersages, une semaille de céréale d'hiver.

Betterave. Quoique la *betterave* soit principalement cultivée comme plante industrielle, pour la fabrication du sucre, elle n'en est pas moins au premier rang des plantes à racines fourragères. Toutes les espèces de variétés cultivées dans le but d'en extraire le sucre sont également bonnes pour la nourriture des bestiaux; l'une des meilleures pour cette destination spéciale est la betterave *disette* de Silésie[1]. La betterave rouge cuite au four est quelquefois ajoutée, en hiver, à la salade de mâche et d'escarole. Celle qu'on réserve pour cette destination appartient à la culture jardinière seulement, et n'est jamais admise dans la grande culture.

Carotte. La culture de la *carotte* comme racine fourragère est d'autant plus avantageuse que cette racine convient parfaitement à la nourriture des chevaux aussi bien qu'à celle des autres animaux herbivores auxquels le navet, la betterave et le rutabaga ne conviennent pas. Les meilleures espèces de carottes fourragères sont, en première ligne, la *blanche à collet vert* du Palatinat, supérieure à toutes les autres; puis la *blanche de Flandre*, la *jaune d'Achicourt* et la *rouge d'Alteringham*, la meilleure des variétés cultivées dans la Grande-Bretagne.

Les terres fortes argileuses, excellentes pour la culture du froment, ne sont pas favorables à la carotte; elle ne réussit bien que dans les terres légères, où le sable est en plus forte proportion que l'argile, mais qui sont d'ailleurs suffisamment fertiles. Il est fort important que la fumure destinée à une culture de carottes placée en tête de l'assolement soit enfouie avant l'hiver par un labour profond; si elle l'était au printemps et que la graine de carottes fût semée immédiatement sur l'engrais, la plupart des carottes se diviseraient en une foule de petites racines sans valeur, et la récolte serait à peu près nulle. La graine de carottes se sème à la main, mieux en lignes qu'à la volée, pendant

1. Voyez *Plantes industrielles,* chap. XXII.

la première quinzaine d'avril; pour semer en lignes, on trace avec une charrue légère, ou mieux avec l'extirpateur, des raies très-peu profondes, dans lesquelles on répand la graine mêlée à deux fois son poids de terre sèche ou de sable fin. La dose est de 6 à 7 kilogrammes par hectare, lorsqu'on est assuré de la bonne qualité de la graine; dans le cas contraire, s'il y a lieu de craindre qu'une partie de la graine ne lève pas, on sème à raison de 8 à 10 kilogr. par hectare. La graine de carottes doit être semée à fleur de terre; on la recouvre en passant le dos de la herse sur le terrain ensemencé. La carotte a besoin d'être sarclée au moins deux fois : la première, quinze jours environ après qu'elle est levée; la seconde, quand les racines ont acquis la grosseur du petit doigt. En donnant le second sarclage, on a soin d'éclaircir le plant partout où il se trouve trop épais. Le produit moyen d'une récolte de carottes fourragères semées au printemps est de 35 à 40 000 kilogrammes par hectare, sans compter les *fanes*, qui, lorsqu'elles sont enfouies à l'état frais, constituent un excellent engrais végétal, qui prépare très-bien le sol pour toute espèce de culture.

La carotte peut aussi s'obtenir en récolte dérobée : dans ce cas, la graine se sème de très-bonne heure au printemps dans un colza ou dans une céréale d'hiver; ces semailles précoces sont sans inconvénient, la jeune plante se trouvant, dès qu'elle est levée, abritée par la céréale ou le colza. Après l'enlèvement de la récolte sous laquelle la carotte a pris racine sans acquérir un grand développement, celle-ci commence à végéter avec vigueur; elle est habituellement prête à être récoltée avant l'hiver. On peut, sous le climat de Paris, se dispenser de l'arracher et la laisser en terre jusqu'au printemps de l'année suivante; les espèces fourragères sont généralement peu sensibles au froid.

Panais. Le *panais*, considéré comme plante fourragère, convient surtout aux vaches laitières et aux bœufs à l'engrais. Si le panais était apprécié sous ce rapport à sa véritable valeur, il ne serait pas moins cultivé que la carotte. Il réussit dans tous les terrains où la carotte peut croître; les soins de culture sont les mêmes pour ces deux plantes;

le rendement en racines est un peu plus élevé pour le panais que pour la carotte.

Topinambour. On cultive peu le *topinambour* en France, malgré ses propriétés recommandables, dont la plus précieuse est celle de croître dans les plus mauvais terrains, impropres à toute autre végétation utile. Les plus détestables terres crayeuses de l'Aube (*Champagne pouilleuse*), cultivées en topinambours, donnent 10 à 12 000 kilogrammes de racines par hectare : dans une bonne terre, cette plante en donnerait trois fois plus; mais on consacre avec raison les terres fertiles à des produits d'une plus grande valeur. Le topinambour se plante au printemps, à la houe ou bien à la charrue, comme la pomme de terre. Le plus petit fragment de tubercule suffit pour reproduire la plante; de sorte que 4 à 5 hectolitres de topinambours coupés en petits morceaux conviennent à la plantation d'un hectare. Le topinambour ne gèle pas; on peut lui laisser passer l'hiver en terre sans inconvénient. Ses tubercules très-aqueux sont pour les herbivores domestiques un aliment peu nourrissant, mais sain; on en extrait par la distillation de l'alcool propre à la préparation des vernis et à divers autres usages industriels.

SECTION IV. PLANTES INDUSTRIELLES.

CHAPITRE XIX.

Des plantes textiles.

Plantes textiles. — Lin de printemps, le plus cultivé. — Lin d'hiver. — Préparation du sol. — Fumure; engrais liquide. — Semailles. — Récolte. — Rouissage. — Séchage. — Teillage à la broie. — Chanvre commun. — Chanvre géant, de Piémont ou de Bologne. — Chanvre mâle, femelle. — Semailles claires, serrées; leur résultat. — Arrachage à deux reprises. — Rouissage. — Teillage. — Chènevis. — Cuscute, plante parasite; détruit les récoltes de lin et de chanvre. — Orobanche, parasite des racines du chanvre. — Ortie blanche.

On comprend sous le nom de *plantes industrielles* les plantes cultivées qui ne servent ni à la nourriture de l'homme ni à celle des animaux domestiques; quelques-unes cependant, après avoir fourni à l'industrie le produit principal en vue duquel elles sont cultivées, donnent des résidus qui jouent un rôle important dans l'alimentation et l'engraissement des bestiaux. Dans les assolements réguliers établis sur des bases rationnelles, la culture des plantes industrielles revient à des intervalles assez éloignés pour ne nuire en rien à la production des denrées alimentaires.

Les *plantes textiles*, dont la fibre sert à la fabrication des tissus les plus usités, tiennent le premier rang parmi les plantes industrielles; on ne cultive en Europe que deux plantes textiles : le *lin* et le *chanvre*.

Lin. Le *lin*, originaire de l'Asie, où il est cultivé de toute antiquité, s'est naturalisé sous les climats les plus divers; sa culture réussit également bien dans le Nord et dans le Midi. On ne cultive en France que deux variétés de lin :

l'une annuelle, connue sous le nom de *lin de printemps,* est la plus universellement cultivée; l'autre bisannuelle, connue sous le nom de *lin d'hiver :* la culture de cette dernière variété n'est possible qu'au sud de la Loire ; elle n'est usitée que dans quelques-uns de nos départements du sud-ouest. Le lin peut être cultivé avec avantage dans toutes les terres fertiles, fortes ou légères; il ne peut y revenir qu'après un intervalle dont la durée varie de sept à dix ans, selon la qualité du sol et la quantité d'engrais qu'il peut recevoir. Les cultivateurs le considèrent avec raison comme une plante essentiellement épuisante, qui fatigue beaucoup la terre; mais, par la valeur de ses produits, le lin procure au cultivateur des rentrées importantes, grâce auxquelles il peut toujours, en réalisant des bénéfices considérables, rendre au sol, en guano ou en tout autre engrais pulvérulent, plus que la récolte du lin ne lui a pris, et maintenir ainsi la couche arable à son maximum de fertilité.

La terre que l'on se propose d'ensemencer en lin reçoit trois labours préparatoires, lorsqu'elle est d'une nature plus ou moins argileuse, et deux labours seulement quand elle contient plus de sable que d'argile. Si le lin doit être placé en tête de l'assolement et que la fumure lui soit directement appliquée, le fumier doit être enfoui avant l'hiver, à un état avancé de décomposition, afin qu'au moment des semailles il soit complétement consommé et parfaitement incorporé à la terre. L'une des principales conditions de succès de la culture du lin, c'est l'égalité parfaite de sa croissance ; il faut, s'il est possible, que pas un brin ne dépasse l'autre, et surtout que les tiges se ramifient le moins possible. Lorsque le lin est semé sur une fumure d'engrais trop peu consommé, inégalement distribué dans le sol, sa croissance est inégale ; les plantes dont la racine se trouve en contact avec le fumier l'emportent en vigueur sur les autres ; elles tendent à se ramifier du bas, et leur valeur est à peu près nulle. Dans les pays où la culture du lin est le mieux pratiquée, elle succède ordinairement à une récolte de racines fourragères, à laquelle une large fumure a été appliquée. Dans ce cas, la terre, préparée par deux ou trois labours et autant de hersages, débarrassée avec le plus grand soin du chiendent et des autres plantes nuisibles à racines vivaces, reçoit au printemps, soit avant, soit mmédiatement après les semailles, une forte dose d'engrais liquide. Dans le Nord et le Pas-de-Calais, où chaque exploitation de quelque importance est pourvue d'une citerne à l'engrais liquide, cet engrais est regardé comme *faible* quand il ne contient que le jus du fumier, l'eau provenant du lavage de l'étable et de l'écurie et l'urine des bestiaux ; on dit au contraire que l'engrais liquide est *fort* quand on a jeté dans la citerne une certaine quantité de bouse de bêtes à cornes, ce qui lui donne la consistance d'une purée claire. On ajoute à l'engrais liquide faible 14 kilog. par hectolitre de tourteaux de colza, de navette ou de cameline; on en ajoute seulement 4 kilog. par hectolitre à l'engrais liquide fort. Ces deux mélanges s'emploient pour la culture du lin, à la dose de 150 hectolitres par hectare. Sans doute, une pareille fumure coûte fort cher ; mais le cultivateur est grandement remboursé des avances qu'elle nécessite par l'abondance et la qualité supérieure des produits.

Il faut semer le lin par un temps couvert, humide et disposé à la pluie; l'époque la plus favorable pour cette semaille est du 10 au 20 avril sous le climat de Paris, et du 15 avril au 1er mai au nord de la vallée de la Seine. Il vaut mieux retarder de huit jours les semailles du lin que de le semer par un temps trop sec ; il importe à la régularité de sa croissance que la graine reste en terre le moins de temps possible et qu'elle lève tout à la fois. On sème à raison de 150 à 200 litres par hectare, d'abord très-clair, en allant et en revenant dans le sens de la longueur du champ, puis en allant et en revenant dans le sens de sa largeur ; de cette manière, la semaille est à la fois suffisamment épaisse et parfaitement régulière.

Plusieurs sarclages sont nécessaires au lin pendant le cours de sa végétation; cette besogne est facile lorsqu'il succède à une récolte sarclée qui a dû laisser le sol dans un état satisfaisant de propreté. Aux approches de sa maturité, le lin sur pied doit être fort attentivement surveillé ; le prix que l'on en peut obtenir dépend en grande partie de l'arrachage exécuté précisément au moment le plus opportun, moment fugitif qu'il faut savoir saisir. Le signe le plus certain de la maturité des tiges est une teinte blonde qu'elles prennent un peu avant l'entière maturité de la graine ; tant que la substance intérieure de la graine est à l'état d'un liquide laiteux, ce dont il est facile de s'assurer en coupant en travers quelques capsules avec la lame d'un canif bien affilé, il ne faut pas arracher le lin ; dès que la graine a pris intérieurement une consistance solide, on peut procéder à l'arrachage.

La graine devant achever de mûrir dans les capsules par l'exposition du lin au grand air pendant quelques jours après l'arrachage, on dispose quatre piquets croisés deux par deux pour soutenir une perche placée horizontalement à $0^m,40$ de terre ; sur cet appui, le lin, arraché et relié en bottes de la grosseur du bras, est posé debout, sur deux rangs légèrement inclinés en sens contraire, les unes contre les autres. Au bout de deux ou trois jours, les tiges sont suffisamment sèches, et la graine, sans être assez mûre pour pouvoir être employée comme semence, peut être portée au moulin pour l'extraction de son huile, très-recherchée pour la peinture.

Les soins de culture qu'on vient de décrire conviennent au lin d'hiver comme au lin de printemps ; l'un et l'autre doivent être arrachés à la même époque et avec les mêmes précautions. Lorsqu'on a principalement en vue la récolte de la graine de lin, on sème clair, à raison de 150 litres au plus par hectare, et l'on n'arrache le lin que quand la graine est complétement mûre ; le produit ordinaire est de 20 hectolitres de graine par hectare.

Le lin se vend rarement en nature, tel qu'il a été récolté, *en branches*, selon l'expression reçue ; on lui fait préalablement subir l'opération du rouissage, pour le livrer au commerce sous forme de filasse, après en avoir détaché l'écorce et en avoir séparé la fibre textile. Le rouissage s'opère de deux manières différentes, sur le pré à la rosée et par l'immersion dans l'eau. Le rouissage du lin sur le pré exige un temps considérable, durant lequel il faut le retourner fréquemment, afin que toute la surface des tiges soit successivement exposée aux alternatives de sécheresse et d'humidité qui finissent par décomposer la substance résineuse de la tige dans laquelle la fibre est enveloppée. Le rouissage à l'eau est le plus expéditif et le plus généralement usité ; la meilleure eau pour le rouissage du lin est celle d'une rivière au cours très-lent ; on choisit les places peu profondes, voisines des bords, où le courant est le moins rapide; le lin, relié en bottes rattachées les unes aux autres, est maintenu dans une position verticale au moyen de piquets auxquels les faisceaux de bottes de lin sont assujettis. Lorsqu'on juge le rouissage suffisamment avancé, le lin est retiré de l'eau et séché à moitié à l'air libre; la dessiccation se complète dans un four modérément chauffé. Le lin en cet état est *teillé* pour être converti en filasse au moyen d'un instrument nommé *broie*. La broie consiste en un chevalet monté sur quatre pieds, et percé de quatre fentes longitudinales dans chacune desquelles entre une des dents en bois d'un manche à charnière muni d'une poignée.

Pour se servir de la broie, on fait sortir les dents de leurs rainures en levant le manche de la main gauche, tandis que de la droite on pose en travers, sous les dents, une poignée de lin : en laissant retomber les dents et les relevant tour à tour, on a bientôt broyé l'écorce, qui tombe en fragments légers en passant par les fentes longitudinales de la broie. En quelques instants il ne reste dans la main de l'ouvrier qu'une poignée de filasse. Le teillage du lin exige plus d'adresse que de force; cette besogne est ordinairement exécutée par des femmes pendant les veillées d'hiver. Les débris d'écorce de lin provenant du teillage sont excessivement inflammables; la plus légère étincelle peut y mettre le feu : c'est pourquoi le teillage se fait le plus souvent dehors, au clair de lune.

Chanvre. On cultive deux variétés de chanvre, le *chanvre commun* et le *chanvre géant*. Ce dernier, qui n'est qu'une simple sous-variété du premier, porte aussi les noms de *chanvre de Piémont* et de *chanvre de Bologne*. C'est une plante dioïque, c'est-à-dire qu'elle porte des fleurs mâles et des fleurs femelles sur des pieds différents : par une singulière aberration, dans presque tous les pays où le chanvre est cultivé, on donne le nom de *chanvre femelle* aux plantes mâles et celui de *chanvre mâle* aux plantes femelles. Les façons préparatoires à donner à la terre et à la fumure qu'elle doit recevoir pour la culture du chanvre sont les mêmes que pour le lin. Néanmoins le lin, comme on vient de l'expliquer, ne peut revenir dans les assolements qu'à de longs intervalles; le chanvre, au contraire, pourvu qu'on ne lui ménage pas l'engrais, peut être cultivé dans la même terre à des intervalles très-rapprochés; il y a des terres fertiles d'alluvion, désignées sous le nom de *chènevières*, qui produisent du chanvre tous les deux ans, de temps immémorial, et dont les récoltes sont toujours également abondantes et de bonne qualité.

La quantité de graine à employer pour les semailles du chanvre varie selon l'usage auquel les produits sont destinés. Si l'on se propose d'obtenir du chanvre propre seulement à la fabrication des cordages, on sème au commencement de mai, à raison de 5 à 6 hectolitres de graine par hectare; il en faut employer 6 à 7 hectolitres par hectare lorsqu'on veut avoir du chanvre de belle qualité, dont la filasse, à la fois très-forte et très-solide, peut servir à fabriquer des toiles égales aux meilleures toiles de lin.

On sème le chanvre en planches de 2^m à 2^m,50 de largeur, séparées par des rigoles assez larges pour qu'un homme y puisse circuler librement. Le chanvre étouffe les mauvaises herbes et se sarcle ainsi de lui-même, à moins que le sol ne soit très-infesté de plantes vivaces; dans ce cas, le sarclage se donne en passant dans les rigoles sans fouler les jeunes plantes, qui, une fois brisées, ne se relèvent pas.

L'arrachage du chanvre se fait à deux reprises différentes : on arrache d'abord les pieds mâles, faciles à distinguer à leur taille moins élevée que celle des pieds femelles, ainsi qu'à la couleur des tiges et des feuilles, qui jaunissent alors que les plantes femelles, chargées de graines à demi formées, sont encore du plus beau vert. On ne doit arracher le chanvre femelle que quand la graine est d'un gris clair : elle achève de mûrir après l'arrachage; les bottes de chanvre femelle restent à cet effet en faisceau exposées à l'air libre pendant 5 à 6 jours.

Le rouissage du chanvre peut, comme celui du lin, se faire soit sur le pré, soit dans l'eau; on préfère, pour rouir le chanvre, les eaux stagnantes aux eaux courantes; les bottes sont couchées au fond de l'eau dans une position horizontale. L'odeur désagréable et malsaine du chanvre roui ne permet pas d'en opérer le rouissage à proximité des lieux habités; cette opération est soumise, pour cette raison, à des règlements de police rurale. Le chanvre roui est séché d'abord à l'air libre, puis au four, comme le lin; il est ensuite teillé de la même manière que le lin, et avec le même instrument. Les *chènevottes*, débris de l'écorce des tiges de chanvre séparées pendant le teillage, sont encore plus facilement inflammables que ceux de l'écorce du lin; on ne doit teiller le chanvre qu'au grand air, en écartant soigneusement tout ce qui pourrait devenir une cause d'incendie.

La graine du chanvre, connue sous le nom vulgaire de *chènevis*, contient, comme celle du lin, une huile très-abondante. L'huile de chanvre est de qualité inférieure; elle ne peut servir que pour l'éclairage et la fabrication des savons communs; elle n'est pas, comme l'huile de lin, propre à la préparation des couleurs pour la peinture.

Le lin et le chanvre ont un ennemi redoutable dans la *cuscute*, plante parasite qui les enlace et les étouffe complétement, si l'on ne prend soin de les en délivrer dès qu'on s'aperçoit de sa présence. Le chanvre est en outre assez souvent envahi par l'*orobanche*, plante parasite qui croît aux dépens de sa racine comme aux dépens de celle du trèfle des prés. On en débarrasse les chènevières par les moyens précédemment indiqués [1].

Ortie blanche. Depuis l'origine des temps historiques, aucune plante à fibre textile autre que le lin et le chanvre ne s'est fait accepter dans l'agriculture européenne. Mais, les relations étant devenues dans ces dernières années fréquentes et faciles avec l'extrême Orient, l'attention des cultivateurs européens a été appelée en dernier lieu sur l'*ortie blanche* de la Chine (*Urtica nivea*), dont la fibre est employée de temps immémorial par les Chinois et les Japonais pour fabriquer de très-belle toile et d'excellent papier. Des essais, suffisamment étendus pour être concluants, prouvent que l'ortie blanche de la Chine réussirait parfaitement dans tout le midi de la France, et sur le territoire de l'Afrique française. Il est probable que cette plante textile sera prochainement cultivée en grand, principalement pour alimenter nos papeteries qui, comme celles de toute l'Europe, sont sur le point de manquer de matière première.

1. Voyez *Légumineuses fourragères*, chap. XVIII.

CHAPITRE XX.

Des plantes oléifères.

Plantes oléifères. — Colza d'hiver; chaud; froid. — Sol qui lui convient. — Culture du plant en pépinière. — Transplantation à la charrue; au plantoir; à la bêche. — Étêtage. — Récolte. — Culture sans transplantation. — Colza d'été. — Rendement en graine du colza d'hiver; du colza d'été. — Navette. — Culture. — Rendement. — Pavot œillette. — Sol qui lui convient. — Fumure. — Culture. — Récolte. — Rendement en graine. — Cameline; sa rusticité. — Récolte. — Battage. — Utilité des tiges.

On désigne sous le nom de *plantes oléifères* celles des plantes industrielles qu'on cultive exclusivement en vue de l'huile plus ou moins abondante que contient leur graine. Quatre plantes oléifères sont principalement cultivées en France : ce sont le *colza,* la *navette,* le *pavot œillette* et la *cameline.*

Colza. On cultive deux variétés distinctes de colza, l'une *bisannuelle* ou *colza d'hiver,* l'autre *annuelle* ou *colza d'été ;* le colza d'hiver est le plus généralement cultivé. Dans tout le nord de la France ainsi qu'en Belgique, on distingue deux sous-variétés de colza d'hiver, l'une à végétation précoce, connue sous le nom de *colza chaud,* l'autre à végétation un peu plus tardive, nommée pour cette raison *colza froid.* La graine du colza d'été ou annuel est inférieure en qualité à celle du colza d'hiver ou bisannuel; la graine du colza froid est inférieure à celle du colza chaud : ce dernier tient le premier rang, soit pour l'abondance, soit pour la qualité supérieure de ses produits; mais, dans le nord, il manque plus souvent que le colza froid, en raison même de la trop grande précocité de sa floraison.

Le colza offre sur beaucoup d'autres plantes l'avantage précieux de se contenter des terrains médiocres à défaut des terres de première qualité. C'est dans les bonnes terres à froment, soit fortes, soit légères, que son rendement en graine est le plus élevé; mais dans les terres légères qui ne peuvent produire, en fait de céréales, que du seigle ou de l'avoine, il prospère également bien, et son rendement en graine, quoique moins élevé que dans les bonnes terres, n'en est pas moins avantageux au cultivateur, en raison du loyer moins cher et des frais de culture moins coûteux des terres légères de seconde qualité.

Dans les exploitations bien dirigées du nord et du centre de la France, où le colza est régulièrement admis dans les assolements, il succède à une céréale ou bien à une culture de pommes de terre précoces. En tout cas, et quelle que soit la dose d'engrais donnée soit à la céréale, soit aux pommes de terre, le colza doit toujours recevoir pour son propre compte une fumure de 50 à 60 000 kilogrammes d'engrais de bestiaux par hectare, enfoui immédiatement après l'enlèvement de la récolte précédente, qu'on a pu obtenir sur une fumure suffisante de guano, de poudrette ou de noir de raffinerie.

Dans un carré de la terre ainsi préparée, on sème, du 1er au 15 d'août, la graine de colza assez clair; on sarcle quelques jours après que la jeune plante est levée, en ayant soin d'éclaircir en même temps le plant, afin qu'étant suffisamment espacé, il prenne de la force avant le moment où il devra être arraché et transplanté. Plus tard, il n'y a pas lieu de le sarcler de nouveau : sa végétation vigoureuse s'empare de tout le terrain; il est prêt à être arraché et transplanté pendant la première quinzaine d'octobre. A l'arrachage, on enlève d'abord les pieds les plus développés; au bout de huit à dix jours, ceux qu'on avait laissés en place sont devenus à leur tour bons pour la transplantation. En règle générale, il doit s'écouler le moins de temps possible entre l'arrachage et la transplantation; néanmoins, si le plant de colza a été arraché par un temps sec et lié immédiatement par paquets de 50 à 100 plants chacun, il peut, sans en souffrir sensiblement, attendre deux ou même trois jours sa mise en place; mais s'il est arraché en temps de pluie, il faut qu'il soit immédiatement transplanté, sinon les paquets fermentent, s'échauffent, et une partie du plant ne peut pas prendre racine dans sa nouvelle position.

La transplantation du colza se fait à la main avec le plantoir ou bien à la charrue. Le terrain a été préalablement façonné en planches de 3 à 4 mètres de large, séparées par des rigoles profondes creusées d'abord avec la charrue, puis approfondies et régularisées à la bêche. Lorsqu'on plante à la charrue, on ouvre une première raie dans laquelle les femmes qui suivent le laboureur déposent les plants à des distances régulières mesurées avec une baguette d'une longueur déterminée. Quand toute la raie est garnie, le laboureur en ouvre une seconde dont la terre recouvre les racines du plant déposé dans la première. Les ouvrières repassent le long de la raie et donnent un coup de talon à chaque plant pour bien attacher la terre à ses racines, ce qui termine la plantation. Pour la seconde raie, il n'y a pas lieu de mesurer les distances; on place le plus régulièrement possible chaque plant vis-à-vis du milieu de l'intervalle entre les plants de la première raie. On continue ainsi pour planter les raies suivantes.

Dans les terres fertiles, abondamment fumées, où chaque pied de colza doit acquérir de fortes dimensions, on plante à 0^m,50 en tout sens, soit à raison de 40 000 plants par hectare. Si la terre est légère, le colza ne devant prendre qu'un développement beaucoup moindre, on peut l'espacer à 0^m,30 ou 0^m,35, ce qui exige de 90 à 100 000 plants par hectare.

Dans la petite et la moyenne culture, on plante le colza au plantoir, par le procédé très-connu usité dans la pratique du jardinage. Ce procédé, malgré les frais considérables de main-d'œuvre qu'il exige, est préféré à tout autre pour la grande culture, lorsqu'on peut se procurer aisément le nombre d'ouvriers nécessaires. Après que les raies ont été tracées à la charrue par un labour superficiel, un ouvrier, armé d'un plantoir à deux pointes, forme les trous; deux femmes qui l'accompagnent mettent un plant dans chaque trou, et pressent la terre contre les racines en donnant au pied de chaque plante un coup de talon. Le colza cultivé dans les terres très-légères peut aussi être planté par le procédé suivant. Un homme armé d'une bêche enfonce en terre le fer de son instrument; en ramenant à lui le manche de la bêche, il forme un vide dans lequel l'ouvrière qui le suit place un plant de colza. L'ouvrier retire alors sa bêche, et le vide se referme de lui-même.

Environ quinze jours après la mise en place du plant de colza, on lui distribue une forte fumure d'engrais liquide, dans les proportions indiquées pour la culture du lin[1]. Une portion assez considérable de cet engrais tombe dans les rigoles qui séparent les planches. Quelque temps après, ces rigoles sont élargies et approfondies; la terre saturée d'engrais qu'on en retire avec la bêche est déposée en gros blocs, de distance en distance, entre les lignes de plants de colza. A chaque dégel, ces blocs se délitent; leur terre, en se répandant autour d'eux, *rechausse* les pieds de colza comme pourrait le faire un buttage qu'on ne peut leur donner à cause de l'ampleur de leur feuillage. Le colza se trouve ainsi dans les meilleures conditions pour bien végéter dès les premiers beaux jours de la fin de l'hiver.

Aussitôt que le colza commence à fleurir, il est nécessaire de l'*étêter*, c'est-à-dire d'enlever le sommet de la tige centrale, qui fleurit toujours la première. Cette opération profite surtout au colza froid, qui se ramifie peu naturellement : la suppression du sommet favorise la croissance des rameaux latéraux et augmente le rendement en graine ; elle a aussi pour effet de faire mûrir toute la graine en même temps, ce qui en améliore sensiblement la qualité et en facilite la vente.

La récolte du colza doit être faite avec de grandes précautions, pour ne pas en perdre une partie par l'égrenage. Cette opération doit se faire quelques jours avant la complète maturité de la graine. Si la terre est légère, les pieds de colza peuvent être arrachés ; si elle est forte, la tige doit être coupée à quelques centimètres au-dessus du sol, avec une serpette solide, bien affilée. Les plantes arrachées ou coupées sont réunies en faisceaux, en leur donnant le moins de secousses possible, et maintenues par deux forts liens de paille dans une position verticale ; la graine achève de mûrir par quelques jours d'exposition à l'air libre des plantes récoltées, qui se dessèchent complétement. Dans le Nord, le colza est battu sur place, au moyen de grandes toiles à voiles étendues sur une aire improvisée. Si, par suite du mauvais temps, ce procédé n'est pas praticable, on

1. Voyez *Plantes textiles*, chap. xix.

garnit avec des toiles semblables l'intérieur des chariots ou des charrettes dans lesquels la récolte de colza est enlevée pour être battue en grange ; de cette manière, toute la graine qui s'échappe des siliques pendant le transport peut être recueillie.

Dans les pays où la main-d'œuvre est rare et où l'on réunit difficilement, même en les payant fort cher, le nombre d'ouvriers que réclame la culture du colza telle qu'elle vient d'être décrite, on emploie le procédé suivant, qui donne des résultats un peu moins avantageux, mais qui coûte beaucoup moins. La terre est façonnée en billons au moyen du buttoir, ou, à défaut de cet instrument, avec une charrue ordinaire qui verse deux raies l'une sur l'autre, en allant et en revenant ; la fumure d'engrais de bestiaux est distribuée très-également entre les billons, qu'on refend par un second labour semblable au premier, de sorte que toute la fumure est enterrée en lignes sous les nouveaux billons. La graine de colza est semée du 1er au 15 du mois d'août, sur la crête de ces billons aplatie par un léger trait de rouleau de bois. Quoiqu'on sème le plus clair possible, le plant a toujours besoin d'être éclairci, de manière à ce qu'il se trouve espacé à $0^m,30$ ou $0^m,40$ sur les lignes. On voit que ce procédé supprime la main-d'œuvre de la transplantation ; le reste des soins de culture est le même que pour la méthode suivie dans le Nord.

Le colza annuel ou colza d'été se cultive de même, sans transplantation. Les cultivateurs soigneux sèment sur des billons préparés comme on vient de l'indiquer ; mais le plus souvent on se contente de semer en lignes et d'éclaircir quinze jours après la levée du plant. Les semis ne peuvent se faire que pendant la seconde quinzaine de mai, le plus souvent sur une fumure d'engrais pulvérulent. Si l'on sème plus tôt, l'expérience prouve que le colza d'été est envahi par le puceron vert aussitôt après la floraison ; cet insecte suce les siliques vertes et les tiges et détruit entièrement la récolte. Le colza d'été semé tard ne mûrit sa graine qu'imparfaitement et inégalement, ce qui lui donne une mauvaise apparence qui en diminue le prix vénal : c'est un inconvénient impossible à éviter, les semailles tardives étant le seul moyen de préserver le colza d'été des atteintes du puceron ; aussi la culture du colza d'été est-elle très-peu pratiquée, comparativement à la culture du colza bisannuel ou colza d'hiver.

Un bon colza chaud d'hiver donne dans les terres fertiles, par la méthode du Nord, jusqu'à 30 hectolitres de graine par hectare : la moyenne est de 22 à 25; dans les terres médiocres, elle est de 15 à 20; le rendement en graine du colza d'été est rarement de plus de 12 à 15 hectolitres par hectare.

Navette. On cultive deux variétés distinctes de *navette :* l'une annuelle ou de printemps, l'autre bisannuelle ou d'hiver. Ces deux plantes sont peu exigeantes quant à la qualité du sol ; elles donnent, avec peu d'engrais, des récoltes passables dans des terrains où le colza ne pourrait croître. On sème la navette d'hiver ordinairement après un seigle ou une avoine, sur un seul labour donné aussitôt après l'enlèvement de la céréale ; la fumure, consistant en une dose modérée d'un engrais pulvérulent, est répandue à la volée avec la graine de navette. Le plant veut être éclairci une première fois avant l'hiver et une seconde fois au printemps, pour qu'il se trouve espacé à peu près à 0ᵐ,30 en tout sens.

La navette de printemps se sème en mars, rarement seule ; elle est le plus souvent associée à une avoine. La graine adhère assez fortement aux siliques pour que la récolte se fasse sans grandes précautions et sans perte par l'égrenage. Son rendement en grain, lorsqu'elle est cultivée seule, ne dépasse pas 12 à 15 hectolitres par hectare.

Pavot œillette. Dans les départements du nord de la France, l'huile extraite de la graine de pavot, et connue sous le nom vulgaire d'huile d'*œillette,* remplace l'huile d'olive comme huile comestible, ce qui donne une importance particulière à la culture du *pavot œillette* (*fig.* 27). On ne cultive généralement qu'une seule variété, connue sous le nom d'*œillette grise,* à fleur d'un gris violacé ; le pavot blanc à grosse tête, cultivé seulement pour l'usage médical, donne une graine oléifère aussi abondante et d'aussi bonne qualité que l'œillette grise ; il pourrait être admis avec les mêmes avantages dans la grande culture.

Le pavot œillette ne peut croître que dans les meilleures

terres à froment; la fumure qui lui convient le mieux est
une forte dose d'engrais liquide, égale à celle qu'on donne
dans le Nord au lin et au colza. Si l'engrais liquide manque,
on peut le remplacer par du tourteau pulvérisé de colza, de
navette ou de cameline, à la dose de 1 800 à 2 000 kilogrammes par hectare.

On sème à la volée, du
1er avril au 15 mai, selon le
climat local et selon l'état de
la saison, variable d'année en
année ; la graine est mêlée à
deux fois son volume de sable
fin ou de terre sèche, afin de
pouvoir la distribuer très-également ; un léger hersage,
suivi d'un trait de rouleau de
bois, termine l'opération. Le
pavot œillette redoute beaucoup le voisinage de la mauvaise herbe, qui l'étoufferait
pendant la première période
de sa végétation s'il n'était
sarclé et en même temps
éclairci à deux reprises différentes. La graîne est mûre vers
la fin du mois d'août. A mesure qu'on arrache les plantes
mûres, on secoue vivement les
têtes de pavot sur le bord d'un
baquet de bois apporté dans le
champ au moment de la récolte ;

Fig. 27.

sans cette précaution, la plus grande partie de la graine se
perdrait par l'égrenage. Les têtes ou capsules à moitié vides
sont emportées à la ferme pour être battues en grange. La
graine doit être nettoyée avec soin, puis parfaitement séchée sur le plancher d'un grenier bien aéré ; autrement elle
s'échauffe, s'altère plus ou moins, et perd une partie de sa
valeur vénale par la détérioration de son huile.

Le rendement en graine d'un hectare de terre bien cultivée peut aller à 30 hectolitres ; il est en moyenne de 22
à 25.

Cameline. La *cameline* est la plus rustique des plantes à graines oléifères : elle vient partout ; elle ne craint ni les attaques de l'altise ni celles du puceron ; elle exige peu d'engrais et végète si rapidement qu'elle n'occupe pas le terrain pendant plus de temps que la navette de printemps. Elle craint beaucoup la sécheresse pendant la première période de sa croissance : c'est la seule difficulté que présente sa culture.

On sème de la fin d'avril à la fin de mai, à raison de 5 à 6 litres de graine par hectare, en choisissant un temps couvert et humide ; le plant doit être éclairci très-jeune pour rester espacé à 7 ou 8 centimètres en tout sens, après quoi la cameline ne réclame plus de soins de culture. Elle doit être arrachée et non pas coupée à l'époque de la maturité de la graine, vers le milieu du mois d'août. On la bat avec précaution pour ne pas trop endommager les tiges, qui servent à faire des balais très-durables.

La *moutarde blanche,* la *moutarde noire* et la *madia sativa* sont aussi cultivées pour leurs graines oléifères. Les deux variétés de moutarde se cultivent exactement comme la navette de printemps. Leur graine, dont il se perd toujours une grande partie par l'égrenage, possède la malheureuse propriété de conserver en terre indéfiniment ses propriétés germinatives ; la plante reparaît pour ainsi dire à perpétuité, à l'état de mauvaise herbe, parmi les récoltes qui lui succèdent sur le terrain qu'elle a une fois occupé. Cette particularité, qui la rend fort incommode, en a fait limiter la culture comme plante à graine oléifère. On sème surtout les deux variétés de moutarde dans les forêts, sur les places qui ont été occupées par les *fouées* de charbon.

La *madia sativa,* plante du Chili, de la famille des *composées,* a joui d'une faveur passagère qui ne s'est pas soutenue, ses produits n'ayant pas réalisé les espérances conçues à l'époque de son introduction dans l'agriculture européenne.

CHAPITRE XXI.

Des plantes tinctoriales.

Plantes tinctoriales. — Garance. — Terres qui conviennent à la garance. — Durée de sa culture. — Semis. — Transplantation. — Sarclages. — Buttage. — Arrachage. — Produit par hectare en racines sèches; en fourrage sec. — Gaude ou jaunêtre. — Culture de la gaude dans les mauvaises terres; dans les bonnes, en récolte dérobée. — Gaude annuelle. — Gaude bisannuelle. — Arrachage. — Récolte de la graine. — Huile de graine de gaude. — Pastel. — Causes de l'abandon de sa culture. — Terres qui lui conviennent. — Semailles. — Récolte et utilisation des feuilles. — Renouée des teinturiers. — Culture. — Récolte. — Préparation des feuilles pour la teinture commune en bleu.

La culture des plantes tinctoriales, qui fournissent à l'industrie manufacturière diverses matières colorantes, est moins répandue et beaucoup moins importante que celle des plantes alimentaires, fourragères, textiles ou oléifères; néanmoins, elle constitue la principale source de richesse de certains cantons; elle permet d'utiliser des terrains dont il serait difficile de tirer parti de toute autre manière : elle est donc très-digne d'être étudiée sous ce double rapport.

On cultive en France quatre plantes tinctoriales : la *garance*, la *gaude* ou *jaunêtre*, le *pastel* et la *renouée des teinturiers*.

Garance. La *garance* est la plus importante des plantes tinctoriales cultivées en Europe, en raison des usages multipliés de son principe colorant rouge, soit pour la teinture, soit pour la peinture artistique. Son emploi a pris une grande extension depuis que le drap *rouge garance* est adopté pour les pantalons d'uniforme de l'armée française. Cette plante se contente d'un sol d'une fertilité moyenne, pourvu qu'il soit très-largement fumé et que la couche arable en soit suffisamment profonde. Les terres qui produisent la meilleure garance, dans le département de Vaucluse, étaient considérées comme à peu près sans valeur avant l'introduction de la culture de la garance dans ce pays, vers le milieu du dix-septième siècle, par un Persan nommé Alten, converti au christianisme. Cependant la garance reste cantonnée sur quelques points de notre territoire où sa culture est entrée dans les habitudes agricoles locales ; plusieurs motifs l'empêchent d'en sortir. Le plus puissant de ces motifs, c'est qu'avant de récolter les produits de la garance, il faut la cultiver pendant trois ans, lui faire l'avance d'une très-forte fumure, outre trois années de loyer du sol et trois années de frais de culture ; elle ne convient qu'à ceux qui ne sont pas dans l'obligation d'en réaliser immédiatement la valeur. Il arrive souvent, en effet, qu'au moment de la récolte, les prix sont trop bas, même pour faire rentrer le cultivateur dans ses avances. En dernière analyse, les racines sèches de la garance pouvant se conserver indéfiniment, il n'y a rien à perdre sur une marchandise dont les prix finissent toujours par se relever; mais il ne faut entreprendre la culture de la garance que lorsqu'on est en mesure d'attendre le moment favorable pour la vente.

Pour cultiver la garance, on prépare le sol par un défoncement dont la profondeur ne peut pas être de moins de 0m,60 à 0m,80. Pendant cette opération, qui doit être exécutée à la bêche, avec le plus grand soin, on débarrasse attentivement la terre des racines vivaces de chardon, de chiendent ou d'autres plantes nuisibles qu'elle peut contenir. Le sol, ainsi défoncé en automne, reçoit de bonne heure au printemps un second labour pour enfouir un fumure de 120 à 150 mètres cubes d'engrais de bestiaux pa hectare.

La garance peut être indifféremment semée en place o bien cultivée en pépinière et transplantée; la seconde mé thode est préférable à la première, quand la graine est rar et d'un prix élevé. Sous le climat de Paris, on peut seme la garance pendant la seconde quinzaine de mars, à raiso d'environ 80 kil. de graine par hectare. Cette graine devan être assez profondément enterrée, un ouvrier ouvre la pre mière raie à la houe ; une femme qui l'accompagne y répan la graine à la main ; l'ouvrier recouvre la graine déposé dans une raie avec la terre qu'il déplace en ouvrant la raie suivante. L'espacement entre les lignes n'est jamais de moins d'un mètre ; il peut être d'un mètre et demi quand la fertilité du sol fait présumer que la plante prendra un très-grand développement.

Le plant qu'on élève en pépinière doit y passer un an tout entier. Le sol, préparé et fumé comme pour les semis en place, est ensemencé en mars ; l'arrachage se fait l'année suivante à la même époque, en prenant toutes les précautions possibles pour ne pas rompre les racines. Les raies sont tenues prêtes pour le recevoir, de sorte qu'il reste hors de terre le moins de temps possible ; moins il a été exposé au contact de l'air et mieux il s'enracine dans sa nouvelle position.

Pendant la première année de sa croissance, la garance reçoit trois sarclages au moins ; on lui donne en outre un fort buttage en novembre ou décembre, selon l'état de la température ; un seul sarclage lui suffit la seconde année ; on l'arrache au mois d'octobre de la troisième année. L'arrachage de la garance peut être retardé jusqu'à l'automne de la quatrième ou de la cinquième année ; mais l'accroissement de ses racines en poids et en volume ne compense pas toujours les frais de loyer qui en résultent à la charge de sa culture : aussi n'est-ce que dans des circonstances exceptionnelles qu'on laisse la garance occuper le sol au delà de trois ans ; sa racine est d'ailleurs sujette, lorsqu'elle vieillit dans le sol, aux attaques d'un champignon souterrain qui la détériore et fait périr la plante. On regarde comme une bonne moyenne, dans les terres favorables à la garance, un rendement de 3 600 à 4 000 kilogrammes de racines sèches. Ces racines ne sont pas le seul produit de cette culture ; elle donne la première année 1 000 kilogrammes et la seconde année 2 000 kilogrammes d'un excellent fourrage sec, égal en valeur au bon foin de prairie naturelle et propre à la nourriture de toute espèce de bestiaux.

Gaude ou jaunêtre. La *gaude* contient un principe colorant jaune, peu éclatant, mais très-fixe, ce qui en rend l'usage fréquent pour la teinture commune. Elle se contente des terres médiocres, siliceuses et même pierreuses, à peu près impropres à toute autre culture. Elle vient encore

mieux dans les bonnes terres, surtout dans les terres
fortes ; mais, d'une part, ses produits n'ont jamais une
valeur vénale assez élevée pour qu'il soit avantageux de la
cultiver dans un sol fertile, de l'autre, les teinturiers accordent la préférence à la gaude récoltée sur des terres de seconde ou de troisième qualité.

On cultive deux variétés de gaude, l'une annuelle, l'autre
bisannuelle. La gaude bisannuelle est seule cultivée dans
les terres qui lui sont entièrement consacrées ; la gaude
annuelle se sème surtout dans les terres assez fertiles pour
produire des céréales. On répand la graine à la volée, au
printemps, dans un seigle ou une orge d'hiver : aussitôt
après l'enlèvement de la céréale, la gaude est sarclée et
éclaircie au besoin ; elle croît rapidement et peut être récoltée en octobre. Ce mode de culture de la gaude est très-
économique.

La gaude bisannuelle se sème dans la seconde quinzaine
de juillet ou la première quinzaine d'août ; elle est ordinairement précédée d'une culture de vesce de printemps, ou,
si l'on dispose d'assez d'engrais, d'une récolte de pommes
de terre précoces. L'une ou l'autre de ces cultures laisse le
sol parfaitement nettoyé, condition essentielle de succès
pour la culture de la gaude. Comme les semailles de la
gaude se font dans une saison où la couche superficielle du
sol arable est sèche et où il pleut rarement, il est bon de
faire tremper la graine pendant quelques heures dans l'eau
pour l'attendrir, avant de la répandre sur le sol ; la dose
est de 6 à 7 kil. par hectare.

La récolte de la gaude annuelle ou bisannuelle se fait au
moment où la plante est en pleine fleur. La matière colorante en vue de laquelle elle est cultivée étant aussi abondante dans les racines que dans les tiges, la gaude doit être
non pas coupée, mais arrachée. La graine contient une
huile peu abondante et de qualité inférieure, qui peut cependant être extraite et qu'on utilise pour l'éclairage. Mais
lorsqu'on laisse la gaude porter graine sur les terres très-
peu fertiles qui lui sont habituellement consacrées, ces
terres en sont tellement fatiguées qu'elles deviennent pour
plusieurs années impropres à toute culture ultérieure. Il
vaut mieux semer à part, dans un bon terrain, une petite
quantité de gaude dans le but d'en récolter la graine.

Pastel. On ne peut cultiver le *pastel* avec succès que dans les terres où domine l'élément calcaire, et au moyen d'une fumure d'engrais de bestiaux aussi abondante que celle qu'on donne au lin et au chanvre[1]. La terre où l'on se propose de semer le pastel doit recevoir deux labours préparatoires en automne et un troisième au printemps, si l'on sème en cette saison ; mais, sous le climat de Paris, il vaut mieux semer en automne, après le second labour qui a servi à enfouir la fumure. On sème à la volée, à raison de 12 à 15 kil. de graine par hectare. La graine de pastel offre par sa conformation beaucoup de prise à l'action du vent : il est impossible de la distribuer sur le sol avec un peu d'égalité, si ce n'est aux heures les plus calmes de la journée, le matin, avant le lever du soleil, et le soir, à la nuit tombante.

La matière colorante bleue du pastel est renfermée dans les feuilles, qu'il faut récolter à trois ou quatre reprises différentes, sans laisser aux tiges florales le temps de se former. Les feuilles pilées subissent dans un local aéré, mais à l'abri de la pluie, une fermentation qui dure de 10 à 12 jours ; il faut veiller avec le plus grand soin à ce que la pâte ne devienne point acide. Lorsqu'on la juge arrivée au point convenable, on la divise en blocs du volume et de la forme d'un œuf de poule, qu'on soumet à une dessiccation lente à l'ombre.

En France, la culture du pastel, très-répandue pendant la guerre maritime du commencement de ce siècle, est à peu près complétement abandonnée depuis qu'il est possible de se procurer à des prix modérés l'indigo des colonies, contre lequel le meilleur pastel ne saurait soutenir la concurrence.

Renouée des teinturiers. Dans les cantons où l'on fabrique des étoffes communes, on cultive sur une assez grande échelle la *renouée* des teinturiers, jolie plante aux fleurs d'un rose vif, qui fournit un bleu peu éclatant, mais très-fixe, d'un prix très-modéré. On sème la graine de renouée en mars ou dans les premiers jours d'avril, à raison de 7 à 8 kil. par hectare, sur un seul labour. La plante se

1. Voyez *Plantes textiles,* chap. XIX.

contente d'un sol médiocre, pourvu qu'il ne soit pas trop sec ; elle ne réclame, du reste, aucun soin de culture ; sa végétation vigoureuse étouffe complétement la mauvaise herbe. On fauche la renouée lorsqu'elle est en pleine fleur ; il faut employer tout aussitôt un nombre considérable de femmes et d'enfants à en détacher les feuilles, seule partie de la récolte qui ait quelque valeur. Ces feuilles sont pilées comme celles du pastel, puis livrées à elles-mêmes dans un local où règne une température douce ; elles y fermentent au bout de quelques jours ; le degré précis de fermentation est assez difficile à saisir ; le procédé de préparation des feuilles de la renouée pour les rendre propres à la teinture est encore très-imparfait.

La culture de toutes les plantes tinctoriales, excepté celle de la garance, dont les produits sont toujours très-demandés, doit être proportionnée à la facilité du placement des produits qui, souvent, pendant les crises commerciales et industrielles, peuvent manquer d'acheteurs.

Quelques autres plantes, spécialement le safran, donnent aussi des principes colorants utilisés pour la teinture ; mais comme ces plantes sont surtout cultivées sous d'autres points de vue, on ne peut pas les ranger parmi les plantes tinctoriales proprement dites[1].

1. Voyez *Plantes industrielles diverses,* chap. XXII.

CHAPITRE XXII.

De diverses plantes industrielles.

Tabac. — Condition de sa culture. — Terres qui lui conviennent.
— Fumure.—Semis en pépinière. — Transplantation. — Soins
de culture. — Récolte et triage des feuilles. — Place du tabac
dans l'assolement. — Houblon. — Création d'une houblonnière.
— Fumure. — Perches remplacées par le fil de fer. — Récolte
des produits. — Safran. — Terres qui lui conviennent. — Préparation. — Plantation des bulbes. — Récolte, dessiccation et
conservation du safran. — Cardère ou chardon à foulon. —
Semis. — Culture. — Récolte et préparation des têtes ou capitules. — Chicorée à café. — Semailles. — Éclaircissage du plant.
— Récolte des racines.

L'agriculture européenne admet un certain nombre de
plantes industrielles qui ne se rattachent à aucune des
catégories mentionnées dans les chapitres précédents; ces
plantes, quoique leur culture soit limitée à certains cantons,
ont une importance relative égale, toute proportion gardée,
à celle des autres végétaux utilisés par l'homme : les unes,
comme le tabac, répondent à des besoins factices, il est
vrai, mais pour ainsi dire universels; les autres, comme le
houblon, satisfont à des besoins réels se rattachant à l'alimentation.

Cette série de plantes industrielles comprend : le *tabac*,
le *houblon*, le *safran*, la *cardère* ou *chardon à foulon* et
la *chicorée à café*.

Tabac. La culture du *tabac* (*fig.* 28) n'est pas libre en
France : l'administration détermine chaque année les cantons où elle est permise et l'étendue des terres qui peuvent
lui être consacrées; les produits ne peuvent être vendus
qu'à la régie, qui proportionne ses autorisations aux besoins présumés. L'Algérie, dans un avenir prochain, pro-
duira toutes les qualités de tabac que la régie tire des divers
pays tropicaux : elle en fournit déjà des quantités importantes.

Sur le territoire français, la culture du tabac pour le compte de la régie est autorisée dans deux régions : celle du nord-est et celle du sud-ouest. Pour obtenir du tabac des récoltes abondantes et de bonne qualité, il ne suffit pas que la terre où il est cultivé soit fertile, il faut de plus que le principe calcaire s'y trouve dans une forte proportion; le tabac absorbe une quantité considérable de chaux dont rien ne retourne à la terre : les cendres d'un cigare ou d'une pipe sont formées en grande partie de carbonate de chaux. Le sol, pour la culture du tabac, doit recevoir deux ou trois labours profonds et une fumure de 60 à 80 mètres cubes d'engrais de bestiaux par hectare : le meilleur fumier pour la culture du tabac est le fumier des bêtes à laine.

Fig. 28.

Dans la région du nord-est (Alsace), on sème la graine de tabac dès la fin de février, soit sur des couches tièdes recouvertes de leur châssis vitré, soit sur des plates-bandes très-bien fumées et garnies de terreau, au pied d'un mur à l'exposition du midi. Dans ce dernier cas, des perches sont disposées au-dessus des semis pour pouvoir au besoin y jeter, pendant les nuits fraîches, une couverture de paillassons qu'on enlève dans la journée. Le plant ainsi cultivé en pépinière est assez fort pour être mis en place vers le milieu de mai, plus tôt ou plus tard selon le climat local, alors qu'il n'y a plus à craindre aucun retour de froids tardifs, auxquels le plant de tabac ne résiste pas. La transplantation se fait en lignes, à un mètre en tout sens. Deux précautions sont indispensables au moment de la mise en place : il faut prendre garde que la racine ne soit repliée sur elle-même dans le trou ouvert par le plantoir; le collet de la plante ne doit pas être enterré plus avant que la place où subsiste la marque des cotylédons ou feuilles séminales.

Le tabac a besoin de sarclages fréquents, car, pendant la première période de sa croissance, il craint beaucoup le voisinage de la mauvaise herbe. S'il survient des sécheresses prolongées, il faut en outre donner au sol un ou plusieurs binages, afin d'ouvrir sa surface aux influences atmosphériques et de permettre à la rosée des nuits d'y pénétrer pour le rafraîchir. On commence au mois d'août à récolter les feuilles du bas des plantes. Ces feuilles ne donnent qu'un tabac de qualité inférieure, qu'il importe de ne pas mélanger avec celui des feuilles du haut des tiges : ces dernières feuilles donnent toujours le meilleur tabac de chaque variété; pour leur faire prendre plus d'ampleur, après la récolte des feuilles du bas, on pince le sommet de la plante; la récolte doit être complétée du 20 au 25 août.

Dans la région du sud-ouest (*Nérac*), les soins de culture et les précautions pour la transplantation et la récolte sont les mêmes; on peut seulement élever le plant en pleine terre et le mettre en place de meilleure heure que dans le nord-est, conformément au climat local. Quelques plantes parmi les plus vigoureuses sont cultivées à part pour la production de la graine : on doit s'abstenir d'en récolter les feuilles. Partout où la culture du tabac est autorisée, sa place dans l'assolement est à la suite d'une récolte sarclée; il ne doit jamais succéder à une céréale.

Houblon. On cultive le *houblon* (*fig.* 29) pour les fruits qui succèdent à ses fleurs femelles; ces fruits, qui sont l'un des éléments indispensables de la fabrication de la bière, portent le nom particulier de *cônes,* parce que leur disposition rappelle celle des fruits des arbres résineux, pins, sapins, épicéas, mélèzes, de la famille des *conifères.* Le houblon est *dioïque,* c'est-à-dire qu'il porte des fleurs mâles et des fleurs femelles sur des pieds séparés. Bien que les plantes mâles ne soient d'aucune utilité directe, puisqu'elles ne produisent pas de cônes, il est bon néanmoins d'en introduire toujours quelques-unes dans les houblonnières; leur voisinage, en opérant la fécondation des fleurs femelles, donne à celles-ci plus d'ampleur et plus de qualité. Le sol qui convient le mieux au houblon est une terre riche et profonde, saine, mais fraîche, au pied d'un coteau assez élevé pour garantir la houblonnière contre l'action des vents violents.

Fig. 29.

Le houblon s'enracine si facilement de boutures, il fournit d'ailleurs un tel luxe de rejetons faciles à détacher de la souche pour la multiplication, qu'on ne le propage jamais par la voie des semis. Les boutures se font soit en pépinière, soit directement à la place qui leur est destinée dans la houblonnière : la première méthode est de beaucoup la meilleure. Lorsqu'on forme une houblonnière avec du plant de boutures élevées en pépinière, on peut les choisir tous d'égale force et obtenir ainsi une plantation uniforme sans perte de temps. C'est ce qui ne peut avoir lieu quand le plant de houblon est bouturé en place, parce qu'il y a toujours quelques boutures qui ne s'enracinent pas et qu'il faut nécessairement remplacer.

Le sol de la houblonnière veut être défoncé comme pour la culture de la garance[1]; il doit recevoir avant la plantation une fumure de 100 mètres cubes de fumier de bestiaux par hectare. Il y a deux manières de distribuer cette fumure : on peut la répandre et l'enfouir également dans toutes les parties du terrain, ou bien l'enterrer seulement à la place que les touffes de houblon doivent occuper. La place de ces touffes se détermine de la manière suivante : on trace à la charrue des sillons parallèles entre eux, de deux en deux mètres; on les croise par d'autres raies tracées à la même distance, à angle droit avec les premiers : les touffes de houblon sont plantées aux points de rencontre de ces raies. Quand la fumure est donnée seulement aux touffes, on la divise en tas le plus égaux possible, qu'on incorpore soigneusement à la terre en formant une butte peu élevée au sommet de laquelle on met en place cinq boutures enracinées ayant un an de pépinière. Dans la plupart des pays où le houblon est cultivé, on se chauffe principalement avec de la houille; si l'on dispose d'une bonne provision de cendres de houille tamisées, ces cendres, distribuées au pied de chaque touffe dans la proportion de 10 à 12 hectolitres par hectare, sont fort utiles à la prospérité de la houblonnière. Enfin, au moment de la plantation, chaque bouture reçoit une ou deux poignées d'un engrais très-énergique, dont le meilleur est le guano; à défaut de guano, on le remplace par la poudrette : l'un ou l'autre doit être mêlé à un volume de terre sèche égal au sien. Le terrain libre entre les touffes de houblon, qui prennent peu de développement l'année de leur mise en place, doit être sarclé et biné à plusieurs reprises; quand la fumure a été distribuée dans tout le terrain, ces intervalles peuvent être cultivés en choux, haricots ou autres légumes; si la fumure a été donnée exclusivement aux

---

1. Voyez *Plantes tinctoriales,* chap. XXI.

touffes de houblon, les intervalles, pour produire de bons légumes, ont besoin d'une fumure séparée pour leur propre compte.

Les tiges grimpantes du houblon, à mesure qu'elles s'allongent, ont besoin d'être attachées à des perches autour desquelles elles s'enroulent bientôt d'elles-mêmes; ces perches coûtent fort cher et doivent être souvent renouvelées, parce que la partie qui a séjourné en terre a besoin d'être rafraîchie chaque fois qu'on les remet en place, ce qui ne tarde pas à les rendre trop courtes. En France, où le prix du bois augmente, tandis que celui du fer diminue, les perches à houblon commencent à être remplacées par du gros fil de fer tendu au moyen de barres de fer droites placées de distance en distance dans la houblonnière; la substitution du fer au bois pour cet usage est déjà accomplie en Belgique et en Angleterre, où le houblon est cultivé sur une très-grande échelle.

La fumure doit être renouvelée chaque année au pied des touffes, moyennant quoi la durée de la houblonnière peut être de dix à douze ans; la plante, dont les tiges meurent tous les ans, est vivace par ses racines. La récolte des cônes du houblon se fait dans le courant de septembre; les perches sont abattues et couchées horizontalement à cet effet. Il faut beaucoup d'habitude pour saisir avec discernement le moment précis où le houblon est arrivé au point de maturité qui lui donne au plus haut degré les propriétés sur lesquelles est basée sa valeur commerciale. Le houblon récemment cueilli fermente avec tant de facilité, que s'il est trop entassé dans les corbeilles où on le dépose à mesure qu'il est cueilli, il peut s'y échauffer et s'y détériorer sensiblement. Il ne faut pas attendre que les corbeilles soient pleines pour porter les cônes sur le plancher d'un grenier bien aéré, où ils sont étendus en couche mince et fréquemment retournés jusqu'à leur complète dessiccation.

Safran. L'usage du *safran* a été autrefois beaucoup plus répandu qu'il ne l'est aujourd'hui, soit pour la cuisine, soit comme médicament; il est encore quelquefois usité pour la teinture fine en jaune clair. Sa culture reste cantonnée dans une partie du département du Loiret (*ancien Gâtinais*) : elle tend plutôt à décroître qu'à s'étendre, bien que le prix de son produit n'ait pas diminué. Le safran se plaît dans une bonne terre à froment, en pente à l'exposition du midi. Comme tous les oignons possibles, ceux du safran redoutent le contact du fumier récemment enfoui; on donne à la terre destinée à la culture du safran deux labours préparatoires en automne et une fumure ordinaire sur laquelle on sème une récolte fourragère, soit de vesce, soit d'orge escourgeon, qui doit être fauchée d'assez bonne heure au printemps de l'année suivante. Le sol, aussitôt après l'enlèvement de cette récolte, reçoit un labour à la bêche, après lequel il est divisé en planches, comme pour une culture jardinière. Les bulbes du safran, dont le volume est celui d'une petite noix, sont plantées en lignes dans ces planches, à 0^m,05 de profondeur et à la distance d'un décimètre en tout sens. L'époque la plus favorable pour la plantation, sous le climat du Loiret, est. le milieu de juillet; la plante fleurit en octobre. Il faut éliminer attentivement, au moment de la plantation, tous les oignons mous ou tachés, qui ne donneraient pas de fleurs.

Le safran fleurit successivement : on doit récolter les fleurs jour par jour, à mesure qu'elles s'épanouissent. La floraison dure cinq à six jours quand le temps lui est favorable; en cas de mauvais temps, elle peut durer douze à quinze jours. Les fleurs récoltées sont étendues sur une table recouverte d'un linge blanc; des femmes et des enfants les prennent une à une et coupent avec l'ongle du pouce le pistil, seul produit utile en vue duquel la plante est cultivée. C'est ce produit qui porte dans le commerce le nom de safran, comme la plante qui le donne.

On fait sécher le safran, avec de grandes précautions, au-dessus d'un feu de charbon de bois où il ne doit se trouver aucun fumeron; l'opération se fait dans des tamis de toile métallique recouverts de papier blanc. Le safran, amené au point désiré de dessiccation, est conservé dans des boîtes de fer-blanc où il est déposé par couches peu épaisses, séparées entre elles par des feuilles de papier.

Une bonne *safranière* dure trois ans : après quoi elle doit être renouvelée sur un autre terrain; celui qu'elle vient d'occuper est rendu à d'autres cultures; celle du safran ne peut y revenir qu'après un intervalle dont la durée varie de cinq à huit ans.

Cardère. La culture de la *cardère* (*fig.* 30), dont les têtes ou *capitules* garnis de piquants servent à donner le genre d'apprêt nommé *lainage* à la plupart des étoffes de laine, est pratiquée assez en grand dans les cantons manufacturiers du Nord, du Haut-Rhin, des Ardennes et de la Seine-Inférieure. La plante, plus connue sous son nom vulgaire de *chardon à foulon*, bien que ce ne soit pas un chardon, est bisannuelle; les terrains argileux et compactes, même quand ils ne sont pas très-fertiles, lui conviennent particu-lièrement. On sème la graine de cardère en avril, sur deux labours, un d'automne, un autre de printemps; la graine est répandue à la main dans des raies peu profondes, espacées entre elles de 0^m,50. Le plant doit être éclairci très-jeune, de manière à se trouver espacé dans les lignes à environ 0^m,40. La cardère reçoit deux ou trois binages la première année; on a soin pendant la seconde de détruire, à mesure qu'ils se montrent, les rejetons que la plante émet du collet de la racine. Les têtes sont mûres en juillet et août; elles sont coupées à mesure qu'elles mûrissent, en leur conservant une portion de leur pédoncule; on en forme des bottes en les assortissant par grosseur.

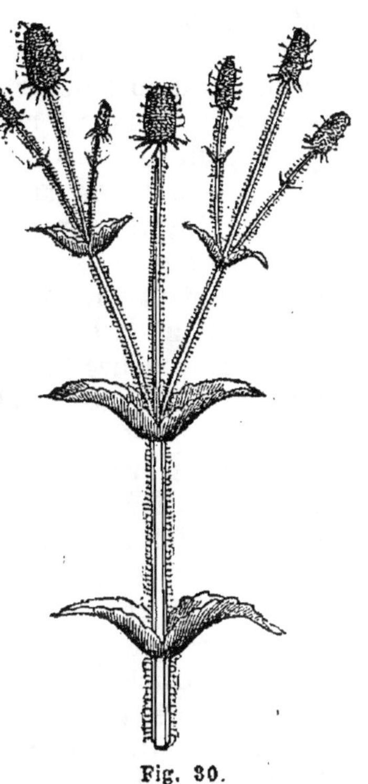

Fig. 30.

Pour obtenir de bonne graine de cardère, on réserve quelques pieds auxquels on ne laisse qu'un petit nombre de têtes, qu'on récolte à la fin du mois d'août quand la graine est complétement mûre; celle que contiennent les têtes récoltées pour l'usage industriel ne sont mûres qu'à moitié et ne pourraient être employées comme semence.

Chicorée à café. La chicorée, dont les racines torréfiées et broyées sont utilisées en mélange avec le café, n'est pas une espèce particulière : c'est la *chicorée sauvage commune*, dont la culture a rendu les racines plus volumineuses qu'elles ne le sont chez la plante croissant dans les lieux incultes. La chicorée cultivée pour la fabrication du café indigène, dont la consommation s'est soutenue malgré la baisse de prix du café colonial, se plaît dans les terres légères, mais riches et profondes, telles que celles des plaines du département du Nord, où elle est traitée en grande culture.

On sème en mars ou avril assez clair, à raison de 20 à 25 kilogrammes de graine par hectare, sur un seul labour suivi d'un hersage, après lequel on passe le rouleau. La graine, qui n'a pas besoin d'être enterrée, est simplement attachée au sol en passant de nouveau le rouleau sur la semaille. Quinze jours après que le plant est levé, on l'éclaircit, sans quoi les racines, trop rapprochées entre elles, ne deviendraient pas assez volumineuses; cette opération terminée, il n'y a plus à s'occuper de la chicorée à café que pour en arracher les racines vers la fin de l'automne. La plante étant bisannuelle, on en réserve quelques pieds comme porte-graine; elle ne fleurit qu'à sa seconde année. Les racines, insensibles au froid, peuvent rester en place et n'être arrachées qu'à mesure qu'on en a besoin pour alimenter la fabrication du café indigène.

Betterave à sucre. Quand la betterave est cultivée exclusivement en vue de l'extraction du sucre, sa culture diffère de celle à laquelle elle est soumise quand on la cultive uniquement comme racine fourragère. Dans ce dernier cas, elle est fumée à grand renfort d'engrais humain et de tourteaux de colza, ou bien on la fait succéder à une vieille luzerne rompue, ce qui donne des betteraves d'un volume énorme. Depuis que l'emploi des engrais chimiques s'est généralisé, des craintes ont été exprimées sur l'influence défavorable que ces engrais pourraient exercer quant à la richesse du jus de la betterave en sucre cristallisable. Des expériences concluantes, faites avec beaucoup de soin dans l'Aisne par M. Denoyon, ont démontré qu'une dose même assez élevée d'engrais chimiques, ajoutée au fumier d'étable employé à la culture de la betterave à sucre, augmente le volume des racines, sans diminuer la richesse en sucre de leur jus.

CHAPITRE XXIII.

Des assolements.

Théorie des assolements. — Soles. — Plantes épuisantes. — Plantes
améliorantes. — Notions qui déterminent l'adoption d'un bon
assolement. — Assolement triennal. — Jachère improductive;
ses inconvénients. — Demi-jachère; circonstances où elle peut
être utile. — Assolement alterne quadriennal; cultures qu'il
comprend; son application à une culture de 100 hectares;
accroissement de fertilité résultant de cette application. — Élas-
ticité de l'assolement alterne; variété de cultures qu'il peut
admettre; son influence sur la production des céréales. — Principe de l'alternance, base de tout assolement rationnel.

Après avoir exposé successivement les diverses cultures
qui peuvent prendre place dans nos champs, nous plaçons
à la suite de la cinquième section les *assolements* dans lesquels ces cultures peuvent figurer.

La terre, même la plus fertile, ne peut pas donner constamment les mêmes produits : certaines plantes épuisent
plus vite que d'autres sa force productive; quelques-unes
préparent le sol cultivé à divers autres genres de production; il y a, dans la succession des récoltes à demander à
la terre, un ordre à observer pour en obtenir la plus forte
somme possible de produits utiles, tout en la maintenant à
son maximum de fertilité. C'est sur les faits de cette nature, observés de toute antiquité, que repose la *théorie des
assolements.* Les cultivateurs désignent sous le nom de *sole*
la partie des terres de leur exploitation qu'ils consacrent à
une culture spéciale; un fermier dit dans ce sens : Ma *sole*
de froment, ma *sole* d'avoine. Régler l'assolement d'une
terre, c'est, d'une part, fixer l'étendue de chaque sole, de
l'autre, déterminer la place que chaque plante admise dans
l'assolement doit successivement occuper. On a vu dans les
chapitres précédents que plusieurs cultures donnent de
meilleurs résultats *en tête de l'assolement* qu'à toute autre
place relative dans la série de culture dont se compose l'as-

solement complet. Les terres cultivées peuvent, selon leur nature, admettre tour à tour toutes les plantes alimentaires, fourragères et industrielles dont la production est du domaine de l'agriculture : ce n'est qu'après avoir étudié les diverses séries de végétaux cultivés qu'on peut aborder la question des assolements.

Remarquons, en premier lieu, que les assolements ne sont pas d'invention humaine : la nature y soumet, à de longues périodes, les terres incultes et les forêts, sans l'intervention de l'homme. Les grandes forêts, comme celle de Compiègne, où dominent actuellement le hêtre et le charme, ont été peuplées de chênes dont il reste des débris séculaires en petit nombre; à un moment donné, le jeune plant de hêtre et de charme provenant de semis naturels a étouffé le plant de chêne, dont la terre était lasse, et la forêt épuisée s'est trouvée rajeunie; ailleurs, c'est le chêne ou bien quelque arbre d'essence résineuse qui s'est substitué au hêtre et au charme. La loi des assolements est donc une grande loi naturelle, dont l'agriculture fait l'application aux plantes de son ressort.

Toutes ces plantes, au point de vue des assolements, se divisent en deux séries, comprenant d'une part les plantes *épuisantes*, de l'autre les plantes *fertilisantes*. Les plantes épuisantes prennent au sol plus qu'elles ne lui rendent; quelques-unes ne lui rendent rien du tout, comme le tabac, le lin et le chanvre; ou presque rien, comme le colza, la navette, le pavot œillette et la cameline. Les céréales sont rangées parmi les plantes épuisantes, bien qu'elles rendent au sol leurs pailles sous forme de fumier; mais elles lui enlèvent d'autres principes qui, comme le phosphate de chaux nécessaire à la formation du grain, n'existent jamais qu'en très-petite quantité, soit dans le sol cultivable, soit dans les engrais.

Les plantes fertilisantes sont celles qui, comme toutes les légumineuses en général et les légumineuses fourragères en particulier, vivent plus aux dépens de l'atmosphère par leurs feuilles et leurs tiges qu'aux dépens de la terre par leurs racines. Ces plantes, soit qu'elles servent à nourrir des bestiaux dont le fumier est comme la nourriture de la terre, soit qu'on les enfouisse dans le sol à titre d'engrais végétal, comme lorsqu'on retourne une prairie artificielle de trèfle, de sainfoin ou de luzerne, augmentent la somme de principes fertilisants contenus dans la couche arable : elles sont donc essentiellement améliorantes. D'autres ne le sont que secondairement et sous un rapport spécial. La betterave, par exemple, n'épuise pas le sol quand les résidus de sa racine, après l'extraction du sucre, sont distribués au bétail et contribuent à grossir la provision d'engrais; elle rend aux cultures qu'elle précède le service de nettoyer à fond le sol, en raison des sarclages qu'exige sa culture, et de l'ameublir profondément en y plongeant ses racines volumineuses.

Les propriétés de chaque plante sous ce rapport étant bien connues, le cultivateur, s'il possède d'ailleurs des notions suffisamment approfondies sur la nature de la terre qu'il exploite, arrive sans peine à déterminer et à appliquer avec succès l'assolement qui lui convient le mieux. Le meilleur assolement est celui qui, sans fatiguer le sol, place chaque plante cultivée dans les conditions les plus favorables pour produire tout ce qu'on en peut attendre. Il ne peut être dérogé à cette loi que par le cultivateur que des circonstances exceptionnelles permettent de disposer en faveur de sa terre d'une quantité d'engrais telle que les cultures les plus épuisantes sont sans influence sur sa fertilité : c'est l'exception qui confirme la règle.

Quoique ces vérités soient très-anciennement connues, puisqu'on les trouve clairement exprimées dans les écrits des agronomes grecs et romains, le soin de fertiliser le sol ayant été, depuis la chute de l'empire romain, confié aux classes les moins éclairées des nations, la loi des assolements a été méconnue pendant des siècles : on y est revenu seulement dans les temps tout à fait modernes, l'accroissement incessant de la population chez toutes les nations civilisées ayant dirigé naturellement les études des hommes supérieurs vers les moyens d'accroître et de régulariser, par des assolements rationnels, la production des denrées agricoles. Cette transformation de l'agriculture, complétée en Angleterre, en Écosse, en Belgique et dans une grande partie de l'Allemagne, est beaucoup moins avancée en France. Une grande partie de nos terres à blé est encore soumise à l'assolement triennal, comprenant : première année, froment ou seigle, maigrement fumé;

deuxième année, avoine ou orge; troisième année, jachère complète.

Dans ce système vicieux de culture, la terre, une année sur trois, ne produit rien du tout. La jachère a longtemps passé pour un repos nécessaire, qu'il fallait accorder au sol cultivé pour réparer ses forces productrices. Il y a dans cette croyance, qui n'est pas encore entièrement abolie parmi les populations rurales, une double erreur. L'année où elle est en jachère, la terre ne se repose pas : elle produit de la mauvaise herbe, dont les graines et les racines vivaces salissent la couche arable, au détriment des récoltes subséquentes; puis, en réalité, la terre n'a pas plus besoin d'une inaction absolue que celui qui la cultive. Quand la jachère est remplacée par une culture de fourrage ou de racines qui donne au fermier le moyen de bien nourrir son bétail et de fumer ses champs sans parcimonie, la terre y gagne au lieu d'y perdre. Une demi-jachère, c'est-à-dire la moitié de la belle saison consacrée à donner au sol plusieurs labours sans lui demander aucun produit, n'est nécessaire que quand, par suite d'une culture longtemps négligée, la terre a été envahie par la mauvaise herbe dont il faut la débarrasser à tout prix; avec un bon système de culture, quelle que soit d'ailleurs la nature de la terre, cette nécessité n'existe jamais.

Dans toutes les exploitations dont les terres sont soumises à l'assolement triennal, l'alimentation du bétail se fonde exclusivement sur les pâturages, les prairies naturelles et le peu d'herbe que portent les terres en jachère. Les prairies naturelles permanentes ne changent pas de destination : elles occupent une grande surface de terrain fertile qui ne rentre jamais dans l'assolement; ainsi, l'assolement triennal ne donne que des produits de beaucoup inférieurs à ceux que la fertilité du sol permettrait d'en obtenir : la force productive des terres soumises à cet assolement tend à diminuer plutôt qu'à s'accroître.

Toutefois, il ne dépend pas toujours de la volonté du cultivateur d'abandonner ce système défectueux : il est souvent contraint d'y persévérer, bien qu'il en connaisse les défauts; c'est ce qui a lieu quand il ne peut obtenir du propriétaire un bail à plus long terme que les baux de trois, six et neuf ans, d'un usage encore trop général en France, et surtout quand il ne dispose pas d'un capital suffisant pour faire à la terre les avances que réclame un meilleur système de culture.

L'assolement le plus simple et le plus facile à substituer à l'assolement triennal est l'assolement alterne quadriennal, comprenant une récolte sarclée sur la fumure ; une céréale, froment ou seigle, la seconde année; un trèfle ou un sainfoin semé dans la céréale occupe le terrain la troisième année ; la céréale revient la quatrième année, avec une dose modérée d'engrais pulvérulent répandu en même temps que la semaille de la céréale.

Supposons, pour plus de clarté, cet assolement en vigueur dans une exploitation de 100 hectares. On aura chaque année 25 hectares à fumer fortement pour la culture sarclée, betteraves, colza, fèves, rutabagas, pommes de terre, ou toute autre plante du même genre, selon les besoins de l'exploitation ; 25 hectares de froment ou de seigle, selon la nature du sol, occupant le terrain fumé l'année précédente pour la récolte sarclée ; 25 hectares de prairies artificielles, trèfle ou sainfoin, semé dans la céréale de l'année précédente, et 25 hectares d'orge ou d'avoine semée sur le trèfle enfoui après avoir été une année entière en plein rapport. Avec les produits des récoltes comprises dans un tel assolement, le cultivateur n'a pas besoin de prairies naturelles; s'il en a en dehors des 100 hectares ainsi assolés, il n'en aura que plus de ressources pour la nourriture du bétail et la production de l'engrais. S'il n'en a pas, il peut s'en passer : les racines fourragères et le foin des 25 hectares de prairies artificielles suffiront amplement pour tenir ses bestiaux en bon état; ses blés ne verseront pas et ne seront pas envahis par la mauvaise herbe comme s'ils étaient semés directement sur la fumure, ainsi qu'ils le sont dans l'assolement triennal ; ses céréales donneront leur maximum de rendement en grain, et sa terre, sous l'influence améliorante du trèfle, du sainfoin et des fumures abondantes, ga gnera constamment en fertilité.

Il est facile de comprendre d'ailleurs tout ce que l'assolement quadriennal offre de facilités au cultivateur pou varier ses récoltes en proportion des débouchés, sans nuir à la production des céréales. Celles-ci ne se succédan jamais l'une à l'autre, mais *alternant* continuellement ave d'autres cultures, sont bien autrement productives que quand leur production revient sans relâche sur un sol appauvri, sans autre interruption qu'une année de jachère improductive. La suppression de la jachère permet au producteur de suivre le sage conseil de Mathieu de Dombasle, lorsqu'il disait à ses voisins : « Travaillez toujours les yeux tournés vers le marché. »

En effet, l'une des sources les plus assurées de la prospérité d'une exploitation rurale, c'est l'attention soutenue que doit apporter celui qui la dirige à ne produire que ce qu'il sait pouvoir vendre, et bien vendre. S'il suit l'assolement triennal, et que son bail lui impose l'obligation de ne pas *dessoler*, il a les bras liés : il est dans une ornière dont il ne peut pas sortir ; s'il est libre à cet égard, et que son bail soit au moins de douze années, il peut, sans déroger à la loi de l'alternance, sans déranger son assolement alterne, demander à la terre, indistinctement, tous les produits que sa nature comporte, toutes les plantes utiles dont telle ou telle circonstance peut lui rendre la culture avantageuse. Les adversaires de l'assolement alterne lui reprochent de tendre à diminuer la production des céréales, dont l'abondance est un des premiers besoins de la société : ce reproche n'est pas fondé. Il est vrai que l'assolement alterne de quatre ans, de six ans, ou d'une périodicité plus longue, admet dans un temps donné un moins grand nombre de récoltes de froment qne l'ancien assolement triennal ; mais l'abondance des engrais qu'il permet de donner au sol élève tellement le rendement en grain, que la production totale, loin d'en être réduite, se trouve très-sensiblement augmentée.

Les diverses rotations de récoltes qu'admettent les assolements plus ou moins prolongés, conformément aux conditions économiques de nos différentes régions agricoles, ne peuvent trouver place ici ; tous les assolements rationnels ont pour base le principe de l'alternance : ce principe bien appliqué suffit à toutes les exigences de l'agriculture la plus avancée.

SECTION V. ARBORICULTURE.

CHAPITRE XXIV.

Des vergers.

Vergers. — Pommiers et poiriers. — Masures. — Prairies arborées. — Sauvageons. — Égrains; greffés en pépinière; greffés en place. — Taille. — Récolte des fruits. — Fabrication du cidre. — Pommes précoces, moyennes, tardives, douces, acides. — *Somme* de pommes de 100 kilogr. — Fermentation préalable des pommes en tas. — *Motte,* charge d'un pressoir : 2 400 kilogr.; son rendement en cidre. — Cidre pur; cidre moyen. — Poiré; ses propriétés. — Puceron lanigère; moyen de le détruire. — Coulinage. — Cerisiers; intercalés dans les vergers; âge auquel on les supprime. — Pruniers; robe de sergent; perdrigon violet; pistoles; gros Damas violet. — Pruneaux de Tours; espacement; taille; échenillage. — Prunier quetsche. — Alcool de prunes.

On nomme *verger* tout terrain consacré exclusivement ou principalement à la culture des arbres fruitiers. La culture de plusieurs genres d'arbres se rattache intimement à l'agriculture, dont elle constitue une division distincte. Ces arbres sont les *pommiers* et les *poiriers,* dont le fruit sert à faire le cidre et le poiré, qui remplacent le vin dans les pays où la vigne ne peut être cultivée; les *pruniers,* dont on fait sécher les prunes pour les convertir en pruneaux ; les *cerisiers,* temporairement intercalés dans les rangs des pommiers et des poiriers; la *vigne,* source principale de richesse d'un grand nombre de nos départements ; l'*olivier,* le premier des arbres à fruits de notre extrême frontière méridionale, et le *mûrier,* dont la feuille précieuse sert à nourrir le ver à soie.

Pommiers et poiriers. Dans toute la région nord-ouest de la France, comprenant les anciennes provinces de Normandie, de Picardie et de Bretagne, dont le climat est impropre à la culture de la vigne, les *pommiers* et *poiriers* qui produisent les fruits à cidre sont cultivés dans de grands vergers dont le sol est le plus souvent occupé par une prairie naturelle ou artificielle ; ces vergers sont nommés dans la Normandie des *masures*, et dans le Nord, ainsi que dans la Belgique wallonne, des *prairies arborées*.

On a longtemps élevé en pépinière, pour la plantation des vergers, des *sauvageons* recherchés dans les bois, où ils se multiplient sans l'intervention de l'homme, soit comme rejetons de vieilles souches, soit par le semis naturel de pepins des fruits sauvages. Cet usage est depuis longtemps abandonné dans tous les départements à cidre. Les jeunes arbres fruitiers, désignés sous le nom d'*égrains*, s'obtiennent de semis et sont greffés en fente à l'âge de cinq à six ans. Mais le plus souvent on met en place dans le verger des égrains non greffés, qu'on greffe un an ou deux plus tard, lorsque leurs racines se sont bien emparées du terrain.

Les égrains, greffés ou non, se mettent en place, ceux des espèces les moins développées à 10 mètres, et ceux des grandes espèces à 12 mètres de distance en tout sens. Ces arbres sont en général lents à se développer : ce n'est guère qu'après sept à huit ans de plantation qu'ils commencent à donner des produits assez abondants ; mais lorsqu'ils sont en bon terrain et qu'on en prend des soins convenables, ils restent très-longtemps en plein rapport : ils donnent généralement une pleine récolte tous les deux ans, autant les poiriers que les pommiers. La taille consiste à retrancher tous les trois ou quatre ans les branches mortes ou malades, et celles qui encombrent l'intérieur des arbres et qui ne portent jamais de fruits. Ce retranchement se fait très-commodément avec un outil semblable à un ciseau de menuisier, adapté au bout d'un très-long manche. L'ouvrier, sans monter sur l'arbre, applique la lame de l'instrument sous la branche à supprimer ; il la coupe net, de bas en haut, en frappant avec un maillet sur le bout inférieur du manche.

Lorsqu'on récolte les pommes et les poires, il ne faut *gauler* les arbres qu'avec de grands ménagements, pour ne pas endommager les branches à fruit ; la récolte se fait successivement; la chute des fruits sains qui se détachent d'eux-mêmes de la branche, bien qu'ils ne soient pas attaqués des insectes, est l'indice le plus certain du moment où il convient d'abattre les fruits à cidre. Les pommiers à cidre sont compris dans deux séries, celle des arbres à fruit doux et celle des arbres à fruit aigre. Lorsqu'on plante un verger, il faut avoir soin d'y admettre les pommiers à fruit doux en nombre à peu près égal à celui des pommiers à fruit âpre ou acide. Si la localité est sujette à des vents violents en automne, il faut donner la préférence aux arbres dont les fruits, comme ceux des pommiers de râteau et de court-pendu, adhèrent le plus fortement à la branche et risquent le moins d'en être détachés avant leur parfaite maturité.

Cidre. L'usage du *cidre* est tellement répandu, et ce produit tient une place tellement importante parmi les produits de l'agriculture d'un grand nombre de nos départements, qu'il est utile d'en décrire la fabrication.

Les pommes, d'après les époques diverses auxquelles elles mûrissent, sont classées en *précoces*, mûres en septembre, *moyennes,* mûres en octobre, et *tardives*, dont la récolte se prolonge jusqu'à la fin de novembre. Les pommes précoces donnent en général un cidre agréable qu'on peut boire après six mois de fermentation, mais qui ne se conserve pas; celui des pommes moyennes doit fermenter de sept à dix mois : il peut se garder deux ans; celui des pommes tardives fermente de dix à vingt mois : il se garde trois et même quatre ans. Pour faire le cidre de garde, on mêle habituellement par parties égales les pommes moyennes et les tardives.

Sous un autre point de vue, les pommes à cidre se divisent en *pommes douces* et *pommes acides* ou plutôt *acerbes ;* ces dernières sont quelquefois d'une âpreté intolérable que la fermentation détruit et dont le cidre ne conserve pas de traces. On mêle les pommes douces et les acides; il s'en trouve dans les trois séries des pommes hâtives ou précoces, moyennes et tardives.

Au moment de la récolte, on élimine avec soin les fruits pourris : ils donneraient au cidre un mauvais goût que la fermentation ne ferait pas disparaître. On désigne en Normandie et en Picardie sous le nom de *somme* un sac de pommes du poids de 100 kilogr. Le prix de la somme de pommes varie de 3 à 8 fr., selon les années et selon la qualité du fruit.

Avant de broyer les pommes pour en extraire le cidre, on les met en tas pour leur faire subir un léger mouvement de fermentation qui, sans les faire devenir blettes, complète leur maturité. Les tas exhalent alors une odeur particulière, indice du moment où il convient d'en faire du cidre. Les pommes sont d'abord broyées dans une auge circulaire de pierre dure par une roue également de pierre qui tourne sur champ au moyen d'un manége. La charge d'un pressoir porte le nom de *motte;* elle est ordinairement formée de vingt-quatre sommes, soit 2,400 kilogrammes. Avant de faire agir la vis du pressoir, on laisse découler de la motte de pommes pilées une partie du jus : c'est le cidre de *mère goutte*, le meilleur de tous. Une motte donne en moyenne 10 hectolitres de bon cidre pur et 600 litres de cidre moyen, obtenu en broyant de nouveau le marc de pommes avec une certaine quantité d'eau. C'est un rendement de 16 hectolitres, dont le prix varie de 5 à 15 fr. l'hectolitre. Très-souvent, dans les mauvaises années, on ne fabrique pas de cidre pur : toute la motte est convertie en cidre moyen, et la totalité des pommes est broyée avec de l'eau; elle rend en pareil cas 30 hectolitres de cidre passable qui peut se conserver deux à trois ans.

La plupart des indications qui précèdent se rapportent au poiré comme au cidre. Les poires doivent être broyées, les unes à moitié vertes, les autres presque blettes, selon l'espèce à laquelle elles appartiennent. Le rendement des poires en jus est à peu près le même que celui des pommes. Le poiré éprouve une fermentation plus violente que le cidre de pommes; il est plus spiritueux et cause une ivresse très-pénible : il ne faut en user qu'avec beaucoup de modération.

Les pommiers ont pour principal ennemi parmi les insectes le puceron lanigère, qui suce leur écorce et y produit des plaies dangereuses, souvent mortelles. Après de nombreux essais, on a trouvé, pour la destruction de cet insecte, le procédé d'un effet certain connu sous le nom de *coulinage :* il consiste à promener sur toute l'écorce de l'arbre la flamme d'une torche de paille tordue qui, sans

endommager l'arbre pendant le repos de sa végétation,
grille le poil qui recouvre le corps du puceron lanigère et le
fait périr.

Cerisier. Dans les vergers situés assez près des grandes
villes pour que la vente des cerises soit assurée, il est avantageux de planter un *cerisier* de bonne espèce entre deux
poiriers ou pommiers. Ces arbres, dont la croissance est
beaucoup plus rapide que celle des arbres fruitiers à cidre,
occupent utilement le terrain tandis que leurs voisins grandissent. A l'âge de vingt à vingt-cinq ans, lorsque leur voisinage devient gênant pour les pommiers et poiriers, on
supprime les cerisiers; ils ont pris alors toute leur croissance; leur bois a une assez grande valeur pour l'ébénis-
terie commune : il est surtout recherché pour la fabrication
des chaises.

Les catalogues de pommiers et poiriers produisant des
fruits à cidre contiennent des centaines de noms; les sous-
variétés sont, pour ainsi dire, innombrables : chaque canton
a les siennes, et leur nomenclature est fort embrouillée.
Quant aux cerisiers, les espèces anglaises précoces et les
portugaises sont les meilleures à planter dans les intervalles
des pommiers et poiriers à cidre.

Pruniers. Dans plusieurs départements du midi de la
France, on cultive quelques espèces de *pruniers* dont les
fruits servent à faire des pruneaux, dans des vergers aussi
étendus que ceux de pommiers et de poiriers des départements du nord-ouest. La meilleure espèce est connue sous
le nom de *robe de sergent* : c'est une prune longue, violette,
presque noire. L'espèce se maintient par le semis de ses
noyaux : elle n'a pas besoin d'être greffée. Dans le Var, la
prune nommée *perdrigon violet*, à demi séchée et dépouillée
de sa peau et de son noyau, prend le nom de *pistole* : il s'en
prépare des quantités très-considérables. Cette prune ne se
propage que par la greffe en écusson, sur sujets de semis de
damas violet ou de saint-julien.

Dans le centre, on forme de grands vergers de pruniers
de damas à gros fruit; c'est avec les prunes de gros damas
violet qu'on prépare les excellents pruneaux de Tours, supérieurs même à ceux du Midi connus sous le nom de pruneaux d'Agen. Les pruniers, dans les grands vergers du Midi

et d'Indre-et-Loire, se plantent déjà forts, ayant quatre à cinq ans de pépinière, à 8 mètres en tout sens. Ces arbres, comme tous les arbres à bois gommeux, *n'aiment pas le fer*, selon l'expression très-juste des cultivateurs; on les taille seulement pour enlever en hiver le bois mort ou malade, et s'il y a lieu d'amputer de fortes branches, on recouvre soigneusement la plaie avec de la cire à greffer. Le prunier est celui des arbres à fruits qui est le plus sujet aux attaques des chenilles de divers insectes lépidoptères : il doit être échenillé avec beaucoup de soin.

On rencontre dans une partie de l'Alsace d'assez grands vergers de pruniers de sainte-catherine, de la variété nommée *quetsche*. Les prunes de ces arbres servent à faire des pruneaux communs qui se consomment dans le pays. Lorsqu'elles sont très-abondantes, on les fait fermenter pour en extraire par la distillation une certaine quantité d'alcool de qualité inférieure.

CHAPITRE XXV.

De la vigne.

De la vigne. — Son importance dans l'agriculture française. — Cépages les plus répandus : dans les vignobles du Nord; dans ceux du Midi. — Sol qui convient à la vigne. — Multiplication. — Semis. — Marcottes ou provins. — Boutures en pépinière; en place. — Greffe; ses effets. — Plantation : à la bêche; à la taravelle. — Espacement des ceps; hautains. — Vignes basses, sans échalas. — Échalas de chêne, de châtaignier, de robinier. — Taille; son principe; ses effets. — Coursons. — Sautelles. — Ébourgeonnement. — Fumure. — Engrais végétal. — Lupin. — Façons. — Vendanges. — Foulage. — Décuvage.

La *vigne* est un des végétaux qui concourent le plus à la richesse agricole de la France; c'est en France que se produisent les vins sinon les meilleurs, du moins les plus salubres et les plus agréables à boire de toute l'Europe; l'usage habituel des vins légers est pour beaucoup dans le caractère général de la nation.

Les espèces, variétés et sous-variétés de *cépages* qui peuplent nos vignobles sont excessivement nombreuses. Au nord du 46ᵉ degré, dans les vignobles renommés de la Bourgogne, de la Champagne, de la Moselle, et dans ceux moins célèbres mais non moins productifs de la vallée de la Loire, les diverses espèces de *pineau*, de *meunier* et de *gamet* tiennent la place principale; au sud du 46ᵉ degré, dans les vignobles de Bordeaux, du Roussillon, du Languedoc et de tout le Midi, le *picardan*, le *grenache*, les *muscats*, les *blanquettes*, le *pique-poule*, sont les cépages les plus répandus; il y faut ajouter, au nord comme au sud du 46ᵉ degré, le *gros noir* ou *teinturier*, qui n'influe pas sur la qualité des vins : il a seulement pour fonctions de les colorer.

L'un des plus grands avantages que présente la culture de la vigne, c'est qu'elle peut croître et donner de bons produits sur des terrains trop peu fertiles pour être livrés avec avantage à d'autres cultures; la vigne se plaît surtout dans les terrains en pente, à l'exposition du midi. Dans un sol riche et fertile, ses produits sont abondants, mais de qualité inférieure : telles sont les vignes des plaines au sol profond de la Charente; le vin fabriqué avec le raisin de ces vignes n'est, pour ainsi dire, pas potable; il n'est bon qu'à être *brûlé*, c'est-à-dire distillé pour en extraire l'alcool.

Multiplication. On multiplie la vigne par le *semis* des pepins de raisin, par *marcottes*, par *boutures* et par *greffe*. Les semis ne sont usités que par les pépiniéristes, dans l'espoir d'obtenir de bonnes variétés nouvelles, soit pour les jardins fruitiers, soit pour les vignobles. Le plant de semis fait attendre plusieurs années son premier raisin, qui le plus souvent se trouve n'avoir aucune valeur.

Le genre de marcotte usité pour la propagation de la vigne porte le nom particulier de *provignage;* les plants qui en résultent se nomment *provins.* Pour provigner, on déchausse le pied des vieux ceps, sur un rayon de 50 à 60 centimètres, à la profondeur de 25 à 40 centimètres. Des sarments vigoureux, d'une belle venue, réservés à la taille pour cette destination, sont courbés et maintenus en contact avec la terre du fond de cette fosse, au moyen de crochets de bois; leur extrémité est relevée au bout opposé de la fosse : elle doit avoir un ou tout au plus deux yeux hors de terre. La partie couchée du sarment provigné est recouverte de 15 à 25 centimètres de terre. Les provins sont *sevrés,* c'est-à-dire détachés du cep, l'année qui suit celle où ils se sont enracinés. Ce mode de multiplication est très-usité pour remplir dans les vignobles les vides causés par l'épuisement ou la mort accidentelle des vieux ceps; il permet de rajeunir complétement une vieille vigne, sans apporter, pour ainsi dire, d'interruption dans ses produits.

Les boutures de vigne se font avec des bouts de bons sarments, longs de 25 à 45 centimètres. Dans le Nord, les boutures se font en pépinière; on ne met en place que du plant de boutures enracinées. Les sarments qu'on se propose de bouturer sont choisis à l'époque de la taille et mis *en jauge,* c'est-à-dire enterrés à demi pour passer l'hiver, au pied d'un mur au midi, à l'abri de la gelée. Au printemps, les boutures sont plantées en pépinière, à 6 ou 8 centimètres les unes des autres, dans une position inclinée, avec un ou deux yeux hors de terre; elles s'y enracinent pendant l'été et peuvent être plantées à demeure, soit à l'entrée de l'hiver, soit au printemps de l'année suivante, avant la reprise de la végétation.

Dans les vignobles du Midi, le vigneron compte assez sur l'activité de la séve pour considérer chaque bouture comme devant, dans le cours de la belle saison, devenir un plant enraciné; il met les boutures à leur place définitive, dans le sol préparé comme pour une plantation.

La greffe de la vigne se pratique sur le bas des sarments. On ouvre entre deux nœuds une fente longitudinale dans laquelle on insère le bout de la greffe taillée en coin; la greffe est maintenue par une ligature de laine ou par de la cire à greffer. Ce mode de propagation de la vigne est surtout usité lorsqu'on veut, sans être forcé de renouveler la plantation en arrachant des ceps tout formés, changer les cépages dont se compose un vignoble.

Plantation. Lorsqu'on se propose de consacrer à la vigne un terrain dont la nature et l'exposition lui conviennent, on le soumet le plus souvent pendant un an à une culture de pommes de terre ou de racines fourragères sarclées. A la suite de cette culture, le sol est profondément défoncé à la bêche, en déracinant à l'aide de la pioche les pierres que le sous-sol peut contenir. Le plant est assorti selon les exigences du sol et du climat local et mis en place de diverses manières. Dans les terrains assez facilement pénétrables, tels que sont la plupart des vignobles de Bordeaux, de Bourgogne et de Champagne, on plante en ouvrant des fosses où les racines du plant sont étalées et recouvertes de la meilleure terre de la surface réservée à cet effet. Dans l'Orléanais et dans tous les vignobles des bords de la Loire, on met en place le plant de vigne enraciné, à peu près comme les cultivateurs du nord de la Belgique plantent le colza d'hiver [1]. Un ouvrier enfonce le fer de sa bêche dans le sol préparé ; il ramène l'instrument à lui en formant un vide où un autre ouvrier qui l'accompagne insère un plant muni de racines ; le planteur retire alors sa bêche et comprime avec son pied la terre autour du plant mis en place.

Dans les terrains pierreux, à sous-sol très-dur, où d'ailleurs la vigne peut réussir et donner de très-bons produits, on plante la vigne en pratiquant des trous à l'aide d'une grosse barre de fer terminée en pointe, munie d'un manche en forme de T, et à laquelle on adapte une traverse au moyen des ouvertures dont elle est percée de distance en distance : cet instrument se nomme *taravelle*.

L'espacement des plants varie selon la force que les ceps doivent acquérir, et aussi selon la nature du sol. Dans la plupart de nos vignobles, on plante deux rangs à 60 centimètres l'un de l'autre, en espaçant également les plants dans les lignes à 60 centimètres ; on laisse ensuite un intervalle vide d'un mètre, après lequel on plante deux nouveaux rangs, et ainsi de suite. Dans une partie du Midi, les vignes sont plantées de même sur deux rangs, mais les intervalles sont de 3 ou même de 4 mètres ; on les cultive en céréales ou en légumineuses, et le plus souvent on plante un rang d'oliviers à égale distance de chaque double rangée de ceps.

Le mode de plantation diffère quand la vigne doit être dirigée en *hautains* et recevoir pour point d'appui des

1. Voyez *Plantes oléifères,* chap. xx.

ormes ou d'autres arbres plantés d'avance dans ce but. On plante, selon les terrains et les usages locaux, deux, trois ou même quatre ceps au pied de l'arbre qui doit les soutenir. Partout ailleurs, les vignes sont conduites près de terre. Dans la plus grande partie des vignobles du Midi, les sarments chargés de grappes rampent sur le sol : on ne leur donne aucun soutien ; dans ceux du centre et au nord du bassin de la Loire, les sarments de chaque cep sont soutenus par un *échalas*. Bien qu'on ait soin de charbonner la partie des échalas qui doit séjourner en terre, les échalas durent peu ; la nécessité de les renouveler est une des dépenses les plus lourdes de la culture des vignes qui ont besoin d'être échalassées. Les échalas de bois de chêne sont les plus durables, mais les plus chers ; le plus souvent, on les fait en bois de châtaignier ou de robinier (faux acacia).

Taille. L'opération la plus importante de la culture de la vigne, c'est la taille. Les principes de la taille rationnelle de la vigne sont basés sur la manière particulière dont elle accomplit le cours annuel de sa végétation. Le fruit de la vigne ne peut jamais se produire que sur le jeune bois qui naît chaque année de l'œil ou bourgeon, lequel est en même temps à bois et à fruit. L'œil de la vigne porte le nom particulier de *bourre*, en raison d'un duvet doux, laineux, dont il est enveloppé et qui sert à le préserver des effets du froid quand la température n'est pas trop rigoureuse. Lorsqu'on ne taille point une vigne, toutes ses bourres donnent chacune leur sarment ; celles du bas seulement donnent une ou deux grappes peu fournies ; la branche ayant un trop grand nombre de sarments à nourrir, la plupart des fleurs *coulent* et ne donnent pas de grains de raisin. Lorsqu'on taille une vigne, on laisse seulement à chaque cep autant de sarments qu'il en peut porter selon sa force ; chacun de ces sarments, après avoir porté un certain nombre de grappes, est taillé sur deux ou trois yeux, quelquefois sur un seul œil, selon la vigueur du cep. Celui-ci ne peut donc jamais porter que de jeunes sarments, les seuls qui portent fruits, et un certain nombre de *coursons*, c'est-à-dire de branches plus ou moins anciennes sur lesquelles naissent les sarments chargés annuellement de produire une récolte quelconque. On comprend qu'il faut tailler plus long ou plus court, laisser à chaque cep plus ou moins de coursons, et à ceux-ci plus ou moins de *bourres*, selon les conditions particulières de chaque vignoble. En été, les sarments qui s'allongent outre mesure, en attirant à eux la séve aux dépens du grossissement du raisin, doivent être plus ou moins raccourcis : cette opération se nomme *ébourgeonnement*.

Dans les bons terrains, outre les coursons, on réserve sur les ceps les plus robustes un sarment dont on taille seulement l'extrémité supérieure. Ce sarment est *arqué*, c'est-à-dire courbé en forme d'arc, en le rattachant à un cep voisin de celui qui le porte. Dans plusieurs vignobles, le sarment arqué est désigné sous le nom de *sautelle*. Quelquefois le bout du sarment arqué est enfoncé en terre et y prend racine, ce qui le convertit en *provin*. Toutes les bourres du sarment arqué s'ouvrent en sarments à fruits, ce qui donne une production abondante, mais aux dépens de la qualité du raisin. Le procédé de l'arqûre n'est usité qu'à l'égard des vignobles de second ou de troisième rang ; on s'en abstient dans ceux qui donnent les vins de prix. A la taille de l'année suivante, les rameaux arqués, considérés comme supplémentaires, sont ou supprimés entièrement ou taillés sur un seul œil.

Fumure. Il ne faut donner aux vignes que des engrais très-avancés en décomposition ; le fumier en fermentation peut accroître la production outre mesure, mais gâter entièrement la qualité des produits. Les crus les plus renommés ne reçoivent presque jamais de fumier. S'ils sont en pente, on reprend tous les ans au bas du coteau la bonne terre entraînée par les pluies : elle est reportée sur la partie supérieure du vignoble. On sème dans les intervalles des lignes de ceps du *lupin commun*, qu'on enfouit comme engrais végétal au moment où il est en fleur ; on enterre au pied des ceps les sarments, soit verts et chargés de feuilles, soit secs, grossièrement hachés, provenant de la taille et de l'ébourgeonnement. Ces deux dernières manières de fumer la vigne sont celles qui lui profitent le plus ; elles n'exercent d'influence que dans un sens favorable sur les produits des meilleurs vignobles.

Façons. Le vigneron est presque constamment occupé dans sa vigne ; elle réclame trois façons au moins, quelquefois quatre. La première, en automne, quand la vendange est faite, se donne à la bêche ou bien avec la houe à deux dents, nommée en Provence *béchard*. La terre est levée en grosses mottes et reste le plus souvent en cet état jusqu'à l'année suivante. La seconde façon, plus superficielle, n'est presque qu'un simple binage ; elle se donne quand la vigne a passé fleur et que le raisin commence à nouer. La troisième, également peu profonde, se donne quand le raisin commence à *tourner*, c'est-à-dire à devenir transparent s'il est blanc, et à changer de nuance s'il est plus ou moins coloré. Dans les vignobles de la Loire, on donne une quatrième façon peu de temps avant les vendanges.

Vendanges. Il ne faut vendanger le raisin que par un beau temps, lorsqu'il est le plus mûr possible. S'il ne l'est pas tout à fait autant que le vigneron peut le souhaiter, mais que l'état de la température soit tel qu'il ne puisse, en restant sur le cep, que pourrir au lieu de compléter sa maturité, il faut profiter des derniers beaux jours pour vendanger : on ne gagnerait rien à attendre. La queue des grappes doit être coupée au ras du sarment, soit avec de forts ciseaux, soit avec la serpette ou le sécateur. Dans les vignobles renommés, on vendange toujours à deux reprises, afin de laisser mûrir les grappes en retard et de prendre précisément à leur point celles qui mûrissent les premières.

Le raisin, porté dans la cuve, est foulé au moyen de pièces de bois dur, d'un décimètre d'équarrissage, munies d'un long manche. La fermentation dure plus ou moins de temps, selon le degré de maturité du raisin et l'état de la température au moment des vendanges. Au *décuvage*, on laisse écouler sans pression le vin encore doux : c'est ce qu'on nomme la *mère goutte ;* ce vin complète sa fermentation dans les tonneaux, après quoi il peut être mis en bouteilles. Le marc égoutté est porté au pressoir et donne encore une certaine quantité de vin de seconde qualité. Souvent on laisse fermenter complétement le marc, pour en extraire de l'eau-de-vie par la distillation.

L'art de préparer, de conserver et de soigner les vins,

bien qu'il se rattache à la profession du vigneron, sort du domaine de l'agriculture.

CHAPITRE XXVI.

De l'olivier et du mûrier.

Olivier; ses défauts; ses avantages. — Principales espèces. — Olivier amélingue, cournaud, verdeau, cayanne; olivier sage des Pyrénées. — Pourquoi ce dernier résiste à la gelée. — Multiplication. — Rejetons. — Plant de semis. — Greffe. — Choix des oliviers en pépinière. — Plantation. — Espacement. — Fumure. — Taille; ses principes; son but. — Insectes ennemis de l'olivier. — Kermès. — Trips. — Récolte et détritage des olives. — Spolpoliva de Stankowitch. — Olives à la saumure, pour hors-d'œuvre. — Mûrier; blanc commun; moretti; multicaule ou des Philippines. — Récolte de la graine. — Semis. — Greffe. — Culture en pépinière. — Plantation; durée. — Récolte de la feuille. — Pourette

Bien que la culture de l'olivier soit cantonnée en France dans quelques-uns de nos départements les plus méridionaux, et que le mûrier, moins sensible au froid, ne puisse pourtant pas être cultivé dans toutes nos régions agricoles, ces deux arbres ont une telle importance, l'un pour la production de la meilleure des huiles comestibles, l'autre pour l'éducation des vers à soie, que tous deux méritent une place à part dans l'étude de l'arboriculture au point de vue agricole.

Olivier. Les anciens accordaient à *l'olivier* le premier rang parmi les arbres fruitiers : il le mérite en effet partout où il peut croître. On lui reproche, dans nos départements du Midi, de ne donner que des récoltes très-irrégulières ; il lui arrive aussi périodiquement d'être atteint par la gelée, ce qui oblige à le *receper* sur les branches principales et le rend pendant plusieurs années complétement improductif. Mais, d'une part, il compense ce défaut par l'avantage d'être pour ainsi dire éternel et de se refaire toujours de tous les désastres semblables, au bout d'un temps plus ou moins long ; de l'autre, ces désastres eux-mêmes, ainsi que l'irrégularité des récoltes, peuvent être évités par un bon choix des espèces appropriées à chaque localité et par une taille intelligente.

Principales espèces. Les variétés d'olivier les plus cultivées en France sont l'*olivier amélingue* ou *plant d'Aix*, le *cournaud* ou *plant de Salon*, la *verdale* ou le *verdeau*, la *cayanne de Marseille* et l'*olivier sage des Pyrénées*. Ce dernier, qui mérite d'être préféré à tous les autres, gèle très-rarement, bien qu'il soit aussi sensible au froid que le sont tous les oliviers. En général, un arbre n'est atteint par la gelée que lorsqu'elle le surprend pendant l'activité de sa séve ; il y est à peine sensible tant que dure le sommeil de sa végétation. Celle de l'olivier ne sommeille jamais complétement ; il en est de même de tous les arbres qui sont, comme lui, à feuilles persistantes ; elle éprouve seulement un temps d'arrêt, très-court chez la plupart des variétés d'olivier, plus durable et plus prononcé chez l'olivier sage des Pyrénées. Si, quand il recommence à pousser et à fleurir, un froid d'un ou de deux degrés seulement vient à le surprendre, il est gelé ; mais le plus souvent, lorsqu'il se décide à fleurir, toutes les chances de froid tardif sont dissipées : de là son surnom et ses droits bien fondés à la première place parmi les oliviers cultivables sur le sol de la France.

Multiplication. On multiplie l'olivier par la séparation des rejetons enracinés, toujours nombreux au pied des vieilles souches, par le semis des noyaux d'olives et par la greffe : le premier de ces procédés est encore le plus usité. Les collines incultes du département du Var, couvertes aujourd'hui d'une végétation sauvage, ont été plantées d'oliviers à une époque impossible à préciser. Les vieilles souches éparses sur les pentes boisées de ces collines donnent continuellement des rejetons, qu'on recherche pour les élever en pépinière ou bien pour les planter à demeure et les greffer en place au bout de quelques années. Ce plant sauvage, né de souches antiques et sans vigueur, est de beaucoup inférieur au plant qu'on obtient de semis dans les pépinières bien tenues. Lorsqu'on sème des noyaux d'olives

entiers, ils ne lèvent qu'au bout de deux ans ; il faut semer
serré, car le plus grand nombre est détruit en terre par les
petits rongeurs ou par les larves de divers insectes. On
obtient du plant d'oliviers dès la première année en semant
des amandes d'olives séparées de leur coque au moyen
d'une sorte de casse-noisette fait exprès pour cet usage, qui
brise le noyau de consistance cornée sans endommager
l'amande. L'olivier se greffe en place ou en pépinière, en
écusson sur le jeune bois, en fente sur le vieux bois. Lorsqu'on achète de jeunes oliviers en pépinière, on doit faire
attention aux conditions sous l'influence desquelles ils ont
été élevés ; il faut qu'ils se trouvent, après leur mise en
place, aussi favorablement, quant à l'exposition et à la fertilité du sol, qu'ils ont pu l'être dans la pépinière ; on peut
compter qu'ils languiront longtemps, s'ils sortent d'une position abritée dans un sol saturé d'engrais, pour passer dans
une terre médiocrement fertile et dans une situation découverte.

Plantation. L'olivier se plante en lignes, à 8 ou 10 mètres en tout sens. Les fosses doivent être ouvertes dès le
mois de juillet ; au moment de la plantation en novembre,
on mouille abondamment la terre extraite des trous, et
l'on y mêle une certaine quantité de *balle* de froment ou
d'avoine avant de l'étendre sur les racines de l'olivier. Les
terres plantées d'oliviers sont habituellement occupées par
diverses cultures ; l'olivier profite plus ou moins des fumures que ces cultures reçoivent ; on lui donne en outre
une bonne fumure d'engrais très-consommé qu'on enfoui
par un labour superficiel autour du pied de chaque arbre :
cette fumure est renouvelée tous les trois ans au mois d'octobre.

Taille. L'olivier est soumis à une taille régulière tous le
deux ans ; cette opération se nomme, dans le Midi, *sécure*
les oliviers. Le plus souvent elle est pratiquée avec peu d
discernement par des maladroits, qui mutilent cet arbr
précieux sous prétexte de le tailler. Il suffit de le débar
rasser du bois mort et d'éclaircir les rameaux de manièr
à provoquer la pousse du jeune bois ; les fleurs ne se pro
duisent que sur le bois de deux ans ; le but de la taille doi
être de tenir toujours l'olivier bien garni de branches d

deux ans, en ne laissant pas vieillir inutilement les rameaux épuisés.

L'olivier est attaqué par plusieurs insectes, dont les deux plus redoutables sont le *kermès*, qui suce et dessèche les jeunes rameaux, et le *trips*, plus connu sous le nom de *mouche de l'olive*. Ce dernier insecte dépose ses œufs dans la pulpe de l'olive aux approches de sa maturité; ses larves rongent le fruit et finissent par ne laisser que la peau collée au noyau. Le tort que fait la larve du trips aux récoltes d'olives serait à peu près nul si les cultivateurs du Midi récoltaient en temps utile les fruits mûrs avant le développement des larves à leur intérieur, et surtout si les olives étaient broyées et soumises à la presse pour l'extraction de leur huile à mesure qu'elles sont récoltées. C'est tandis que les olives mises en tas attendent leur tour pour passer au moulin, que les larves du trips ont le temps de dévorer la plus grande partie de la pulpe du fruit.

Un instrument simple et d'un usage facile, le *spolpoliva*, inventé de nos jours par un chanoine de Trieste, l'abbé Stankowitch, détache rapidement la pulpe de l'olive en isolant le noyau; la pulpe pressée séparément donne une huile pure sans grande dépense de force, et toute une récolte peut être ainsi *détritée* en un tour de main. Si l'emploi du spolpoliva était aussi commun en France qu'il commence à l'être dans notre colonie de l'Algérie, les ravages du trips deviendraient insignifiants. Pour la cuisine, on estime surtout l'huile préparée aux environs d'Aix, avec les olives récoltées et détritées un peu avant leur complète maturité. Les olives, cueillies avant que leur couleur verte ait passé au violet foncé presque noir, sont trempées dans une forte lessive de soude renouvelée à plusieurs reprises, puis conservées dans de la saumure et servies sur les meilleures tables comme hors-d'œuvre; il s'en fait dans toute l'Europe une immense consommation : celles des environs d'Aix et de Marseille sont les plus estimées.

Mûrier. Les cultivateurs du Piémont et de la Lombardie, pour qui la production de la soie est une source d'aisance, ont surnommé le mûrier *l'arbre à la feuille d'or (albero al foglio d'oro)*. Cet arbre précieux n'est pas, comme l'olivier, cantonné dans les parties les plus méridionales de notre territoire, il croît et prospère même sous des climats plus rigoureux que celui du nord de la France. Néanmoins, sa culture est principalement répandue dans le Midi, en raison des facilités particulières qu'offre un climat chaud pour l'éducation du ver à soie.

On possède une grande variété de mûriers; les plus estimés pour la nourriture des vers sont le *mûrier commun* à fruit blanc et le mûrier *Moretti*. La feuille du mûrier à fruit noir, cultivé comme arbre fruitier dans nos jardins, est également propre à nourrir le ver à soie; mais ce arbre, employant une partie de sa force à produire du fruit donne un feuillage moins abondant que le mûrier blanc dont la fructification est insignifiante. Le *mûrier des Phi lippines* ou *mûrier multicaule* a joui pendant quelque années en France et en Italie d'une grande faveur, qui u s'est pas soutenue depuis qu'on a reconnu que la soie de vers nourris de la feuille de ce mûrier n'était pas de pre mière qualité.

Les pépiniéristes s'abstiennent de récolter la feuille d mûrier dont ils se proposent de récolter les fruits parfait ment mûrs pour en utiliser la graine. On la sème au pri temps, en lignes : elle doit être très-peu recouverte. Vers l fin de la première année de sa croissance, on arrache l plant pour le repiquer immédiatement, à la distance d'u décimètre en tout sens. La seconde année on le greffe e écusson, puis on le transplante à 0^m,30 ou 0^m,40 en to sens; il passe dans cette situation trois ou quatre ans, pe dant lesquels il forme sa tige surmontée d'une tête bie établie sur quatre branches principales. Si l'arbre est de tiné à être planté en bordure le long d'un chemin, la tê est formée à environ 3 mètres de haut, pour ne pas mett obstacle à la circulation; s'il doit faire partie d'une *pla tation pleine*, on forme sa tête à 2 mètres seulement c'est la hauteur la plus commode pour la récolte d feuilles.

Le mûrier ne doit pas avoir plus de cinq à six ans de pinière, soit trois à quatre ans de greffe, lorsqu'il est pla à demeure; passé cet âge, il reprend moins facilement ne donne longtemps qu'une végétation languissante. L jeunes plantations de mûriers ne doivent être dépouillé de leur feuille qu'au bout de quatre à cinq ans, selon force des arbres; on leur donne un an de repos tous les cinq ans, c'est-à-dire qu'au bout de chaque période de cinq ans, on s'abstient pendant un an de récolter leur feuille.

La taille du mûrier a pour but de favoriser l'émission de jeunes rameaux annuels chargés de feuilles abondantes et saines, et de dégager l'intérieur de la tête de l'arbre des petites branches à fruit qui gênent la récolte des feuilles et ne sont d'aucune utilité. Le mûrier bien cultivé et bien taillé, dans un sol plutôt léger que fort, mais suffisamment fertile, peut prendre un grand accroissement et vivre près d'un siècle. Dans les conditions ordinaires, sa durée moyenne varie de quarante à soixante ans.

On nomme *pourette,* dans tout le midi de la France, des mûriers de semis qu'on laisse croître en buisson sans les greffer ni les tailler; le plus souvent on en forme des haies tondues comme celles d'aubépine. La feuille de pourette, petite et très-tendre, est la première nourriture à offrir aux vers à soie après leur éclosion, alors qu'ils n'auraient pas encore la force de manger celle des mûriers greffés [1].

1. Voyez *Vers à soie,* chap. **XXXIV.**

SECTION VI. DES ANIMAUX DOMESTIQUES.

CHAPITRE XXVII.

Des bêtes bovines.

Animaux domestiques. — Bêtes bovines. — Services qu'elles rendent au genre humain. — Choix d'une race. — Qualités essentielles du bœuf de travail; du bœuf de boucherie; de la vache laitière. — Choix des reproducteurs. — Qualités essentielles d'un bon taureau. — Élevage; nourriture des veaux. — Thé de foin. Choix et entretien des bœufs de travail. — Races françaises de travail. — Appareillage. — Travail au joug; au collier. — Alimentation. — Ration d'entretien; de travail; base qui la détermine. — Nécessité de rationner le bétail. — Choix et entretien des vaches laitières. — Système Guénon. — Stabulation permanente. — Races françaises et étrangères, les meilleures laitières. — Choix des bêtes à cornes pour l'engraissement. — Engraisse ment au pâturage, ou de *pouture*. — Prairies d'embouche. Engraissement à l'étable. — Emploi du sel pour l'engraissement — Races françaises les meilleures pour la boucherie. — Rac anglaise de Durham à courtes cornes. — Danger des mauvai traitements exercés sur les bêtes bovines.

Les animaux domestiques qui secondent l'homme dan la tâche de fertiliser la terre sont la base la plus solide d la prospérité agricole; on peut, rien que par l'aspect de bestiaux d'une contrée, juger de l'état plus ou moin avancé de son agriculture. Nous traiterons dans cette se tion des bestiaux proprement dits : *bêtes bovines, bête ovines* et *chèvres, chevaux, ânes, mulets* et *porcs;* pui des animaux de basse-cour, comprenant toutes les espèc de *volaille* et les *lapins*.

Comme complément nécessaire, nous traiterons à la fi de cette section des *abeilles* et des *vers à soie*.

Il n'est pas d'animaux domestiques qui rendent à l'e pèce humaine des services comparables à ceux qu'elle r çoit de la race bovine. Le travail, le lait, la viande, le suif et le cuir, dont elle paye la nourriture et les soins que l'homme lui accorde, sont, pour toute l'Europe, des sources intarissables de richesse agricole; c'est encore par la race bovine que le fumier, base de toute production, est fourni dans les meilleures conditions à l'agriculture européenne. Les meilleures races de gros bétail, à les prendre d'un point de vue général, sont donc celles qui possèdent d'avance ou qui peuvent acquérir facilement la plus grande aptitude au travail, à l'engraissement et à la production du lait. Ces trois qualités, loin de s'exclure réciproquement, comme l'ont avancé plusieurs agronomes, peuvent exister parallèlement chez une race perfectionnée; chez une bonne race qui ne les possède qu'en partie, il est toujours possible et avantageux de les compléter.

Choix d'une race. Il arrive assez rarement au cultivateur de se trouver en position de choisir la race de bêtes bovines qui convient le mieux à son exploitation. En cela comme en toute chose, lorsqu'il ne peut pas faire le mieux possible d'une manière absolue, il doit se contenter de faire le mieux qu'il lui est possible. Il n'a pas souvent intérêt à changer, même lorsqu'elle est défectueuse, la race qu'il trouve établie dans son canton; elle a, quelle qu'elle soit d'ailleurs, l'avantage incontestable d'être accoutumée aux conditions économiques locales, d'y vivre et de s'y soutenir avec des ressources alimentaires dont une autre race, intrinsèquement meilleure, pourrait ne pas se contenter. En tout cas, il doit commencer par se procurer dans la race locale les meilleurs reproducteurs, en ayant particulièrement égard aux caractères suivants :

Bœuf de travail : poitrine ample, poitrail ouvert, garrot épais, région lombaire large et bien soutenue, croupe longue et forte, cuisses et épaules pourvues de muscles longs et volumineux, membres d'aplomb, articulations souples, jarrets et avant-bras larges.

Vache laitière : poitrine large, bassin ample, glandes mammaires recevant de gros vaisseaux sanguins.

Bœuf de boucherie : poitrine ample, lombes larges, croupe volumineuse et cuisses épaisses.

Ces principes , formulés avec précision par M. Magne, montrent clairement, selon l'opinion du savant professeur, qu'un bon bœuf de travail peut être également bon pour la boucherie, et qu'une vache bonne laitière, bien engraissée dès qu'elle ne donne plus assez de lait, peut fournir de très-bonne viande de boucherie. David Low, célèbre agronome écossais, avait déjà fait observer à ce sujet que toutes les vaches bonnes laitières prennent facilement la graisse.

Notre époque voit s'opérer sous les yeux de la génération actuelle une transformation complète de la race bovine en France; toutes nos races et sous-races tendent évidemment vers l'uniformité; c'est ce que met en évidence l'institution toute moderne des concours régionaux, qui donnent lieu périodiquement à des expositions locales, où la race bovine tient naturellement la première place. Là se sont révélées des races autrefois localisées, telles que la race *Fémeline* de la Franche-Comté, la race d'*Aubrac*, des départements du Sud-Est, et la race *Tarine* ou *Tarentaise,* des deux dépar tements de la Savoie, races actuellement conues et ap préciées dans toute la France. Les vieilles races de bœuf de travail, avec leurs grosses têtes et leurs jambes solide comme des piliers de cathédrale, n'ayant dans leurs vieu jours qu'un peu de chair coriace collée sur des os énormes n'ayant plus même de dents pour broyer leurs aliments e devenir un peu moins maigres avant d'être vendues pou la boucherie, ces races en harmonie avec l'agriculture d'a trefois, ne s'accordent plus avec les besoins de la sociét actuelle, non plus qu'avec les conditions économiques d notre agriculture. Aujourd'hui, quiconque élève des bœu pour les employer comme animaux d'attelage prévoit moment où, après avoir suffisamment travaillé, mais sa avoir atteint l'âge où leur chair cesse d'être mangeable, c bœufs devront être engraissés pour la boucherie. Il n'y donc déjà plus en France de race bovine exclusivement travail, c'est-à-dire, élevée seulement pour labourer, sa prévision de ce qu'elle vaudra ou ne vaudra pas quand e ne pourra plus travailler. Ce n'est point un mot d'ord donné par les agronomes en crédit; il n'y a point d'ente ni de concert à ce sujet entre les éleveurs; ce sont les mê causes qui partout produisent les mêmes effets. La che de la viande de boucherie ne peut diminuer, puisque la mande augmente dans une progression plus forte que c de la production. Le réseau actuellement à peu près complet de nos chemins de fer permet de faire arriver, de tous les points du territoire français, les animaux de boucherie sur les marchés des grandes villes, en peu de temps et à peu de frais : ce qui était l'accessoire est devenu le principal. Toutes les races et sous-races françaises ont été améliorées dans le même sens; on a cherché, soit par des croisements judicieux, soit le plus souvent par la simple sélection, c'est-à-dire par le choix persévérant des meilleurs reproducteurs de chaque race, selon le but qu'il fallait atteindre, à diminuer chez les races de travail le volume exagéré de la tête et de la charpente osseuse, tout en donnant le plus grand développement possible aux parties de l'animal qui fournissent au dépeçage les morceaux les plus recherchés. Il en resulte que, dans un temps donné, il n'y aura plus en France qu'un seul bœuf, à la fois bœuf de travail et bœuf de boucherie, dont le type se voit dans le Charolais, le Nivernais et le Parthenais. A vrai dire, toutes les races bovines françaises améliorées ne se distinguent plus guères entre elles que par la couleur de leur robe; aux expositions des concours régionaux, si, pour les races dont la couleur est la même, les étiquettes étaient transposées, le public s'y tromperait. C'est là une transformation d'une grande portée; la voie est ouverte, les moyens à employer sont connus; la sélection conduit à l'uniformité du gros bétail en France; les éleveurs en comprennent les avantages. Quant aux vaches laitières, la transformation n'est pas moins complète. D'une part, les nourrisseurs ont aujourd'hui grand soin de ne pas laisser trop vieillir leurs vaches laitières, et de les engraisser lorsqu'elles sont encore suffisamment jeunes; de l'autre, le préjugé contre la viande de vache est à peu près effacé; sur les marchés d'approvisionnement de Paris et des autres grandes villes de France, la boucherie paie les vaches grasses, encore jeunes et de bonne race, à des prix plus élevés que les bœufs mal engraissés ou de races médiocres. L'influence des chemins de fer contribue puissamment à éliminer peu à peu les vaches médiocres laitières; le rayon d'approvisionnement en lait des villes de quelqu'importance s'est étendu indéfiniment; les éleveurs de bien des cantons jadis isolés, qui vendaient autrefois à bas prix le lait de leurs vaches en en extrayant le beurre, seul moyen alors possible d'en tirer parti, vendent actuellement dans les villes le lait

en nature avec grand bénéfice. Ils sont par cela seul portés
naturellement à rechercher les races dont les vaches donnent
le plus de lait. Ces vaches étant plus exigeantes que les
autres sous le rapport de la nourriture, il devient nécessaire
d'aviser aux moyens de les mieux nourrir; l'amélioration
générale de la race bovine a pour résultat le perfectionnement général des systèmes de culture, dont l'élève du gros
bétail est et sera toujours le pivot.

Choix des reproducteurs. On ne doit réserver comme
reproducteurs que les animaux les plus parfaits de chaqu
race ou sous-race, et non pas, comme on le pratique tro
souvent, du moins à l'égard des taureaux, des bêtes d
rebut, jugées impropres à toute autre destination. Chez l
race bovine plus que chez toute autre, les qualités phy
siques sont héréditaires. La régularité de la conformation
la largeur des reins, la rectitude de l'épine dorsale, la peti
tesse de la tête et la finesse de toute la charpente osseus
sont, avec la vigueur du tempérament et la douceur d
caractère, les conditions qui doivent toujours se trouve
réunies chez un taureau, quel que soit l'usage auquel o
destine sa postérité.

Quant aux vaches, le fermier ne peut se dispenser d'ob
tenir des veaux de toutes indistinctement tous les ans; i
est donc de son intérêt de n'en avoir que de bien confor
mées, d'après la formule que nous avons rapportée plus haut
Si cependant une de ses vaches, excellente sous un rappor
essentiel, est défectueuse sous celui de la régularité de
formes, il suffit, pour éviter toute cause de perte et de dé
térioration de la race, d'engraisser très-jeunes pour la bou
cherie les veaux nés de cette vache.

Élevage. Le fermier, selon les circonstances locales sou
l'empire desquelles il opère, peut avoir intérêt à acheter l
bétail tout élevé et à ne garder les veaux que le temps né
cessaire pour les engraisser et les vendre au boucher; mai
le plus souvent, s'il possède une bonne race bovine et qu'
désire l'améliorer par le choix judicieux et persévérant de
meilleurs reproducteurs, il doit élever les veaux les plu
parfaits, qu'il lui sera le plus souvent très-avantageux d
louer ou de vendre comme reproducteurs.

Un premier soin très-nécessaire, c'est celui de calcule

l'époque des naissances de manière à faire naître les veaux dans la saison la plus favorable à l'élevage : la gestation de la vache dure environ neuf mois ; s'il y a quelques jours de plus ou de moins, la durée est constamment la même pour chaque vache : il est donc facile de savoir à jour fixe quand les veaux doivent naître. Quand la vache a donné une portée double, ordinairement composée d'un mâle et d'une femelle, cette dernière doit être engraissée jeune et vendue au boucher : il n'y a pas lieu de l'élever; elle n'aurait pas de valeur pour la reproduction.

Il vaut mieux traire la vache et faire boire le jeune veau que de le laisser teter; quand le veau a teté, la vache s'y attache trop ; plus tard elle refusera de se laisser traire, ou bien elle retiendra son lait, et quand il faudra la séparer de son veau, s'il doit être vendu, elle se tourmentera au point de devenir sérieusement malade.

Le *thé de foin,* c'est-à-dire l'infusion de fourrage sec haché, mêlée d'abord à du lait et plus tard à une petite quantité de farine de pois, de fève ou d'orge, est le meilleur aliment à donner aux veaux d'élève jusqu'à l'époque où leurs dents sont assez fortes pour qu'on puisse les nourrir de fourrage frais, soit à l'étable, soit à la prairie. Les veaux, engraissés ou non, sont bons pour la boucherie à l'âge de cinquante à soixante jours; abattus plus tôt, leur viande n'est pas assez formée. A la fin de leur premier automne, quand il n'est plus possible de les tenir en pâturage, il faut les nourrir à l'étable avec des fourrages secs de bonne qualité, hachés et mêlés à des racines coupées; la propreté, des pansages fréquents, un peu d'exercice quand le temps le permet, leur font aisément passer l'hiver. Au printemps de leur seconde année, les veaux des deux sexes, âgés d'un an révolu, vont au pâturage avec le reste du troupeau et ne réclament plus de soins particuliers autres que ceux qu'on accorde aux bêtes bovines adultes.

Choix et entretien des bœufs de travail. Dans les parties de la France dont le sol est labouré par des attelages de bœufs, le cultivateur peut rarement choisir ses bœufs de travail dans la race qui lui paraît la meilleure; il est presque toujours forcé de se contenter de celle qu'il trouve là où il entreprend la culture. La meilleure race de travail, lorsqu'il est possible de choisir, est celle de *Salers* (Cantal), qui l'emporte à cet égard sur toutes les autres, puis successivement, par ordre de mérite, les bœufs *garonnais, limousins, nivernais* et *bretons :* ces derniers, malgré leur petite taille, sont robustes, sobres et infatigables.

A quelque race que les bœufs de travail appartiennent, il importe que ceux qui doivent porter ensemble le même joug soient parfaitement appareillés ; autrement une grande partie de leur force est perdue. La routine et l'empire de l'habitude maintiennent seuls l'emploi du joug, qui force le bœuf à travailler dans une position gênée ; il tire mieux et dans une situation plus naturelle lorsqu'il est attelé au collier comme les chevaux ; en Hollande et dans tout le nord de la Belgique, les bœufs ne tirent qu'au collier, la tête haute, sans gêne ni souffrance inutile : la somme de travail utile qu'ils peuvent fournir de cette manière en est sensiblement augmentée.

La nourriture des bœufs de travail doit leur être distribuée très-régulièrement, toujours à heure fixe. Pendant la saison des labours, des charrois et des travaux les plus pénibles, on leur donnera du foin de bonne qualité, sec ou frais, selon la saison, des racines, et une petite ration, soit de grains concassés, soit de farine des mêmes grains délayée dans leur breuvage. En hiver, quand les attelages de bœufs passent la plus grande partie de leur temps à l'étable, ils peuvent ne recevoir que du foin de seconde qualité ; la ration de grains concassés ou de farine délayée peut être supprimée sans inconvénient.

La ration du bœuf de travail varie selon sa taille et son poids. On considère 3 pour 100 du poids de l'animal comme une ration de foin sec suffisante pour le maintenir tel qu'il est, sans engraisser ni maigrir : c'est ce qu'on nomme la *ration d'entretien.* Si le bœuf travaille, il faut y ajouter 2 pour 100 comme *ration de travail.* Les animaux et leurs rations ne sont pesés que par exception dans quelques exploitations tenues avec des soins particuliers ; partout ailleurs, on se contente de l'à peu près. La ration d'un bœuf en repos est, d'après ces données, de 12 kilog. environ, et de 18 à 20 kilogr. quand il travaille, son poids étant supposé de 400 kilogr. On comprend que ce n'est là qu'une donnée approximative : tous les bœufs n'ont ni le même tempérament ni le même appétit; c'est au fermier à bien étudier leurs besoins et à les satisfaire sans prodigalité, mais sans parcimonie.

Bien que ce soit une coutume trop peu répandue, il n'y a pas d'usage plus utile dans la pratique que celui de rationner le bétail. Dans la plupart des exploitations, grandes ou petites, on prodigue le fourrage tant qu'il y en a; quand il vient à manquer, les bêtes jeûnent et dépérissent, par suite d'une impardonnable imprévoyance. On ne peut trop recommander aux cultivateurs de dresser l'inventaire exact de leurs ressources en fourrages, racines et autres aliments destinés au bétail, de faire hacher les fourrages secs en y mêlant de la paille pour les distribuer à la mangeoire, de régler la ration de leurs bestiaux, et de tenir la main avec une juste sévérité à ce que leurs serviteurs ne transgressent pas leurs ordres à cet égard.

Choix et entretien des vaches laitières. La découverte de François Guénon, qui a reconnu le premier le vrai signe de l'abondance du lait chez les vaches, a eu beaucoup de retentissement. Il est très-vrai que le plus ou moins d'étendue des parties postérieures des cuisses de la vache dont le poil se trouve redressé, au lieu d'être couché comme celui du reste du corps, coïncide exactement avec le plus ou moins d'abondance du lait; il est également vrai que ce fait, avant Guénon, n'avait été ni observé ni signalé par personne : c'est en cela que consiste réellement sa découverte. En s'en tenant à cette indication, on peut donc être sûr de ne pas se tromper lorsqu'on achète une vache adulte; quant aux élèves, chez qui les *écussons* ou plaques de poils redressés ne sont pas aussi apparents, la même certitude n'existe pas ; mais on arrive à des résultats très-satisfaisants en élevant seulement les veaux femelles nés de vaches portant un bon écusson. La ration d'entretien et la ration de produit des vaches laitières se calculent d'après la même base que la ration des bœufs de travail, selon le poids des animaux. Les meilleures vaches, fortement nourries, ne prennent pas la graisse tant qu'elles donnent du lait; elles peuvent donner ainsi, pendant les cinq à six mois qui suivent la naissance de leur veau, de 25 à 30 litres de lait par jour. Les bonnes vaches bien nourries, sans excès, en donnent 18 à 20 litres. On peut, sans inconvénient pour leur santé, tenir les vaches laitières constamment à l'étable : c'est ce qu'on nomme le système de la *stabulation permanente*.

Les meilleures vaches laitières des races françaises sont les *flamandes* ou *flandrines*, les *normandes* ou *cotentines*, et les *bretonnes*, de petite taille, celles de toutes qui, par rapport à leur volume, donnent le lait le plus abondant et le plus riche en beurre d'excellente qualité.

Parmi les vaches étrangères, les vaches de Suisse de la *race bernoise*, les *hollandaises*, et les *écossaises* de la *race d'Ayr*, sont les meilleures laitières; celles de Suisse sont les seules qui, pour la production du lait de bonne qualité, l'emportent sur celles de France.

Choix des bœufs et des vaches pour l'engraissement. Dans les pays où la production des fourrages permet d'engraisser des bêtes à cornes, on fait venir souvent de fort loin des animaux qui ont plus ou moins longtemps fourni du travail et du lait. Il faut, autant que possible, éliminer ceux de ces bestiaux qui ont travaillé trop longtemps ou dont le tempérament est ruiné par des privations trop prolongées. Quant au mode d'engraissement, le plus simple et le plus usité, bien qu'il ne soit pas le plus économique, consiste à mettre les animaux en liberté dans de riches prairies où ils ont de l'herbe jusqu'au ventre; ils en gâtent par le piétinement autant qu'ils en mangent; mais ils deviennent fort gras en peu de temps, sans qu'on en prenne aucun soin. Les prés réservés pour cet usage sont nommés *prairies d'embouche;* ce mode d'engraissement est connu sous le nom de *pouture*. On arrive au même résultat, avec moins de dépense en fourrage, en faisant faucher l'herbe pour la donner aux bestiaux à la mangeoire, à discrétion. L'engraissement se complète avec un supplément de ration consistant en tourteau de lin ou de colza mêlé avec une petite quantité de sel. Pendant l'hivernage, l'engraissement a pour base la consommation des racines fourragères associées aux meilleurs fourrages secs et aux tourteaux légèrement salés. Le sel, même à faible dose, passe pour exercer sur l'engraissement une influence si favorable, qu'en Suisse, en Wurtemberg et dans le Palatinat, le proverbe allemand dit qu'*un kilog.* de sel fait *dix kilog.* de viande. L'obscurité, le calme, une température douce et la plus grande régularité dans la distribution des repas sont les conditions de succès indispensables pour l'engraissement des bêtes à cornes.

Les meilleures races françaises pour l'engraissement sont la race *limousine*, la race *poitevine* ou *choletaise*, la race *charolaise*, la *nivernaise* et la *cotentine* (*fig.* 31).

A l'étranger, la supériorité est généralement accordée à la race anglaise de *Durham à courtes cornes* (*fig.* 32), la plus précoce des races existantes en Europe et la plus disposée à l'engraissement. En dépit de tout ce qu'on a écrit contre cette race, un fait est constant : c'est que depuis plusieurs années, par des croisements à divers degrés, le plus grand nombre des animaux de boucherie engraissés en France, en Belgique, en Hollande et en Allemagne a plus ou moins de sang de Durham dans les veines.

Fig. 31 — Bœuf cotentin.

On ne peut trop insister sur la nécessité de traiter les bêtes bovines avec la plus grande douceur. Le bœuf de travail, s'il est maltraité, devient indocile, vindicatif; il n'obéit qu'à force de coups d'aiguillon; s'il est poussé à bout, il se couche : on peut le tuer sur place, on ne peut pas le forcer à se relever contre sa volonté. C'est par la brutalité que des bouviers inintelligents gâtent les meilleurs attelages.

L'absence de mauvais traitements est encore plus nécessaire envers les taureaux, qui sont doux et dociles quand on
les traite bien et qui deviennent furieux lorsqu'on les bru-
talise. Les vachers et les filles de basse-cour s'exposent aux
accidents les plus graves quand, par de mauvais traitements,
ils s'attirent la haine des vaches, qui finissent toujours par
trouver le moment de se venger. Les bestiaux à l'engrais
ont encore plus besoin d'être bien traités; la simple rudesse
à leur égard les tourmente, les prive du calme qui leur est
si nécessaire et les empêche d'engraisser.

Fig. 32. — Bœuf de Durham à courtes cornes.

Tout chef d'exploitation doit en être bien convaincu : il
ne peut retirer de ses bêtes bovines le bénéfice qu'il est en
droit d'en attendre, qu'à la condition de surveiller attentivement ses serviteurs et d'exiger rigoureusement qu'ils
s'abstiennent de mauvais traitements et de brutalité envers
ses bestiaux.

CHAPITRE XXVIII.

Des bêtes ovines et des chèvres.

Bêtes ovines et chèvres. — Services que les bêtes ovines rendent
à l'agriculture. — Choix des reproducteurs. — Élevage. — Durée
de la gestation. — Allaitement. — Parcage. — Dimensions des
parcs. — Devoirs du berger. — Moutons en stabulation permanente. — Lavage à dos. — Tonte. — Transhumance. — Troupeaux transhumants. — Races françaises de Naz, mérine, de
Mauchamps; moutons solognots, ardennais, flamands. — Races
anglaises de Dishley, de Southdown, de Costwold. — Race de
Saxe, la meilleure pour la laine fine. — Chèvre. — Bouc. —
Nourriture en stabulation permanente. — Race commune de
France. — Races précieuses d'Angora et de Cachemire. — Allaitement des veaux par des chèvres.

Les bêtes ovines rendent à l'agriculture des services d'une
nature toute spéciale, qu'elles seules peuvent lui rendre :
elles utilisent, en les changeant en laine, viande et suif, des
herbes trop courtes, soit pour être fauchées, soit même pour
être pâturées par les autres bestiaux : sans les moutons, ces
produits seraient perdus. Les bêtes ovines offrent en outre
l'avantage très-important de distribuer, par le moyen du
parcage, leur engrais sur les terres où il doit être utilisé, et
d'épargner au cultivateur les frais de transport en même
temps qu'elles économisent la litière.

Le genre de produits en vue duquel les bêtes ovines sont
élevées varie selon les temps et les circonstances. Au commencement de ce siècle, le prix des laines fines étant très-
élevé en France et sur tout le continent européen, on éle-
vait de préférence les moutons à laine fine, la viande étant
regardée comme un produit accessoire; aujourd'hui, la
baisse du prix des laines oblige la plupart des fermiers à
préférer les bêtes ovines les meilleures pour la boucherie;
celles qui réunissent la belle qualité de la laine à l'abon-

ınce de la viande sont, à juste titre, réputées les plus
antageuses.

Choix des reproducteurs. La période de développement
s bêtes ovines étant très-courte, l'influence favorable ou
cheuse des reproducteurs se fait promptement sentir en
en ou en mal ; le bon choix des béliers est donc d'une
ès - grande importance. Un bon bélier doit avoir les
embres bien proportionnés, les reins larges, le corps
lindrique, mais pas de gros ventre ; sa laine doit réunir
utes les qualités propres à son espèce ; elle doit être,
r toutes les parties du corps, aussi égale, aussi uni-
me que possible. Le bélier ne doit commencer à servir
la reproduction qu'à l'âge de quinze à dix-huit mois ;
ssé l'âge de cinq ans, il doit être engraissé pour la bou-
erie.

Élevage. La brebis porte en moyenne cent cinquante-
ıq jours ; elle ne doit pas porter avant d'avoir l'âge de
uze à quinze mois ; en cas contraire, elle ne donne que
s agneaux de peu de valeur qui s'élèvent difficilement.
agnelage étant toujours fatigant, la brebis mère doit rece-
ir, outre sa ration habituelle, un supplément de nourri-
re en avoine ou en farine de légumes, non pas immédia-
nent, mais pendant la semaine qui suit l'agnelage. Dans
grandes bergeries, on réserve un compartiment à part
ur les brebis qui viennent de mettre bas, afin qu'elles
aitent leurs agneaux sans trouble, et que ceux-ci, pendant
ır premier âge, ne soient pas foulés par les bêtes adultes.
and une brebis donne deux agneaux jumeaux, on lui en
sse un seul à élever, à moins qu'elle ne soit très-robuste ;
ıon, le second agneau est vendu très-jeune pour la bou-
erie : sans quoi les deux souffriraient de la faim et ne
lèveraient pas. Une bonne brebis peut porter jusqu'à
ge de dix à onze ans ; mais passé l'âge de cinq ans, sa
air devient si dure qu'elle n'a presque plus de valeur pour
boucher.

L'agneau tette pendant quatre mois ; vers la fin de l'allai-
nent on a dû l'habituer à manger un peu d'herbe fraîche ;
quatre mois, il peut sans inconvénient vivre exclusivement
pâturage avec le reste du troupeau. Pendant leur pre-
er hivernage, les agneaux ne doivent consommer à la

bergerie que du foin de regain et des racines coupées, dans la proportion de 4 pour 100 de leur poids : le foin sec mêlé de paille hachée qu'on donne aux bêtes adultes ne leur conviendrait pas.

Les bêtes ovines prennent le nom d'*antenaises* lorsqu'elles ont l'âge de douze mois révolus; on doit alors faire suivre aux moutons deux régimes différents, selon qu'ils sont destinés plus particulièrement à la production de la laine ou à celle de la viande. Les moutons dont on désire obtenir la laine la meilleure que comporte leur espèce doivent être nourris modérément, afin qu'ils conservent l'agilité nécessaire pour chercher leur nourriture sur les pâturages maigres des terrains en pente, qui leur conviennent mieux que les prairies grasses et fertiles; on doit chercher à leur faire acquérir un tempérament rustique, qui permette de les tenir dehors au grand air, en toute saison, sauf pendant les plus mauvais jours d'hiver. Les moutons antenais élevés principalement pour la production de la viande doivent être de bonne heure nourris à discrétion d'aliments très-substantiels, qui les rendent paresseux et les disposent au repos après qu'ils ont mangé; on leur fait prendre peu d'exercice; s'ils vont au pâturage, c'est dans des prairies fertiles, peu éloignées de la bergerie. En Angleterre, on les fait parquer sur des champs de navets que les moutons arrachent très-adroitement; ils reçoivent de plus une bonne ration de tourteau pilé avec un peu de sel. Dans tous les cas, le sel favorise l'engraissement des moutons. Les antenais bien nourris sont bons pour la boucherie à dix-huit ou vingt mois.

Parcage. On nomme *parc* un enclos temporaire fermé par des palissades mobiles, des claies, ou même de simples filets; l'usage de ce dernier genre de clôture n'est possible que dans les cantons où les attaques des loups ne sont pas à craindre. Le soin de placer et de déplacer les piquets et les clôtures mobiles qui constituent le parc rentre dans les attributions du berger; il doit donner au parc la forme d'un quadrilatère beaucoup plus long que large; il lui est plus facile par ce moyen d'empêcher les bêtes ovines de se grouper sur un seul point, d'y séjourner trop longtemps et de répartir inégalement leur engrais. Les dimensions habituelles du parc varient de 300 à 400 mètres carrés de surface pour cent moutons, en accordant plus d'espace aux races les plus volumineuses.

Devoirs du berger. Le berger, dans une ferme où l'on entretient un troupeau nombreux, est un personnage fort considéré ; il importe qu'il soit vigilant, actif, naturellement attaché à sa profession et disposé à en bien remplir les devoirs. Car, s'il est toujours possible au chef d'une exploitation de surveiller ceux qui le secondent et de s'assurer que chacun d'eux s'acquitte convenablement de sa besogne, il n'en est pas de même à l'égard du berger, qui passe la plus grande partie de son temps au parc ou au pâturage avec son troupeau, loin de la ferme et de l'œil du maître, et qui couche dans une cabane mobile sous laquelle ses chiens passent la nuit. Le talent de bien dresser les chiens qui doivent l'aider à conduire et à garder son troupeau est un des plus nécessaires de ceux que doit posséder un berger : car, d'une part, il ne trouve jamais à acquérir des chiens tout dressés, et il n'en a de bons qu'en les formant lui-même ; de l'autre, des chiens turbulents, hargneux, indociles, nuisent au troupeau plus qu'ils ne lui servent. Dans les pays de plaine éloignés des forêts, il ne faut au berger que des chiens de la race de Brie, à long poil, à museau effilé, à oreilles droites et pointues ; dans le voisinage des forêts peuplées de loups, il lui faut de plus un ou deux mâtins de forte taille, dressés à combattre le loup. Pour ce dernier genre de service, les chiennes sont préférées aux chiens ; elles ont pour défense un large collier hérissé de pointes de fer qui, en cas de lutte corps à corps, empêche le loup de les saisir par la gorge et de les étrangler. Un bon berger ne peut pas soigner convenablement au delà de 400 à 500 moutons.

Pour les petits cultivateurs dont le troupeau ne se compose que de 10 à 15 têtes, il est plus avantageux de nourrir ces animaux en stabulation permanente, sous un simple hangar ouvert du côté du midi et donnant sur une petite cour fermée, que de les entretenir au pâturage. Dans ce dernier cas, les frais absorbent tout le bénéfice. Il y a presque toujours dans le ménage du petit cultivateur un ou plusieurs enfants à peu près inoccupés. On peut leur confier le soin d'approvisionner le modeste troupeau pendant la plus grande partie de l'année en fourrages qui ne coûtent rien. Les enfants vont, selon l'expression reçue, *faire de l'herbe* pour leurs moutons, dans les bois, sur les bords des chemins, sur les terrains incultes; en y joignant les herbes provenant des sarclages et les débris des légumes consommés par le ménage, on arrive à alimenter le troupeau à peu près toute l'année pour rien; ses produits sont presque tout profit. Lorsqu'on a soin de leur fournir une litière abondante, les moutons tenus en stabulation permanente produisent une quantité extraordinaire d'excellent fumier.

Lavage à dos. Tonte. Il est toujours avantageux de laver les bêtes ovines dans une eau courante et propre, peu de jours avant de les tondre : c'est ce qu'on nomme le *lavage à dos*. Quand les toisons sont fortement salies par le parcage prolongé ou par le séjour des animaux sur une litière trop rarement renouvelée, on peut, pour détremper les corps étrangers qui salissent la laine, faire nager le troupeau avant de le laver, ou bien le faire stationner une heure ou deux dans un réservoir plein d'eau propre assez profonde pour que les têtes des animaux soient seules hors de l'eau. Les ouvriers qui exécutent le lavage à dos sont dans l'eau courante jusqu'au-dessus des genoux; ils prennent les bêtes ovines l'une après l'autre et les lavent sur tout le corps jusqu'à ce que l'eau s'écoule parfaitement claire de leur toison. Le lavage à dos se donne par une belle journée, pour que les animaux lavés se sèchent promptement au soleil, sur une pièce de gazon disposée à cet effet. Ils passent de là dans la bergerie, où l'on a eu soin de leur préparer une litière très-propre. Avec ces soins, la toison demeure dans un état satisfaisant de propreté jusqu'au moment de la tonte, dont l'époque varie selon le climat local; dans tous les cas, la tonte doit précéder l'arrivée des fortes chaleurs. On ne doit tondre les bêtes ovines qu'une fois par an; l'expérience a démontré qu'il est désavantageux de les tondre deux fois par an, deux fois en dix-huit mois, comme l'ont conseillé quelques agronomes, ou bien de laisser passer une année sans les tondre et de n'enlever leur toison que tous les deux ans.

Dans tout le midi de la France, les troupeaux de bêtes ovines voyagent annuellement de la plaine à la montagne et de la montagne à la plaine, pour profiter de l'herbe disponible selon les saisons. Ces voyages leur sont salutaires, pourvu qu'ils se fassent à petites journées; les troupeaux ne doivent pas faire par jour plus de 22 à 25 kilomètres. Ces déplacements périodiques portent le nom de *transhumance*; on nomme troupeaux *transhumants* ceux qui les exécutent d'après un itinéraire déterminé par les autorités locales, et dont les conducteurs des troupeaux ne doivent pas s'écarter.

Les meilleures races françaises à laine très-fine sont : la *race de Naz*, créée et maintenue à Naz, près de Gex, dans l'Ain; la *race mérine* ou *mérinos*, importée d'Espagne, dont on trouve les plus beaux spécimens dans les grandes fermes de la Beauce et de la Brie (Eure-et-Loir, Seine-et-Oise, Seine-et-Marne), et la race de *Mauchamps*, récemment obtenue en Champagne. La *race des Flandres*, répandue dans tout le nord de la France, est la meilleure des races à laine longue. Les meilleures races pour la viande sont les moutons bretons, dits de *pré salé*, les *ardennais* et les *solognots*. Dans les fermes les mieux tenues des pays de plaines à froment, on a introduit avec succès les races anglaises de *Dishley* et de *Southdown*, dont les métis à divers degrés de croisement avec nos bonnes races indigènes réunissent les deux avantages de la beauté des toisons et de la bonne qualité de la viande.

Fig. 83. — Moutons Dishley.

Parmi les races étrangères, la *race de Saxe* l'emporte sur toutes les autres pour la finesse de la laine; viennent ensuite les *mérinos purs* d'Espagne, les *mérinos croisés* de l'Australie, du Cap de Bonne-Espérance et de la Russie méridionale, et les races anglaises de *Dishley* (*fig.* 33), *Southdown* et *Costwold*, qui toutes ont plus ou moins de sang mérinos dans les veines.

Chèvre. La chèvre s'élève presque sans soins et donne des produits avantageux, même quand elle ne reçoit qu'une nourriture grossière et insuffisante. Lorsqu'elle est bien traitée et bien nourrie, elle paye ses aliments aussi bien ou mieux que les meilleures races de bestiaux.

Le bouc, bien qu'il soit plus tôt adulte que le bélier, ne doit être, comme celui-ci, employé à la reproduction qu'à l'âge de quinze à dix-huit mois. Ses services, sous ce rapport, peuvent être prolongés jusqu'à sa neuvième ou dixième année; après quoi, sa chair n'étant pas mangeable, on ne peut que la faire cuire pour la distribuer aux porcs. La chèvre donne souvent deux petits. Les jeunes boucs doivent être vendus à l'âge de quinze à vingt jours.

La manière la plus avantageuse de nourrir la chèvre consiste à la tenir en stabulation permanente. Malgré son naturel pétulant et remuant, elle s'en trouve très-bien; il faut seulement avoir soin de rogner de temps en temps la corne de ses sabots, qui, n'étant pas usés par le frottement, s'allongent au point qu'ils finiraient par l'empêcher tout à fait de marcher. La chèvre mange de tous les aliments végétaux et ne refuse ni la paille dure ni les fourrages secs les plus grossiers. Dans les vallées du mont d'Or, où l'on entretient un grand nombre de chèvres qui ne sortent jamais de l'étable, on les nourrit une partie de l'année avec les feuilles de vigne récoltées après les vendanges, et conservées dans des tonneaux où on les fait fermenter pour en faire une sorte de *choucroute* légèrement salée.

Lorsqu'on nourrit les chèvres au pâturage, elles doivent être soigneusement surveillées; sans quoi elles feraient un tort irréparable aux arbres et arbustes que leur dent pourrait atteindre.

La *chèvre d'Angora*, dans l'Asie Mineure, et la *chèvre de*

Cachemire, des vallées du haut Hindoustan, portent sous leur poil long et soyeux un duvet d'un grand prix pour l'industrie des tissus. Malheureusement, chaque fois qu'on a tenté de les introduire en Europe, ces races ne s'y sont pas soutenues et leurs produits ont dégénéré. De nouveaux essais en voie d'expérimentation semblent devoir être couronnés de succès quant à la chèvre d'Angora ; elle est aussi bonne laitière que la chèvre commune, et donne de plus une toison d'une valeur élevée.

La chèvre commune se laisse teter facilement par un enfant ; elle s'attache à son nourrisson et lui témoigne une affection sincère. Le lait de chèvre est de beaucoup préférable au lait de vache pour les enfants privés du sein maternel. Dans quelques parties de la France, lorsqu'un veau est privé accidentellement de sa mère ou que l'on veut donner une autre destination au lait de la vache, on fait nourrir le veau par une ou plusieurs chèvres. Cette manière de nourrir les veaux d'élève est très-économique.

CHAPITRE XXIX.

Du cheval, de l'âne et du mulet.

Chevaux. — Élève du cheval au point de vue agricole. — Choix d'une race. — Choix des reproducteurs. — Qualités d'un bon étalon. — Nombre de poulains que peut donner une jument.— Élevage des poulains. — Allaitement. — Sevrage. — Pâturage. — Nourriture des chevaux adultes. — Fourrages. — Aliments divers. — Ration. — Sa proportion avec le poids des animaux. — Vert. — Travail. — Harnais. — Colliers. — Races françaises de gros trait et de labour. — Nécessité de traiter le cheval avec douceur. — Ane. — Son travail comme bête d'attelage. — Élevage. — Races françaises les plus estimées. — Mulet. — Bardot. — Durée de leurs services.

Chevaux. La France, par l'heureuse diversité de sol et de climat de ses différentes régions agricoles, est particulièrement favorable à l'élève et à l'entretien de toutes les bonnes races de chevaux, aussi bien de celles de luxe que de celles de travail. On peut dire qu'il n'en est pas une qui ne puisse prospérer sur quelques points de notre territoire, et conserver en les améliorant les qualités qui peuvent la rendre précieuse. L'élève du cheval ne peut être ici considéré qu'au point de vue de l'agriculture et des intérêts du cultivateur. Beaucoup de grands propriétaires entretiennent des haras, qui souvent leur donnent en fin de compte plus d'agrément que de bénéfice réel. Il n'y a rien de commun entre leur position et celle du cultivateur.

Choix d'une race. Avant d'adopter une race, soit pour la vente des produits, soit pour le service de son exploitation, le cultivateur doit surtout considérer la quantité et la qualité des aliments dont il dispose pour ses chevaux. Avec des aliments de choix, l'éleveur qui n'a pas besoin de regarder à la dépense peut élever n'importe quelle race, sous n'importe quel climat, et la porter à sa perfection, comme l'ont fait les Anglais, qui, sous leur ciel brumeux, ont créé une race presque égale en vitesse aux coursiers arabes eux-mêmes. Mais, hors de ces conditions artificielles, le cheval est toujours en rapport avec la nature des pâturages aux dépens desquels il doit vivre et avec celle de l'air qu'il doit respirer. La plupart du temps, les chevaux

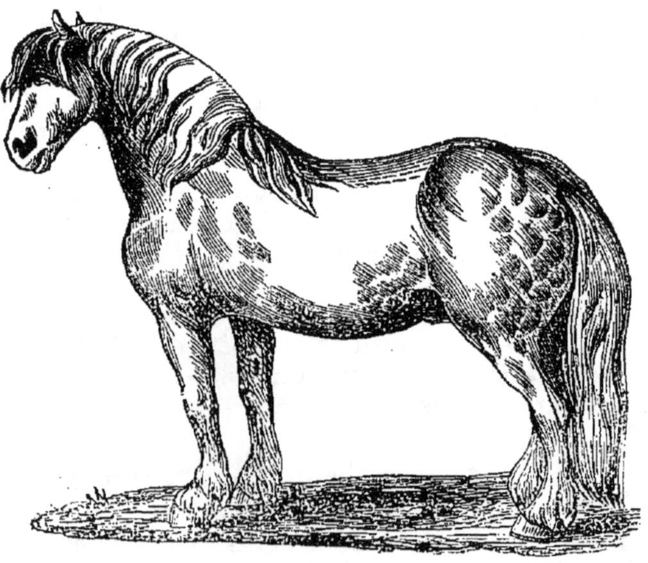

Fig. 34. — Cheval de gros trait.

élevés par le cultivateur vivent au pâturage ; l'influence des conditions agricoles et économiques locales s'exerce dans son entier sur les chevaux élevés dans les exploitations rurales.

D'après ces considérations, le cultivateur élèvera dans les vallées des grands cours d'eau navigables le *cheval de halage* ; là où la locomotive n'a pas encore tué la diligence, le *cheval de poste;* là où le mauvais état des chemins n'exige pas des attelages trop massifs, le *cheval de troupe;* partout ailleurs, il s'en tiendra au *cheval de trait* (*fig.* 34), d'un placement certain, approprié aux conditions de l'agriculture locale. Il laissera aux riches le plaisir de multiplier le *cheval de carrosse*, le *cheval de selle* et surtout le *cheval de course*, dont la reproduction et l'élevage ne sont pas du domaine de l'agriculture.

Choix des reproducteurs. On ne peut apporter trop de soin dans le choix des *étalons*, dont les qualités bonnes ou mauvaises sont essentiellement héréditaires et transmissibles à leur postérité. Il peut arriver néanmoins qu'un très-bon cheval, déprécié par un accident comme travailleur, garde toute sa valeur pour la reproduction : tel serait, par exemple, un entier qui, par suite d'un choc ou d'une chute, serait devenu borgne ; il n'en pourrait pas moins donner d'excellents produits.

Les qualités principales que doit réunir un étalon sont la vigueur de tempérament, l'harmonie des formes, la régularité de la respiration, l'ampleur du poitrail et l'épaisseur du garrot. On doit aussi rechercher, autant chez les étalons de gros trait que chez les autres, une tête légère, large au sommet, mince à l'extrémité, et des pieds moyens, à corne lisse. L'étalon ne doit être ni maigre ni trop chargé d'embonpoint ; lorsqu'il est trop gras, il est souvent difficile de reconnaître les défauts de forme dissimulés par l'abondance de la graisse, et qui doivent le faire rejeter comme reproducteur.

Bien que le père influe sur les produits plus que la mère, il est absurde d'espérer de bons poulains d'une jument mal faite ou atteinte de vices héréditaires de tempérament, même quand le père de ces poulains est bien constitué et de formes irréprochables.

7. *Agriculture.*

L'âge où l'étalon peut être employé comme reproducteur varie, selon les races, de quatre à six ans : jamais un étalon ne doit servir avant quatre ans accomplis ; s'il n'est pas excédé, tant qu'il conserve sa vigueur, il peut donner de bons produits jusqu'à l'âge de douze à quinze ans. Les jeunes juments ne doivent pas être mères avant l'âge de quatre ans accomplis : la durée de la gestation étant de onze mois, c'est lorsqu'elles ont pris trois ans qu'elles doivent commencer à porter ; employées plus jeunes à la reproduction, elles donnent des poulains mal constitués et sont elles-mêmes ruinées de bonne heure. Avec une bonne nourriture, une bonne jument peut porter longtemps et tous les ans.

Quand une jument est bien nourrie, elle peut donner tous les ans un poulain, pendant dix à douze ans ; lorsqu'on tient à avoir les produits les plus vigoureux possible, la jument ne doit porter que tous les deux ans.

Élevage. Le poulain bien constitué se tient debout dès le moment de sa naissance ; il y a toujours avantage à ne pas lui laisser prendre tout le lait de sa mère ; la plupart des juments ont trop de lait pour leur petit : il est nécessaire de les traire pour éviter au poulain de fréquentes indigestions qui exerceraient sur le développement de ses organes digestifs une influence fâcheuse s'il tetait avec excès ; au bout de dix à quinze jours cette précaution cesse d'être nécessaire. Cinq à six semaines après leur naissance, les poulains peuvent commencer à recevoir, outre le lait de leur mère, quelques poignées d'avoine matin et soir. Le poulain peut être sevré à six mois. L'ancien usage de prolonger l'allaitement jusqu'à un an au moins est généralement abandonné, l'expérience en ayant démontré les inconvénients. Après le sevrage, les poulains sont nourris, soit à l'écurie, soit au pâturage ; partout où les circonstances permettent de les soumettre à un régime mixte et de leur donner de bons aliments à l'écurie, alternant avec l'herbe substantielle d'un bon pâturage, les poulains arrivent promptement à tout le développement que comporte leur race : en règle générale, il n'y a jamais de profit réel à les laisser plus ou moins souffrir de la faim à diverses phases de leur élevage.

7.

Entretien des chevaux adultes. Nourriture. Le foin et l'avoine sont en France la base de la nourriture des chevaux; il faut éviter de leur donner du foin trop récemment récolté. Celui des prairies artificielles les échauffe trop et ne leur est jamais donné seul dans nos départements du midi de la France; il n'a pas les mêmes inconvénients dans ceux du nord; toutefois, à moins qu'on ne dispose d'une abondante provision de bon foin de prairies naturelles, le meilleur de tous pour les chevaux, il ne faut leur donner tout autre fourrage qu'en mélange avec celui-là. La paille ne doit entrer dans la nourriture habituelle des chevaux de travail qu'aux époques de l'année où ils sont le moins fatigués. Pendant leurs plus rudes fatigues, les féveroles et les tiges des fèves battues leur sont très-salutaires. En Espagne, en Italie et dans l'Amérique du Sud, l'orge et le maïs remplacent souvent l'avoine dans la ration des chevaux. Le fourrage vert, surtout celui des légumineuses, vesces, jarosse, trèfle, luzerne, sainfoin, refait promptement les chevaux fatigués d'un excès de travail. Au printemps, ceux qui ont souffert d'une consommation trop exclusive de fourrage sec pendant l'hivernage se rétablissent en consommant pendant huit à dix jours de l'orge sucrion, fauchée avant le développement de l'épi, et du seigle coupé au moment où les épis commencent à se montrer.

Parmi les racines fourragères, les carottes sont les seules qui puissent avec avantage faire partie de la ration des chevaux pendant l'hiver; on les leur donne ordinairement coupées, en mélange avec des fourrages secs hachés. Quand les chevaux semblent échauffés, une dose modérée de son ajoutée à leurs aliments les nourrit et les rafraîchit tout à la fois. En Belgique, tout cheval qui supporte de rudes fatigues reçoit une ration de pain grossier, auquel on ajoute souvent un litre de bière; cet usage est également en vigueur sur toute notre frontière du Nord.

La ration du cheval doit être proportionnée à son poids. Tandis qu'un cheval de course qui pèse à peine 400 kilogr. se nourrit bien avec 2 kilogr. de foin et 16 litres d'avoine, représentant ensemble 18 kilogr. de bon foin, un gros cheval de trait, pesant 700 kilogr., a besoin de 7 kilogr. 500 gramm. de foin, 20 litres d'avoine et 10 litres de son.

Cette ration équivaut à 28 kilogr. de foin, soit 4 pour 100 du poids de l'animal.

Dans les années où les fourrages sont rares et chers, on peut réduire pour les plus forts chevaux la ration de foin à 2 ou 3 kilogr. par jour, et donner des pommes de terre cuites mêlées à de la paille hachée, du son, des farines d'orge, d'avoine ou de seigle, selon les ressources locales, de manière à ce que l'animal reçoive toujours à peu près l'équivalent en divers aliments de 4 pour 100 de son poids en foin de bonne qualité.

Le cheval ne doit, en règle générale, boire que quand il a mangé; on doit éviter de lui donner de trop grandes quantités d'eau à la fois. Il dépend de l'éleveur d'habituer les poulains à boire peu; ils s'en trouvent très-bien, et souffrent moins que d'autres de la soif pendant tout le cours de leur existence. A ceux qui ont pris l'habitude de boire beaucoup, on doit donner à boire peu à la fois, au moins trois fois par jour.

Au printemps, les chevaux, malades ou non, éprouvent un bien-être marqué et prennent de la vigueur pour résister aux fatigues des travaux de cette saison lorsqu'on les met pendant quelques jours *au vert* pour toute nourriture, pendant la première quinzaine de mai; ce régime leur profite mieux et produit plus vite son effet réparateur quand les chevaux pâturent en liberté que quand ils reçoivent le fourrage frais à l'écurie.

Travail. Les chevaux qui doivent être employés au labourage et aux autres travaux de l'agriculture doivent être attelés très-jeunes et soumis de bonne heure à un travail modéré, calculé d'après leur force croissante : ils ne s'en élèvent que mieux; la somme de travail utile qu'ils sont capables de fournir paye une partie des frais de l'élevage. Un bon cheval bien traité et suffisamment nourri peut labourer de quatre à quinze ans; on en rencontre souvent qui labourent très-bien jusqu'à un âge beaucoup plus avancé. Dans sa pleine vigueur, un attelage de deux ou trois chevaux, selon la force des races, la résistance du sol et la profondeur du labour, peut labourer par jour depuis 25 jusqu'à 60 ares, soit en moyenne de 40 à 45 ares dans les bonnes terres à froment.

Il importe beaucoup que les harnais, principalement les colliers des chevaux de labour et de gros trait, soient bien à leur mesure et ne les blessent ni par pression s'ils sont trop serrés, ni par frottement s'ils sont trop larges.

Les meilleures races françaises de gros trait et de labour sont, en première ligne, celle des chevaux *boulonnais ;* puis, par ordre de mérite comme travailleurs, les *bretons,* les *percherons,* les *comtois* et les *ardennais.* Dans la campagne de Russie, les attelages de chevaux de cette dernière race ont ramené des pièces attelées, en résistant à toutes les fatigues, à toutes les privations : ils reçurent à juste titre, à cette époque, le surnom d'infatigables.

Le cheval employé aux travaux de l'agriculture est rarement conduit par son propriétaire ; le plus souvent il est confié à des valets de ferme qui lui infligent sans nécessité les plus mauvais traitements, et ruinent ainsi en peu de temps les meilleurs attelages. On ne peut trop inculquer dans l'esprit des enfants qui auront un jour des chevaux à conduire, que, d'une part, c'est manquer à son devoir que de gâter en le frappant un animal qu'on est chargé de faire travailler, et que, de l'autre, l'homme ne peut retirer des chevaux et des autres animaux de service toute la somme d'utilité qu'il en peut prétendre qu'en les traitant avec bienveillance, comme des serviteurs précieux, des compagnons de travail, des amis.

Ane. L'âne, en raison de sa docilité, de sa sobriété, de la facilité de le maintenir en bon état avec des aliments de peu de valeur, est celui de tous nos animaux de travail qui fournit la plus forte somme de services utiles en proportion des frais de son entretien ; mais c'est à la condition qu'il soit bien traité. S'il ne l'est pas, il travaille le moins qu'il peut, prend son maître en haine, lui joue dans l'occasion toutes sortes de mauvais tours, et ne rend pas la moitié des services qu'on en peut obtenir avec de bons traitements. D'ailleurs, il s'attache à celui qui le traite bien, avec une affection comparable à celle que montre à son maître un chien de bonne race.

Dans le midi de la France, l'âne de forte race, également propre à porter, à traîner et à servir de monture, est attelé le premier en avant de deux ou trois mulets ou d'autant de

chevaux. Ces animaux, dans les chemins difficiles, s'ir-
ritent de l'obstacle, donnent des coups de collier exagérés
et se rendent poussifs; l'âne, d'une nature essentiellement
patiente, gagne tout juste son avoine (quand on lui en
donne), ne se détruit jamais le tempérament par excès de
zèle, et oblige les chevaux ou les mulets attelés derrière
lui à modérer leur ardeur en réglant leur allure sur la
sienne.

L'âne étalon peut servir à la reproduction à l'âge de
quatre ans, l'ânesse à trois ans. La durée de la gestation
de l'ânesse est de douze mois et quelques jours; les jeunes
ânons sont souvent difficiles à élever : on doit les accou-
tumer à manger de bonne heure, ne pas leur laisser
prendre trop de lait, et les préserver du froid et de l'humidité, qui leur sont funestes dans le premier âge; ils peuvent
être sevrés à quatre ou cinq mois et achever de s'élever au
pâturage ou à l'écurie, en suivant le même régime que les
jeunes poulains.

Les meilleures races d'ânes sont, en France, celle des
Pyrénées, dite de *Gascogne,* et celle du *Poitou* (*fig.* 35).
Cette dernière race est surtout élevée en vue de la produc-
tion des mulets.

Fig. 35. — Ane étalon du Poitou.

Mulet. Le mulet proprement dit est le produit de l'âne
et de la jument; l'âne étalon, pour ce genre de produit,
est choisi autant que possible fort et de grande taille. Dans
le Poitou, un âne propre à la production des mulets se vend
fréquemment de 6,000 à 7,000 fr.

Les juments de taille peu élevée, aux formes lourdes et massives, passent pour donner les meilleurs mulets. La durée de la gestation chez la jument qui doit donner un mulet est de douze à quinze jours plus longue que lorsqu'elle porte un poulain; le mulet naît environ au bout de onze mois et demi.

La mortalité est souvent assez grande parmi les jeunes mulets lorsqu'on les laisse exposés au froid et à la pluie, qui leur nuisent beaucoup plus qu'aux jeunes poulains. L'alimentation générale, les soins pendant l'allaitement et l'époque du sevrage sont les mêmes pour le mulet que pour le poulain. Une fois sevré, le jeune mulet devient rustique et s'élève facilement, pourvu qu'il soit bien nourri. On peut le faire travailler dès l'âge de quinze à dix-huit mois; pourvu qu'il ne soit pas excédé, il n'a pas à en souffrir et son développement n'en est pas entravé.

Les mulets et les mules de petite taille, courts et trapus, sont réservés pour le service de bât : ils portent mieux qu'ils ne tirent; ceux de grande taille, minces et allongés, tirent mieux qu'ils ne portent et sont principalement employés comme bêtes d'attelage.

On nomme *bardot* le mulet, plus petit que le mulet proprement dit, qui provient de l'ânesse et du cheval. Le bardot, aussi robuste dans sa petite taille que le mulet plus grand que lui, est d'un prix moins élevé. L'un et l'autre travaillent jeunes, durent longtemps, et supportent mieux que le cheval les plus dures privations. On en voit souvent qui travaillent encore activement à l'âge de vingt-cinq ans et au delà.

CHAPITRE XXX.

Du porc.

Porc; son instinct.—Choix d'une race.—Races petites, moyennes, grandes. — Petites, très-précoces, donnent plus de graisse que de viande. — Moyennes, nées de divers croisements. — Grandes, originaires d'Europe. — Leurs qualités. — Circonstances qui doivent faire préférer une race à une autre. — Choix des reproducteurs. — Verrat; âge auquel il peut se reproduire. — Truie portière; durée de la gestation; élevage. — Herbes fermentées. — Plantes nuisibles aux porcs. — Nourriture pendant l'élevage. — Engraissement; époque favorable. — Aliments. — Racines et tubercules. — Glands *maltés*. — Dose de divers aliments pour produire 100 kilogr. de viande grasse. — Soins pendant l'engraissement. — Rendement en viande des porcs abattus gras. — Races françaises. — Races étrangères.

Le porc n'est élevé que comme producteur de graisse et de viande. Quelques auteurs affirment qu'en Écosse de grands porcs maigres sont attelés à la charrue, en société avec des ânes, et que ces attelages labourent très-bien ; mais ce ne sont jamais que de rares et excentriques exceptions. Le porc, dont par un engraissement excessif et prématuré on a fait une sorte de machine à digérer, mange, dort, et son instinct paraît très-peu développé. Le porc nourri seulement en proportion de ses besoins, bien portant, sans être ni gras ni maigre, manifeste au contraire beaucoup d'instinct; il s'attache à son maître, et peut être dressé à toutes sortes d'exercices. En Belgique, les courses de porcs maigres en liberté sont un des amusements favoris des habitants des environs de Verviers ; les *porcs de course* sont d'une rapidité surprenante; ils déploient beaucoup d'émulation en cherchant à se dépasser dans la lice. On sait que, dans le sud-ouest de la France, les porcs savent admirablement indiquer à leur maître les places où croissent les truffes à l'intérieur du sol. Si l'homme, en toute autre circonstance, n'utilise pas l'instinct du porc, ce n'est pas que cet animal en soit dépourvu, c'est uniquement parce que l'homme ne juge pas avantageux de s'en servir.

Choix d'une race. Les diverses races de porcs élevées en domesticité se divisent d'après leur taille en *petites, moyennes* et *grandes*. Les porcs des petites races, originaires de l'Asie orientale et des îles de la mer du Sud, sont essentiellement précoces. Ils s'engraissent jeunes avec peu d'aliments, leurs os sont comparativement très-peu volumineux; ils produisent peu de chair et beaucoup de graisse; ils ont une propension prononcée à l'inaction et au sommeil. Les porcs des grandes races, originaires d'Europe, sont allongés, hauts sur jambes; ils ont les os des membres très-développés; ils produisent plus de chair que de graisse; ils sont actifs, remuants, agiles, et savent aller au loin chercher leurs aliments. C'est à cette classe qu'appartiennent les nombreux troupeaux de porcs nourris par les colons de l'Amérique du Nord, sur la lisière des pays incultes et boisés, qui, pour quelques poignées de maïs qu'on leur distribue à la ferme, y reviennent une fois par semaine recevoir cette gratification, et cherchent leur vie le reste du temps dans les forêts.

Les porcs des races moyennes sont nés des croisements entre les porcs des petites races d'Asie avec les porcs des grandes races d'Europe. Ces races ne sont pas parfaitement fixes; elles ne se soutiennent qu'artificiellement, et tendent sans cesse à retourner à l'un des deux types dont elles sont issues.

Le choix entre les races de porcs à élever est déterminé par le plus ou moins de facilité du placement des produits, selon les goûts et les besoins des consommateurs.

En général, les porcs des petites races conviennent surtout à la consommation des ménages; ils sont refusés sur les marchés des grandes villes, spécialement à Paris, parce qu'ils ont trop peu de viande et que les morceaux de choix, tels que les côtelettes et le filet, y sont trop peu développés. Si l'on élève sur une assez grande échelle, en destinant les produits aux marchés d'approvisionnement des villes populeuses, il faut adopter les races moyennes ou grandes. Ces dernières conviennent particulièrement aux éleveurs des cantons voisins des forêts, où les grands porcs peuvent aller, même à de grandes distances, profiter d'aliments qui sans eux seraient complétement perdus. Ainsi, le choix d'une race dépend entièrement de deux ordres de considération, d'une part la facilité du placement des produits, de l'autre les ressources que peut offrir chaque localité pour l'élevage et l'engraissement.

Choix des reproducteurs. Le verrat doit être choisi robuste, mais sans exagération de volume; il doit réunir le plus complétement possible les qualités propres à sa race. Les verrats trop gros, et surtout trop gras, sont souvent dangereux pour les jeunes truies. Il n'y a pas d'inconvénient à employer le verrat comme reproducteur dès qu'il est complétement adulte, à l'âge de huit à dix mois; entre deux et trois ans, il peut être engraissé : plus tard, sa chair n'aurait plus aucune valeur. Les vieux mâles conservés trop longtemps deviennent méchants et difficiles à aborder, même pour ceux qui en prennent soin habituellement.

La truie peut porter dès l'âge de sept à huit mois; elle n'a pas à cet âge accompli toute sa croissance; elle continue à grandir en nourrissant ses premières portées. Les truies des races qui prennent trop de taille et d'embonpoint en vieillissant ne doivent servir à la reproduction que pendant leur première jeunesse; plus tard, elles sont moins soigneuses envers leurs petits et peuvent les étouffer en se couchant dessus.

La truie porte pendant cent treize à cent quinze jours; la gestation ne dure jamais moins de cent jours et jamais plus de cent vingt; elle est un peu plus courte chez les bêtes très-jeunes et un peu plus longue chez les bêtes qui ont accompli toute leur croissance. On dit vulgairement dans les campagnes que la truie porte trois mois, trois semaines et trois jours; la durée de la gestation n'a pas constamment cette régularité. Toutes les truies ne sont pas également bonnes mères; quelques-unes dévorent leurs petits : il faut se hâter de les engraisser et de les abattre. Pendant la gestation, comme pendant l'allaitement, les truies ne doivent recevoir que la ration suffisante pour les entretenir en bon état, sans les engraisser. Dans chaque portée on peut choisir, pour les élever à part en vue de la reproduction, les jeunes mâles les mieux conformés. Dans les petites races, on réserve les plus *près de terre* et ceux dont le cou semble le plus court; dans les moyennes, qui tendent à revenir au type des grandes, on fait choix de ceux dont les os, surtout ceux des jambes, sont les plus minces et dont les formes sont les plus allongées; dans les grandes, il faut réserver de préférence les mâles aux jambes les plus fortes et aux oreilles les plus longues : ce sont toujours ceux qui réunissent au plus haut degré les caractères recommandables de leur espèce.

Les jeunes gorets s'élèvent tout seuls; ils ne coûtent que l'entretien de la mère. Il y a dans tous les pays où l'on élève un grand nombre de porcs des éleveurs qui réalisent des bénéfices importants rien qu'en entretenant des truies portières dont ils vendent les petits dès que ceux-ci cessent de teter. Une bonne truie peut, sans en souffrir, donner trois portées par an; mais il ne faut lui en demander que deux, si l'on veut qu'elle puisse élever ses petits sans s'épuiser.

Élevage. Les méthodes d'élevage varient comme les conditions économiques de chacune de nos régions agricoles ; l'élevage est surtout avantageux partout où l'on peut laisser pâturer les porcs sur des terres incultes. Dans ce cas, ils grandissent et arrivent à l'âge où ils peuvent être vendus à des prix avantageux pour être engraissés sans avoir coûté à l'éleveur autre chose que ses soins et quelques aliments presque sans valeur.

Dans les exploitations où les récoltes sarclées occupent un assez grand espace, l'herbe disponible à la suite de chaque sarclage peut être utilisée pour la nourriture des porcs. Pour qu'ils ne la rebutent pas, on laisse cette herbe en tas jusqu'à ce qu'elle s'échauffe; on ouvre alors les tas et l'on répand sur l'herbe ainsi fermentée une petite quantité de tourteau en poudre : en cet état, cet aliment est consommé avec avantage par les jeunes porcs. Il faut apporter une grande attention à ne laisser parmi les herbes distribuées aux porcs comme fourrage frais fermenté aucune plante qui puisse leur nuire. Jamais, au pâturage, ils ne touchent à ces plantes, et si elles leur sont offertes à la mangeoire, ils savent très-bien trier leurs aliments en rejetant ceux qui pourraient leur nuire : ils ne peuvent plus les distinguer lorsqu'avant de leur être offertes elles ont subi un mouvement de fermentation. Les plantes sauvages les plus dangereuses pour les porcs, parmi celles qui sont communes en France, sont la jusquiame, la morelle, la mercuriale, la grande et la petite ciguë. Il importe de bien apprendre aux femmes et aux enfants employés au sarclage des récoltes à distinguer ces plantes pour les mettre de côté, afin qu'elles ne soient pas distribuées aux porcs à un état sous lequel ils ne les reconnaissent plus : ce qui cause des cas assez fréquents d'empoisonnement de ces animaux.

Tous les fourrages de bonne qualité des prairies naturelles et artificielles conviennent pour l'élevage des porcs; ils mangent également toutes sortes de racines et de tubercules. A la fin de l'automne, lorsque les dahlias endommagés par les pluies froides doivent être supprimés dans les grands jardins, leurs tiges et leur feuillage abondant peuvent être donnés aux porcs, ainsi que les tubercules des mêmes plantes dont on n'a pas besoin pour la plantation de l'année suivante.

Les porcs, pendant l'élevage, s'accommodent très-bien d'une dose modérée de nourriture animale associée à leurs aliments végétaux; le lait de beurre, le sang de boucherie et la chair des chevaux abattus leur sont particulièrement favorables; il ne faut leur en donner que de petites quantités à la fois, sans quoi ils engraissent et ne grandissent plus.

Engraissement. On ne doit engraisser, dans chaque race, que des animaux bien conformés, d'un bon tempérament, exempts de maladies et donnant tous les signes extérieurs d'une énergique vitalité. Si l'on en achète plusieurs pour les engraisser en même temps, on rejettera ceux qui sembleront inquiets, turbulents et criards; ils priveraient les autres du calme habituel et du sommeil après les repas, conditions essentielles d'un engraissement prompt et complet. Pendant l'engraissement, quel que soit le régime auquel les porcs soient soumis, on apportera dans les distributions la plus ponctuelle régularité.

La fin de l'automne est l'époque la plus favorable pour engraisser les porcs; néanmoins, près des grandes villes où l'on peut se procurer, pour l'engraissement des porcs en

toute saison, de grandes quantités d'aliments de rebut à
très-bas prix, et où les porcs gras se vendent bien à toutes
les époques de l'année, on peut les engraisser en été avec
avantage.

Parmi les racines, les carottes et les panais sont les plus
favorables à l'engraissement des porcs ; elles ne doivent pas
leur être données seules : il faut les associer à du tourteau
pilé, du fourrage sec, ou d'autres aliments; elles leur profitent autant lorsqu'on les leur donne crues que lorsqu'ils
les mangent cuites. Les topinambours cuits sont souvent
rebutés des porcs à l'engrais; ils les mangent crus avec
plaisir et en assez grande quantité. Les pommes de terre
sont distribuées cuites, écrasées avec du son et des farines
de céréales ou de légumineuses.

Dans les années où les glands sont abondants, on peut en
faire ramasser dans les bois pour en engraisser les porcs.
Dans ce cas, il est très-avantageux de les *malter*, c'est-à-
dire de les humecter pour en faire développer le germe
sous l'influence d'une température tiède; après quoi on les
fait sécher rapidement sur une touraille de brasserie. Après
avoir subi cette préparation, les glands ont acquis une
saveur sucrée et des propriétés nourrissantes qui hâtent
l'engraissement des porcs. Après ces aliments, les plus
favorables à l'engraissement sont les tourteaux de graines
oléagineuses et les substances animales. Plus la nourriture des porcs est variée pendant l'engraissement, plus
l'opération est rapide et avantageuse.

La propreté est aussi nécessaire aux porcs en voie d'engraissement que la régularité des repas; on les provoque
au sommeil en ajoutant à leur ration une certaine quantité
de laitue. Les grosses espèces, surtout la grosse laitue de
Batavia, sont les meilleures pour cette destination; une
faible dose de sel ajoutée à tous les aliments des porcs soutient leur appétit et leur rend la digestion plus facile.

Les races françaises de porcs et leurs métis obtenus par
croisement avec les races étrangères ont, comme on l'a démontré plus haut, leurs avantages et leurs défauts, relatifs
aux conditions sous l'empire desquelles les porcs doivent être
élevés, engraissés et vendus. Les plus estimés sont les *crao-
nais*, des environs de Craon (Mayenne), grands, au corps
épais et cylindrique, à jambons volumineux; les *normands*,

plus grands que les précédents, souvent croisés avec les porcs blancs anglais de *Leicester*; les *bretons*, à tête longue, donnant une excellente viande recherchée pour l'approvisionnement de Paris; les *lorrains* avec la sous-race des *ardennais*, à chair très-ferme et d'un goût relevé; les *navarrins*, qui fournissent les jambons de Bayonne, justement estimés.

Fig. 36. — Porc du Hampshire.

Les races étrangères les plus remarquables à divers titres sont les *porcs de l'Asie orientale*, connus sous le nom de *tonquins*, très-bas sur jambes, mous, paresseux, précoces, à charpente osseuse très-déliée, finissant par devenir une masse informe de matière grasse avec très-peu de viande; les porcs anglais du *Hampshire* (*fig.* 36), nés du croisement des tonquins avec les porcs indigènes des îles Britanniques, et les *napolitains*, issus du même croisement avec les porcs indigènes du sud de l'Italie.

CHAPITRE XXXI.

De la volaille.

Volaille. — Importance de ses produits. — Poules. — Choix d'une race : pour l'engraissement; pour la production des œufs. — Reproducteurs. — Multiplication. — Choix des œufs. — Œufs mâles; œufs femelles. — Incubation; sa durée. — Élevage des poulets. — Engraissement. — Races françaises : pattes jaunes, dites poules russes; pattes grises. — Poule anglaise de Dorking; belge grise campinoise, dite de tous les jours; noire d'Espagne. — Race malaise. — Race de la Cochinchine. — Poule huppée de Hambourg; naine de Bantam. — Dindon. — Oie. — Canard.

L'élève de la volaille, soit pour les œufs, soit pour la chair, est une des branches secondaires de l'économie rurale qui peuvent le plus contribuer à faire régner l'aisance dans les ménages des petits cultivateurs. Pour en faire apprécier l'importance, il suffit de rappeler que, d'après la statistique officielle, la production annuelle des œufs en France est de 9 milliards 500 millions, valant, aux prix actuels, environ 500 millions de francs. Les œufs en France donnent lieu à un commerce d'exportation considérable dont le chiffre approche de 100 millions de francs par an Ce chiffre pourrait aisément être doublé si toutes les poule pondeuses élevées appartenaient aux meilleures races et s elles étaient partout l'objet de soins intelligents.

Poules. Choix d'une race. Avant d'adopter une race d préférence à une autre pour peupler la basse-cour, il faut s rendre compte du but en vue duquel la volaille doit êtr entretenue. Dans le voisinage d'une ville, et en général par tout où il est possible de vendre la volaille grasse ave avantage, on doit faire choix d'une des races dont la chai est la plus estimée; si les œufs, en raison des circonstance locales, sont le produit principal qu'on désire obtenir, faut s'en tenir à la race la meilleure pondeuse qu'il so possible de se procurer.

Reproducteurs. Une fois le choix arrêté, pour maintenir dans toute sa pureté la race qui convient le mieux, on place dans un local séparé du reste de la basse-cour quatre poules et un coq pris parmi les individus les plus parfaits de leur espèce. Les œufs de ce groupe de poules parfaitement fécondés, sans croisement accidentel possible, sont seuls couvés pour la propagation de la race à conserver.

Multiplication. Il importe que le poulailler soit construit de manière à offrir aux poules couveuses un compartiment parfaitement tranquille, sans contact avec la volaille qui peut entrer et sortir à chaque instant. Avant de leur confier des œufs à couver, ces œufs doivent être examinés avec soin. S'ils sont produits, selon le conseil sur lequel nous ne pouvons trop insister, par des reproducteurs d'élite, tous sont également bons à donner à couver. Mais lorsqu'on élève en vue de l'engraissement, on doit tendre à obtenir de chaque couvée le plus possible de jeunes poulets mâles; on doit chercher à faire naître au contraire le plus possible de jeunes poules quand on élève surtout pour la production des œufs. Le choix des œufs sous ce rapport, bien qu'il ne soit pas d'un usage général dans la pratique, est connu de toute antiquité ; il est très-exactement décrit dans le livre de l'agronome romain Columelle.

« Choisissez, dit cet auteur, les œufs les plus ronds : ils contiennent des poules ; ceux de forme allongée contiennent des coqs. La position de la cellule pleine d'air, au gros bout de l'œuf, est un indice certain qu'il doit produire un coq : dans l'œuf *mâle,* cette cellule occupe juste le centre du gros bout; si elle est un peu de côté, l'œuf doit produire une poule. On reconnaît aisément la position de la cellule pleine d'air à l'intérieur de l'œuf en plaçant l'œuf entre l'œil et la lumière. »

Les poules qui cachent leurs œufs, et qui vont pondre dans un lieu écarté, ne pondent jamais moins de 11 œufs; elles en pondent habituellement 15 à 16; elles vont très-rarement jusqu'à 18. La ponte dure dans ce cas de vingt à trente-six jours. Ce fait, constamment vérifié par l'observation, montre qu'en moyenne on ne doit pas donner à couver à une poule plus de 16 œufs. Il est bon de faire observer que l'on charge assez souvent une poule de petite ou de moyenne taille de couver les œufs pondus par des poules de grande taille; ces œufs étant très-volumineux, on ne peut pas en donner plus de 9 à 12 aux poules petites ou moyennes.

Incubation. La durée de l'incubation naturelle est de vingt et un jours, quand le temps est favorable, et de vingt-deux jours lorsqu'elle est contrariée par une température humide et froide. Les poulets des œufs récemment pondus naissent ordinairement un jour plus tôt que ceux des œufs pondus vingt-cinq ou trente jours avant le commencement de l'incubation. Les poules couveuses ont besoin d'être bien nourries; une nourriture abondante leur sert à entretenir la chaleur vitale au degré voulu pour que l'incubation suive régulièrement son cours et donne un bon résultat. Pourvu qu'elle ait à sa portée de l'eau et des aliments, jamais la poule couveuse ne s'absente de dessus ses œufs assez long-temps pour qu'ils se refroidissent. Tous les poulets éclosent en même temps lorsqu'on a eu soin, comme on ne peut trop le recommander, de donner à couver des œufs tous également frais, et de ne pas déranger la poule pendant l'incubation. Il ne faut pas aider les poulets qui éprouvent quelque peine à sortir de leur coquille; on risquerait de leur faire plus de mal que de bien; ils finissent toujours par se tirer d'affaire tout seuls. Lorsque peu de temps après la naissance des poulets la poule vient à mourir accidentelle-ment, on peut confier à un chapon le soin de conduire et de soigner la jeune couvée. Dans ce cas, le chapon adopte les petits; il devient au besoin courageux pour les défendre; il les rassemble sous ses ailes et *glousse* pour les rappeler, ab-solument comme la poule.

Élevage des poulets. La chaleur seule est nécessaire aux poulets le jour qui suit celui de leur naissance; ils n'ont besoin d'aliments que le lendemain. Une pâtée, formée de farine d'orge ou d'avoine, de croûtes de pain trempées et d'un œuf cuit mollet, est l'aliment qui leur convient le mieux pendant les premiers jours. Ils craignent surtout l'hu-midité et doivent être renfermés, à moins que le temps ne soit chaud et sec. Un peu plus tard, on leur donne des pommes de terre écrasées et des criblures de grain; pui ils prennent leur part de la nourriture distribuée au rest de la volaille. Les poulets ont besoin des soins de leur mère pendant six à huit semaines, selon leur espèce et les circonstances plus ou moins favorables sous l'empire desquelles ils sont élevés.

La volaille peut être engraissée par plusieurs méthodes, dont la plus simple consiste à enfermer les oiseaux dans des cages à compartiments, nommées *épinettes,* où ils ne peuvent se retourner ; la mangeoire est constamment remplie de grain ou d'une pâtée de farine pétrie avec du lait de beurre. Jamais la volaille engraissée à l'épinette ne parvient au dernier degré de graisse fine. Pour obtenir un engraissement complet, on fait avaler chaque jour à la volaille, en un ou deux repas, des *pâtons* ou boulettes allongées de pâte de farine de sarrasin et de lait de beurre. Pour forcer la volaille à se gorger de cette nourriture, on prend les animaux l'un après l'autre sur les genoux, et l'on pince la peau du sommet de la tête, ce qui les oblige à ouvrir le bec. Le pâton y est introduit aussitôt et dirigé par une pression légère des doigts le long du gosier, pour le faire descendre dans le jabot. La dose habituelle, qui doit être régulièrement pesée, est de 250 grammes par tête et par jour pour la volaille de moyenne taille. L'engraissement est complet au bout de douze à quinze jours. Les mues sous lesquelles la volaille est enfermée pendant l'engraissement ne doivent pas reposer directement sur le sol ; on étend à la place qu'elles occupent une couche épaisse de paille qu'on a soin de renouveler assez souvent pour qu'elle soit toujours propre. Cette précaution est très-nécessaire pour empêcher le contact des déjections des animaux de leur faire contracter la maladie des pattes, qui les fait beaucoup souffrir et s'oppose à l'engraissement. Les mues doivent être placées dans un local propre, parfaitement tranquille et obscur, où la volaille éprouve une température tiède aussi égale que possible.

Selon les ressources locales, on peut substituer au sarrasin la farine de seigle, d'orge ou de maïs, les doses et la pratique de la méthode restant d'ailleurs les mêmes.

Races françaises et étrangères. Dans la plupart de nos exploitations rurales, les poules offrent un tel mélange de formes, de plumages et de tailles diverses, qu'il est le plus souvent impossible d'y reconnaître aucune race distincte. Dans quelques cantons seulement, on maintient assez pures des races estimées, telles que celles de la Bresse (Ain) et du Mans (Sarthe), pour l'engraissement, et la poule de Caux (Seine-Inférieure), pour la ponte. En général, on regarde les animaux à pattes jaunes, désignés dans le Nord sous le nom de *poules russes,* comme préférables pour l'engraissement, et les variétés à pattes grises comme meilleures pour la production des œufs.

Les meilleures races étrangères sont : en Angleterre, la poule de *Dorking;* en Belgique, la poule *grise campinoise,* dite poule *de tous les jours,* parce qu'elle pond en effet presque tous les jours sans interruption, du printemps à l'automne; en Espagne, la *poule noire,* presque égale à la grise campinoise pour la production des œufs.

Depuis quelques années, les basses-cours de toute l'Europe ont été envahies par les races de l'Asie orientale désignées sous le nom de *poules malaises* et de *poules de la Cochinchine* (*fig.* 37). Les plus beaux reproducteurs de ces deux races se vendent souvent à des prix très-élevés. La faveur dont elles sont l'objet semble fondée plutôt sur la

Fig. 37. — Coq cochinchinois.

mode que sur la raison : ces races donnent de gros œufs et de belle volaille, mais elles produisent peu, mangent beaucoup, et coûtent plus qu'elles ne peuvent rapporter. On peut les ranger, avec la race *huppée de Hambourg* et la race *naine de Bantam,* dite *petite poule anglaise,* parmi les oiseaux d'ornement plutôt que parmi la volaille réellement profitable à multiplier dans la basse-cour du cultivateur. La seule qualité réellement recommandable de la poule malaise et de la poule cochinchinoise, c'est leur grande précocité. Les poules de ces deux races sont disposées à couver dès les premiers beaux jours, tandis que celles des races européennes ne commencent à couver qu'à la fin du printemps; d'où il résulte que leurs poulets ne sont bons à manger qu'à la fin de la belle saison. Ainsi, quelques poules malaises et cochinchinoises, dans une grande basse-cour, peuvent avoir leur utilité en qualité de couveuses précoces.

Dindons. Le dindon est un peu plus difficile à multiplier et à élever que la poule. La dinde pond de douze à vingt œufs; elle n'en peut pas couver convenablement au delà de seize. L'incubation dure de vingt-huit à trente jours. Les jeunes dindonneaux craignent encore plus l'humidité que les jeunes poulets; on mêle à leur pâtée des orties hachées jusqu'à ce qu'ils aient *pris le rouge,* c'est-à-dire formé les caroncules rouges de leur tête, époque critique de leur développement. Cette crise passée, ils deviennent rustiques, et la fin de leur élevage n'offre pas de difficulté. On engraisse les dindons de la même manière que les autres volailles, en proportionnant la dose des aliments au poids des oiseaux à engraisser. Les mâles doivent être éloignés des couveuses : ils cherchent le plus souvent à détruire leurs œufs.

Oies. L'élevage des oies par bandes nombreuses est très-profitable : la chair de cet oiseau est saine et très-nourrissante; il prend facilement la graisse et donne en outre un duvet d'une assez grande valeur. L'oie pond douze à treize œufs; l'incubation dure vingt-neuf jours, assez régulièrement. Elle donne souvent en été une seconde couvée un peu moins nombreuse que la première. On est averti du moment où les oies peuvent être dépouillées du duvet qu'elles portent particulièrement sous le ventre, en voyant la mue commencer spontanément. Quelques personnes blâment comme un acte de cruauté l'enlèvement de ce produit, sans réfléchir que, s'il n'est pas pris par l'homme, il tombe de lui-même et se trouve perdu. L'oie, dépouillée de son duvet en plein été, le refait très-vite et ne s'en porte pas plus mal. Elle s'engraisse avec toute espèce d'aliments végétaux, mais surtout avec un mélange de grains cuits et de pommes de terre cuites écrasées, données à discrétion. Les oies, pendant l'engraissement, doivent être tenues dans le calme, l'immobilité et l'obscurité.

Canards. Partout où l'on peut disposer d'une eau courante ou stagnante, le canard multiplie avec la plus grand facilité. La cane pond au printemps beaucoup plus d'œuf qu'elle n'en peut couver; on peut les lui ôter à mesure qu'il sont pondus, lui en réserver une douzaine pour couver e utiliser les autres comme aliment : ils valent les meilleur œufs de poule. L'incubation de la cane dure vingt-neu jours. Les canetons, qui naissent souvent dans une sai son encore froide et pluvieuse, doivent être enfermés dan un local sec, convenablement chauffé, et nourris de mi de pain mêlée de jaunes d'œufs durs pendant les huit o dix premiers jours de leur existence, après quoi ils vont l'eau avec la mère et peuvent être laissés à ses soins intel ligents. Le canard bien nourri est toujours suffisammen gras, sans avoir besoin d'être soumis à un régime particu lier d'engraissement.

CHAPITRE XXXII.

Du lapin domestique.

Lapin domestique. — Choix des reproducteurs. — Multiplication. — Alimentation. — Herbe des sarclages. — Plantes nuisibles. — Fourrage sec. — Racines fourragères. — Soins de propreté; litière; râtelier. — Engraissement. — Aliments aromatiques. — Garenne artificielle. — Clôture. — Peuplement. — Chasse au panneau. — Nourriture supplémentaire. — Principales races : lapin commun; angora; flamand d'Audenarde; anglais de fantaisie; lapin-lièvre de Harwich.

La chair du lapin domestique, sans être très-délicate, est saine et nourrissante; c'est une de celles qu'il est possible de produire au plus bas prix. Souvent on se dégoûte d'élever des lapins, à cause des maladies fréquentes auxquelles ils sont sujets, et qui enlèvent des portées entières, en dépit des soins les mieux dirigés; de tels revers dans l'élevage des lapins proviennent presque toujours du mauvais tempérament des reproducteurs : les qualités et les vices de constitution sont héréditaires, chez le lapin, à un plus haut degré que chez tout autre animal domestique.

Choix des reproducteurs. Le lapin mâle est apte à la reproduction dès l'âge de six mois, mais il ne doit être employé qu'à l'âge de dix à douze mois. A part la forme, la taille et le tempérament, on doit rechercher dans un lapin mâle la familiarité et la douceur; ceux qui sont farouches et turbulents maltraitent les femelles et les tuent même quelquefois.

La femelle du lapin domestique peut porter à six mois : il vaut mieux pour elle comme pour ses petits qu'elle ne soit pas mère avant son dixième mois. La durée de la gestation est de trente à trente et un jours.

Multiplication. On nomme *clapier* la réunion des loges dans lesquelles on élève des lapins en domesticité. Lorsqu'on prend du clapier des soins intelligents, on peut obtenir de chaque femelle six portées par an, de six à huit petits chacune; donnant une moyenne de trente-six à quarante lapins par an; dans un clapier bien tenu, la mortalité exerce peu de ravages. Les jeunes lapins tettent vingt-cinq à trente jours, mais à quinze ou vingt jours ils doivent recevoir un peu de son, du fourrage frais ou d'autres aliments qui les préparent à bien supporter le sevrage. A l'âge de trente à quarante jours, ils peuvent être séparés de leur mère.

Alimentation. Dans les campagnes, on considère surtout l'élève du lapin comme une bonne opération par cela seul que cet animal peut être nourri avec des aliments qui ne coûtent rien; les enfants vont à temps perdu, selon l'expression reçue, *faire de l'herbe* pour leurs lapins. Celle qu'ils coupent au bord des fossés, dans les terrains incultes, et celle qui provient du sarclage des champs et des jardins contiennent souvent des plantes qui nuisent aux lapins en leur donnant des diarrhées mortelles; s'il s'y trouve de la jusquiame ou du stramonium, ils sont empoisonnés et meurent comme foudroyés. Lorsqu'on veut élever des lapins avec profit, il faut, *en toute saison,* leur donner une partie de leur ration en fourrage sec, carottes, avoine, son et autres aliments de choix; ils ne doivent recevoir pendant la belle saison que *la moitié* de leur ration journalière en herbe fraîche. Il n'est d'ailleurs pas bien difficile d'apprendre aux femmes et aux enfants qui coupent l'herbe pour les lapins à connaître le petit nombre de plantes qu'ils doivent s'abstenir de mêler aux aliments frais qu'ils leur distribuent. Les accidents provenant du mélange de plantes nuisibles dans la ration de fourrages frais donnée aux lapins n'auraient jamais lieu si, au lieu de chercher un bénéfice incertain en nourrissant ces animaux d'herbes de rebut, on leur distribuait de l'herbe fraîche des bonnes prairies naturelles. Le trèfle, la luzerne, le sainfoin et les autres plantes légumineuses fourragères à l'état frais leur conviennent également : il faut avoir soin que ces plantes ne soient pas mouillées par la rosée ou la pluie au moment où les lapins les mangent. Dans les pays où le maïs est cultivé en grand, les sommités des plantes coupées quand l'épi mâle a fleuri nourrissent très-bien les lapins; la carotte est pour ces animaux la meilleure des racines fourragères.

Quelle que soit la nature des aliments distribués aux lapins, il ne faut jamais leur en donner beaucoup à la fois; on doit s'astreindre à leur faire quatre distributions par jour, à des intervalles réguliers, et à tenir leurs loges extrêmement propres en tout temps. La litière de paille fraîche doit être renouvelée sous les lapins aussitôt qu'on la voit imprégnée d'urine; elle peut être mise à part comme un excellent fumier particulièrement propre à la culture des plantes potagères. Enfin, au lieu de poser sur le plancher des loges l'herbe fraîche ou sèche qu'on donne aux lapins, il est facile et peu coûteux de placer au fond de la loge, à la hauteur de 0^m,25 un petit râtelier, semblable, toute proportion gardée, à ceux des étables et des écuries, et de ne jamais placer ailleurs que dans ce râtelier les rations de fourrage offertes aux lapins. Ils s'accoutument très-vite à se dresser sur leurs pattes de derrière pour manger au râtelier; cela seul leur évite la plupart des maladies résultant du contact de leurs aliments avec une litière imprégnée d'urine.

Engraissement. Le régime des lapins à l'engrais consiste principalement en racines cuites et écrasées avec du son; on y ajoute vers la fin une bonne poignée d'avoine deux fois par jour. La durée ordinaire de l'engraissement est de quinze à vingt jours; en les nourrissant à discrétion avec du son, de l'avoine et du maïs cuit, les lapins peuvent être engraissés en dix à douze jours. Quelques aliments aromatiques tels que le céleri, la pimprenelle et l'estragon, distribués en petite quantité aux lapins pendant les derniers jours de l'engraissement, donnent à leur chair un goût relevé qui en dissimule la fadeur naturelle.

Garenne artificielle. Dans le voisinage des grandes villes il peut être avantageux de faire multiplier en grand les lapins dans un état à demi sauvage, en les renfermant dans un enclos qui prend dans ce cas le nom de garenne artificielle. Dans un terrain plat, un large fossé qu'on tient constamment rempli d'eau est une clôture suffisante que le lapin ne tente jamais de franchir. Dans un terrain sec, plutôt léger que fort, parfaitement exempt d'humidité, une garenne artificielle réussit très-bien; il faut l'enclore d'un bon mur dont les fondations soient assez profondes pour que les lapins ne puissent s'échapper en passant par-dessous. L'intérieur doit être traversé par un filet d'eau ou muni d'un bassin aux bords plats, dont l'eau fréquemment renouvelée sert à abreuver les lapins. Pour peupler une garenne artificielle on peut y mettre des lapins domestiques; quelle que soit la couleur de leur robe, la vie sauvage les fera revenir en trois ou quatre générations à la robe uniformément grise du lapin sauvage d'Europe, dont ils prendront également la taille, quand même ils auraient appartenu dans l'origine à une race beaucoup plus développée. Quand les lapins sont devenus très-nombreux et que l'herbe croissant dans l'enclos ne peut plus leur suffire, on place à leur portée, sous un petit hangar près du mur, du fourrage sec en proportion de leurs besoins. Lorsqu'on doit en réduire le nombre pour en tirer parti, il ne faut les chasser qu'*au panneau*, qu'on tend vers un des angles de la garenne; les lapins rabattus de ce côté viennent s'y prendre vivants sans se blesser; on peut remettre en liberté ceux qu'on doit conserver pour le repeuplement, en maintenant la proportion entre le nombre des mâles et celui des femelles. En leur donnant la chasse à coups de fusil, on troublerait les mères qui élèvent leurs portées, et l'on ne pourrait reconnaître et choisir ceux qui ne doivent pas être détruits. Les lapins ainsi élevés dans une garenne forcée diffèrent très-peu des lapins tout à fait sauvages, soit pour la taille, soit quant à la saveur de leur chair; on doit avoir soin de ne pas leur laisser acquérir toute leur croissance; plus ils sont vendus jeunes, après toutefois qu'ils sont devenus adultes, plus la vente en est avantageuse.

Principales races de lapins domestiques. Pour la fécondité, la rusticité et la bonne qualité de sa chair, il n'est pas de race qui l'emporte sur le *lapin commun*, à poil gris mêlé de blanc, noir et blanc, roux clair et quelquefois entièrement noir. Sur les bords de la Loire, on élève entre Angers et Saumur une race particulière de *lapins angoras*, à long poil gris perle, qui sont tondus régulièrement et dont la dépouille a une certaine valeur; mais leur chair n'est pas de très-bonne qualité.

Fig. 38. — Lapin anglais à oreilles pendantes.

Parmi les races étrangères, on estime particulièrement le gros lapin des Flandres, dit *lapin d'Audenarde,* et les lapins anglais à oreilles pendantes (*fig.* 38), nommés dans leur pays *lapins de fantaisie* (*fancy rabbit*). L'une des meilleures races anglaises de lapins, qu'il pourrait être utile de propager sur le continent, est celle des lapins de Harwich, qu'on nomme en anglais *lapins-lièvres,* en raison de la couleur de leur poil; ces lapins atteignent souvent le poids extraordinaire de 6 à 10 kilogrammes : c'est la plus forte race de lapins qui existe en Europe.

CHAPITRE XXXIII.

Des abeilles.

Les abeilles. — Emplacement du rucher. — Tablette. — Choix des essaims. — Signes distinctifs des jeunes abeilles; des vieilles. — Choix des ruches. — Ruches communes; à compartiments. — Prise des essaims. — Récolte des produits. — Méthode des Landes ; ses inconvénients. — Époque de la récolte. — Hivernage. — Maladies : diarrhée; jaune des pattes. — Remède.

L'éducation des abeilles est possible et profitable sur tous les points de notre territoire; c'est pour les habitants des campagnes une source d'aisance trop souvent négligée. Depuis que les prairies artificielles, trèfle, sainfoin, luzerne, ont pris peu à peu dans les assolements la place de la jachère, les abeilles trouvent à *butiner* dans les champs, à

peu près sans interruption, du printemps à l'automne ;
elles utilisent, en les convertissant en miel et en cire, des
substances qui, sans leur travail, seraient entièrement per-
dues ; elles ne diminuent en aucune façon la somme des
produits utiles des plantes dont elles ont visité les fleurs
pour y puiser les éléments du miel et de la cire.

Nous n'avons point à nous arrêter ici à décrire les par-
ticularités, si curieuses d'ailleurs, de l'histoire naturelle
des abeilles, de leur organisation et de leur merveilleux instinct. On sait que chaque famille se compose d'une femelle
unique ou *reine* (*fig.* 39), seule chargée de renouveler la population de la ruche par la ponte de ses œufs, de quelques
centaines de mâles ou *faux bourdons* (*fig.* 40), qui meurent
naturellement ou sont tués après avoir rempli leur rôle de
reproducteurs, et de 22 à 25,000 abeilles *ouvrières* ou *neu-
tres* (*fig.* 41), qui sont chargées de la double tâche de récolter et d'élaborer le miel et la cire et de nourrir les larves
nées des œufs pondus par la reine.

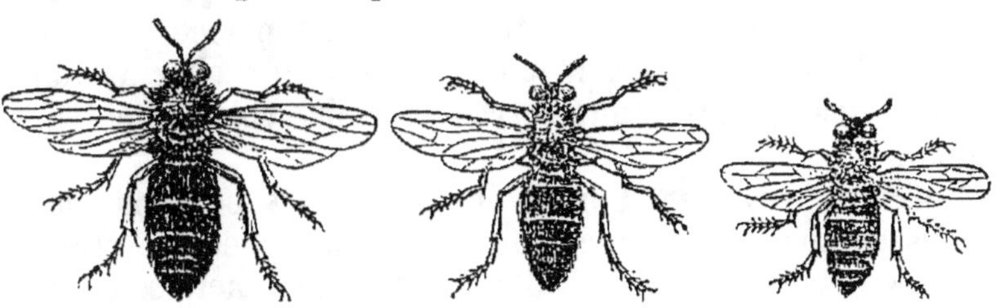

Fig. 39. — Reine.   Fig. 40. — Faux bourdon.   Fig. 41.— Ouvrière.

Emplacement du rucher. Lorsqu'on veut s'occuper
avec fruit de l'éducation des abeilles, le premier point à
déterminer, c'est l'emplacement du rucher. Il faut avant
tout aux abeilles une situation tranquille, isolée, où elles
ne soient pas troublées par les allées et venues des gens de
leur voisinage. Il doit y avoir un filet d'eau vive à peu de
distance du rucher ; si les bords n'en sont pas d'un accès
facile, on y plantera du cresson ou d'autres plantes aqua-
tiques, dont les feuilles serviront de promontoire aux abeilles
pour qu'elles puissent s'y désaltérer aisément.

Beaucoup d'*apiculteurs* préfèrent pour leurs ruches une
exposition découverte, au plein midi : les ruches, dans cette
situation, *essaiment* de très-bonne heure et donnent presque toujours plusieurs essaims dans un été, mais c'est en

quelque sorte une production forcée : les essaims ainsi obtenus sont faibles et de peu de valeur; la ruche se dé-
peuple; son produit en miel et en cire est très-faible : elle
n'a pas d'avenir. Il vaut mieux, selon le conseil des hommes
les plus compétents en pareille matière, s'en rapporter aux
indications de la nature. Les abeilles livrées à elles-mêmes,
qu'on trouve assez souvent dans les bois, choisissent toujours leur domicile, non sur la lisière, mais à quelque distance dans l'intérieur, par conséquent dans une situation
ombragée : c'est, en effet, celle qui leur convient le mieux.
Les ruches sont fort exposées aux attaques des petits rongeurs, souris, mulots, rats, campagnols, que l'odeur du
miel attire et qui peuvent causer dans le rucher de graves
dommages. Par ce motif, la tablette sur laquelle sont placées les ruches doit être supportée par de solides piquets
saillant au-dessus du sol d'environ 0^m,50. Les ruches, dans
cette situation, sont inaccessibles aux petits rongeurs.
Quand l'espace ne manque pas, il vaut mieux que chaque
ruche repose sur une tablette à part supportée par un
piquet isolé. Quelle que soit la disposition du rucher, il doit
toujours être entouré d'une barrière à claire-voie, à hauteur
d'appui.

Choix des essaims. Lorsqu'on achète des essaims pour
l'établissement d'un rucher, on doit rechercher de préférence les essaims composés d'abeilles jeunes, actives et vigoureuses; ces essaims ne sont pas toujours les plus nombreux et les plus lourds : le poids et le nombre des abeilles,
conditions les plus recherchées des acheteurs, trompent
assez souvent. La meilleure indication résulte de l'examen
des abeilles elles-mêmes : celles qui sont jeunes et bien
portantes ont un aspect propre et luisant; leur nuance se
rapproche plus du brun que du gris. Si l'on en examine
une séparément, on voit que ses ailes sont entières, sans
aucune déchirure sur leurs bords. Les abeilles anciennes
ont une nuance terne, plus grise que brune : les bords de
leurs ailes sont déchirés et comme frangés, ce qui les rend
faciles à reconnaître. Dans les ruches plus ou moins vieilles,
bien qu'elles soient peuplées d'essaims encore jeunes, la
taille générale des abeilles est au-dessous de la moyenne
de leur variété. Cela tient à cette particularité que la reine
opère plusieurs pontes dans les mêmes loges. Chaque larve

née d'un œuf pondu par la reine se file, pour subir sa dernière transformation, un cocon de soie d'une extrême finesse, dont elle tapisse l'intérieur de sa cellule. Après la naissance de la jeune abeille, les ouvrières prennent soin de nettoyer la cellule de leur mieux, avant qu'elle reçoive un nouvel œuf; mais elles ne peuvent enlever le cocon, de sorte que, lorsqu'elle a vu naître une ou deux générations d'abeilles, la cellule se rétrécit de plus en plus. Il en résulte nécessairement que les abeilles nées les dernières n'ont pas pu acquérir le volume normal de leur espèce. Il faut éviter autant que possible d'acheter des essaims trop près du lieu où doit être établi le rucher; quand la distance n'est pas très-grande, il leur arrive assez souvent de retourner à leur ancien domicile.

Choix des ruches. Les ruches de terre cuite, cylindriques, en forme de dôme à leur partie supérieure, recouvertes extérieurement d'une épaisse enveloppe de jonc ou de paille tordue, sont les plus usitées en France. Dans les Landes, on leur donne la forme d'un pain de sucre; dans le Doubs et dans le Jura, elles ont, de même qu'en Suisse et en Savoie, la forme d'une demi-sphère. Le perfectionnement le plus généralement adopté par les apiculteurs consiste à faire la ruche de deux pièces sans en modifier la forme; une planchette percée de trous pour la circulation des abeilles, ou bien un grillage d'osier blanc à mailles d'un ou deux centimètres d'ouverture, est placé entre les deux compartiments de la ruche. Dans le midi de la France, on utilise, pour former des ruches cylindriques d'un usage commode et qui ne coûtent presque rien, la première écorce du liége, qu'on enlève avant de prendre la seconde écorce, seule propre à la fabrication des bouchons. Il est très-facile de diviser ces ruches en deux espaces séparés, comme les ruches de terre cuite.

A différentes époques, surtout pendant la guerre maritime qui rendait le sucre rare et cher en Europe et donnait au miel une grande valeur, on a cherché à provoquer une grande production de cire et de miel en logeant les essaims dans des ruches de bois, les unes verticales, les autres horizontales, divisées en plusieurs espaces séparés par des hausses mobiles qu'on peut déplacer à volonté. Il est certain que, dans les ruches de ce genre, dont le modèle primitif paraît être venu d'Écosse, les abeilles produisent énormément; mais c'est un profit illusoire, car les essaims s'épuisent en une saison, et le compte donne en dernière analyse plus de perte que de bénéfice. Les ruches à hausse les plus ingénieuses sont dues à MM. Nutt, Varambey, Huber, Féburier et Bienaimé; cette dernière, aussi connue sous le nom de *ruche de Madagascar*, a la forme d'un parallélipipède allongé; elle se pose horizontalement.

Prise des essaims. Les ruches convenablement peuplées donnent ordinairement au moins deux essaims par an; la sortie des essaims peut toujours être attendue, par un temps clair et calme, de dix heures à midi. Le plus souvent, le jeune essaim va se grouper sur une branche d'arbre, à peu de distance de son point de départ. Dès qu'il est posé, on lui présente l'ouverture d'une ruche neuve enduite de miel à l'intérieur : les abeilles y entrent d'elles-mêmes. Bien que ces insectes piquent rarement ceux qu'ils voient habituellement et qui en prennent soin, il est toujours prudent de se couvrir les mains et le visage, soit pour prendre les essaims, soit pour vaquer aux autres travaux que nécessite l'entretien d'un rucher.

Dans tous les cantons où l'on élève des abeilles, en France, au moment du départ d'un essaim, des femmes et des enfants frappent sur des poêles ou des casseroles, en criant aux abeilles : « A bas, mignonnes! assis, mignonnes !» Cet usage est fondé sur la législation qui régit de toute antiquité la propriété des essaims. Lorsqu'au lieu de se poser dans le voisinage du rucher, un essaim part en ligne droite et s'éloigne à une assez grande distance, il appartient au propriétaire du terrain sur lequel il s'abat, à moins que le propriétaire ne prouve qu'il a suivi sans le perdre de vue l'essaim fugitif. Il est évident que lorsque l'essaim a été suivi avec accompagnement de cris et de casseroles, la propriété n'en est pas douteuse et ne peut donner lieu à aucune contestation.

Récolte des produits. La mauvaise qualité du miel récolté dans la plupart des départements où l'on élève le plus d'abeilles tient en grande partie à la manière sauvage dont se fait cette récolte. Dans les Landes, on jette dans un tonneau tout le contenu d'une ruche ; on pose sur le tonneau un couvercle percé d'un trou, dans lequel est passé le manche adapté à une pièce de bois analogue au riboton d'une baratte ordinaire. Les mouches sont écrasées avec les gâteaux contenant la cire, le miel et le couvain, c'est-à-dire des larves d'abeilles à divers degrés de développement. C'est de cette purée, d'un aspect révoltant, qu'on sépare le miel imprégné d'un goût et d'une odeur des plus désagréables. Ailleurs, on prend soin d'étourdir les abeilles en introduisant dans la ruche un peu de fumée, ce qui les force à se réfugier dans une partie de la ruche, tandis qu'on enlève le contenu du reste. Après avoir raclé légèrement avec un couteau le dessus des gâteaux pour ouvrir les cellules, on en laisse égoutter le miel ; celui qu'on recueille ainsi est de première qualité. On soumet ensuite les rayons ou gâteaux à l'action de la presse, ce qui donne le miel de seconde qualité.

L'époque la plus favorable pour *tailler* les ruches, c'est-à-dire pour enlever le miel et la cire en rayons (*fig.* 42), ou

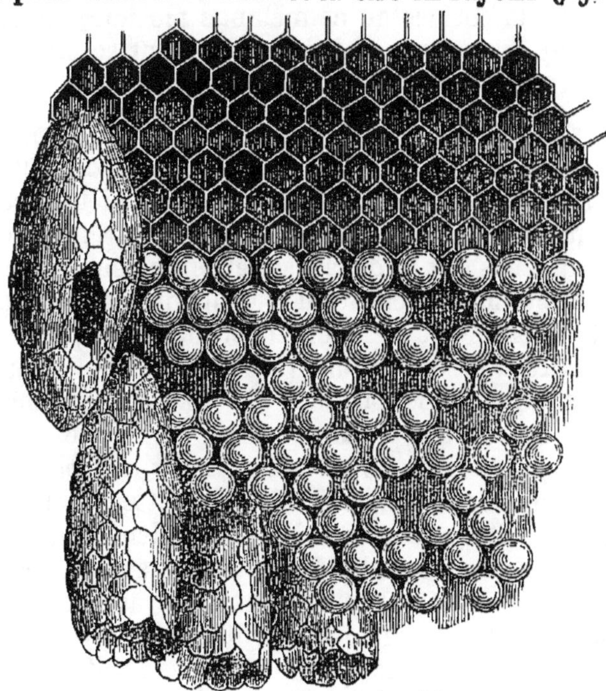

Fig. 42. — Rayon de miel.

gâteaux, est au commencement de l'été, aussitôt après le départ des essaims. Au moment où un jeune essaim part, toutes les abeilles qui ne doivent pas faire partie de la jeune colonie sont au dehors pour vaquer à leur travail ordinaire; on peut donc tailler la ruche sans sacrifier les abeilles, car elle n'en contient presque pas. La ruche a devant elle tout le reste de la belle saison pour construire de nouveaux rayons, se repeupler et s'approvisionner en miel pour tout l'hivernage. Le produit d'une ruche, dans de bonnes conditions, est de 2 kilogr. de miel et de 3 kilogr. de cire; elle peut donner, en outre, un ou deux essaims par an.

Hivernage. Il n'est presque jamais nécessaire, lorsqu'on a taillé les ruches avec modération et au moment convenable, de fournir aux abeilles un supplément de nourriture avant le retour du printemps. Si l'hiver se prolonge outre mesure et que les abeilles souffrent de la disette, on peut placer sous les ruches, dans une assiette, un mélange de cassonade blonde et de miel commun, par parties égales. Il faut poser à la surface de ce mélange plusieurs brins d'osier blanc sur lesquels les abeilles viennent se placer pour manger.

Maladies. Les abeilles sont sujettes à diverses maladies qui souvent déciment les ruches sans causes connues. La plus fréquente est la diarrhée. Les abeilles bien portantes ne salissent jamais l'intérieur de la ruche par leurs déjections. Lorsqu'elles ont la diarrhée, elles ne peuvent se retenir : les déjections de celles qui travaillent dans le haut de la ruche tombent sur celles qui en occupent la partie inférieure. Il en résulte un enduit qui ferme les ouvertures ou *trachées* servant à la respiration des abeilles, qui meurent asphyxiées. Une autre maladie assez commune chez les abeilles est connue sous le nom de *jaune des pattes*. La tête et les pattes des abeilles qui en sont atteintes prennent en effet une teinte jaune; les abeilles perdent leur activité et meurent en grand nombre. Le remède contre ces deux maladies est le même : on place dans une assiette sous les ruches du vin vieux rouge fortement sucré, avec des baguettes d'osier à la surface du liquide. Les abeilles malades viennent en boire et se rétablissent en peu de temps.

CHAPITRE XXXIV.

Des vers à soie.

Les vers à soie. — Magnanerie. — Dispositions intérieures. — Canisses. — Aliments des vers : salsifis; maclura ou mûrier des Osages. — Éclosion. — Moyen d'égaliser les vers. — Sommeils. — Ages. — Mues ou changements de peau. — Délitement. — Papier-filet. — Propriétés de la feuille mouillée; miellée. — Rouille. — Volume des vers à divers âges. — Cabanage. — Monte des vers. — Produit des petites éducations; des grandes. — Maladies des vers à soie.

La production de la soie constitue la principale source de richesse de plusieurs départements de la France méridionale : l'industrie de l'éducation des vers à soie est possible et profitable partout où peut croître le mûrier [1]. On nomme *magnanerie* le local affecté aux vers à soie pendant les six à sept semaines que dure leur éducation. Ce mot est dérivé du mot *magnan*, qui signifie *grand mangeur*, nom du ver à soie dans tous les patois méridionaux.

Magnanerie. La magnanerie, lorsqu'elle occupe un bâtiment spécialement affecté à cet usage, est une pièce spacieuse, munie d'une ou deux cheminées ouvertes où l'on entretient un feu clair, autant pour le renouvellement de l'atmosphère intérieure que pour le maintien de la température au degré voulu. Tout autour de la magnanerie, de légers dressoirs, fixés au mur au moyen de tasseaux, supportent des claies posées d'étage en étage, les unes au-dessus des autres, à 0^m,50 d'intervalle. Au centre de la magnanerie, des montants en bois blanc, fixés d'une part au plancher, de l'autre au plafond, et réunis entre eux par des traverses, soutiennent un pareil nombre d'étages de claies; des passages d'un mètre de large sont ménagés à droite et à gauche pour la facilité du service. Les claies qui doivent recevoir les vers à soie se nomment dans le Midi

---

1. Voyez *Mûrier*, chap. XXVI.

canisses, parce qu'elles sont faites de roseaux fendus appartenant à l'espèce connue sous le nom de *canne de Provence;* des claies d'osier sont également propres à ce service.

La quantité d'œufs de ver à soie que chacun peut faire éclore doit être en rapport avec la quantité de feuille de mûrier dont on dispose. Les magnaniers du Midi nomment les œufs de la *graine* de ver à soie; on compte que les vers provenant de 30 grammes de graine ont besoin de 600 kilogrammes de feuille pour parcourir le cours entier de leur existence à l'état de chenille et filer leur cocon.

Aliments du ver à soie. Pendant les premières phases de son développement le ver à soie peut manger les feuilles de diverses plantes, notamment celles du salsifis; mais ces feuilles ne peuvent le conduire jusqu'au terme de son éducation et lui faire produire de la soie. En Piémont et en Lombardie on plante parmi les mûriers quelques pieds d'un grand arbuste de l'Amérique du Nord nommé *maclura aurantiaca,* ou *mûrier des Osages.* Quand des retours imprévus de froids tardifs ont gelé la feuille du mûrier, au moment même de l'éclosion des œufs de ver à soie, la feuille du *maclura,* qui ne gèle pas, peut servir à nourrir les vers jusqu'à ce que les mûriers aient refait un nouveau feuillage; c'est une ressource précieuse, sans laquelle une seule nuit de gelée inattendue forcerait le magnanier à laisser ses jeunes vers mourir de faim.

Éclosion. La graine de ver à soie, livrée à elle-même, finirait toujours par éclore, mais lentement et inégalement; or, il importe au succès de l'éducation que tous les vers parcourent en même temps leurs divers âges. On comprend que si, par l'éclosion naturelle, il naît des vers pendant huit jours, on sera fort embarrassé à soigner des vers dont les derniers nés auront sur les premiers huit jours de retard : de là la nécessité de provoquer l'éclosion artificielle de la graine de ver à soie. On y parvient en exposant les œufs à une température graduellement portée de 16 à 25 degrés centigrades; cette température est augmentée d'un degré tous les jours, en s'arrêtant à 25 degrés, jusqu'au moment de la naissance des premiers vers. L'éclosion dure **quatre jours,** c'est-à-dire qu'il naît des vers

pendant quatre jours : très-peu le premier, beaucoup le
second et le troisième, et quelques retardataires le quatrième. On sacrifie les premiers et les derniers pour n'avoir
que des vers qui se suivent à un jour près. Les derniers
éclos parmi ceux qui doivent être élevés sont placés sur les
tablettes les plus élevées et les plus rapprochées des cheminées où l'on entretient un feu clair; les autres sont déposés sur les tablettes les plus basses, le plus loin possible
de la cheminée; on leur distribue un peu moins de feuilles
qu'aux vers éclos en dernier lieu : une température un peu
plus élevée et une nourriture plus abondante hâtent le développement de ces derniers; dès le second jour, les vers
sont *égalisés*, et se trouvent dans les mêmes conditions que
si tous étaient nés le même jour et à la même heure, ce
qui simplifie la besogne du magnanier et assure le succès
de son opération. Le quatrième jour, les jeunes vers, qui
ont dû recevoir par jour quatre repas à des heures régulières, composés de feuilles de *pourette* finement hachées,
entrent dans leur premier sommeil : ils ont accompli leur
premier âge.

Sommeils du ver. Le ver à soie naît revêtu de quatre
enveloppes distinctes. A mesure qu'il grossit, ces quatre
vêtements deviennent successivement trop étroits et tombent. L'insecte éprouve, pour s'en dépouiller, une crise
pendant laquelle il reste plus ou moins longtemps plongé
dans une léthargie qu'on nomme *sommeil;* l'intervalle
entre chaque sommeil est un des âges du ver à soie. Pendant ses deux premiers âges il ne mange que de la feuille
de *pourette,* ou mûrier de semis non greffé, qu'on doit hacher avant de la lui donner, sans quoi la faiblesse de ses
mandibules ou mâchoires lui permettrait difficilement de les
entamer. Pendant les âges suivants, il reçoit de la feuille de
mûrier greffée, d'abord hachée, puis entière.

La plus grande régularité dans les repas offerts aux vers
à soie, le renouvellement de l'air dans la magnanerie,
l'égalité de température maintenue entre 20 et 25 degrés centigrades; enfin, la plus minutieuse propreté, sont
les principales conditions du succès de l'éducation du ver à
soie.

Délitement. L'opération la plus délicate pour le maintien de la propreté, c'est l'enlèvement de la *litière*, composée des déjections des vers à soie et des côtes ou nervures des feuilles qu'ils n'ont pas pu consommer. Les vers à soie, comme toutes les chenilles, respirent par des ouvertures latérales nommées *trachées;* ces organes sont en contact immédiat avec la litière mêlée de déjections qui tendent à corrompre l'atmosphère intérieure de la magnanerie ; s'ils ne sont pas fréquemment délivrés de cette cause d'infection, ils sont atteints de maladies qui les déciment. L'enlèvement de la litière se nomme *déliter* les vers à soie. Un papier percé, chargé de feuilles fraîches de mûrier, est posé sur la claie couverte de vers qui viennent de finir un repas : attirés par la feuille fraîche, les vers passent bientôt par les trous faits à l'emporte-pièce, d'une grandeur proportionnée à leur volume toujours croissant. La feuille de papier, dite *papier-filet*, est enlevée avec les vers et placée sur une nouvelle claie; on se hâte de porter au dehors la litière et d'ouvrir les ventilateurs, pour qu'il ne reste aucune mauvaise odeur dans la magnanerie.

Propriétés de la feuille mouillée. La feuille du mûrier ne doit jamais être distribuée aux vers que parfaitement sèche sur ses deux surfaces; lorsqu'elle est mouillée par la pluie ou par la rosée, elle peut donner aux vers des diarrhées mortelles. Dans ce cas, avant de la faire consommer, on l'étend sur le plancher d'une chambre et on la retourne avec des fourches jusqu'à ce qu'elle soit bien ressuyée. Quelquefois il se forme sur la feuille du mûrier une couche de *miellée*, ou substance sucrée provenant des sécrétions des pucerons; la feuille en cet état est malsaine pour les vers et doit être rejetée. Souvent aussi il se forme sur les feuilles des taches couleur de rouille; on peut donner aux vers la feuille rouillée : elle ne peut leur nuire, parce qu'ils ne touchent pas aux parties tachées; il en résulte seulement une grande perte sur la consommation de la feuille.

En général, la feuille des plus vieux mûriers, ainsi que celle des arbres croissant sur des terrains plus ou moins élevés, est la meilleure et la plus substantielle; on la garde pour les derniers repas du dernier âge : c'est elle qui fait la meilleure soie.

Volume des vers. Après avoir subi leur quatrième mue, les vers à soie éprouvent une faim dévorante, nommée *frèze*, à la fin de laquelle ils cessent de manger; ils sont alors parvenus à toute leur grosseur. On calcule qu'en moyenne l'œuf du ver à soie, comparé au volume du ver complétement formé, est *comme 1 est à 1000*; l'étendue des claies nécessaires pour les vers provenant de l'éclosion d'un poids déterminé de graine est réglée d'après cette base.

La figure 43 montre le volume moyen des vers au commencement et à la fin de chaque âge.

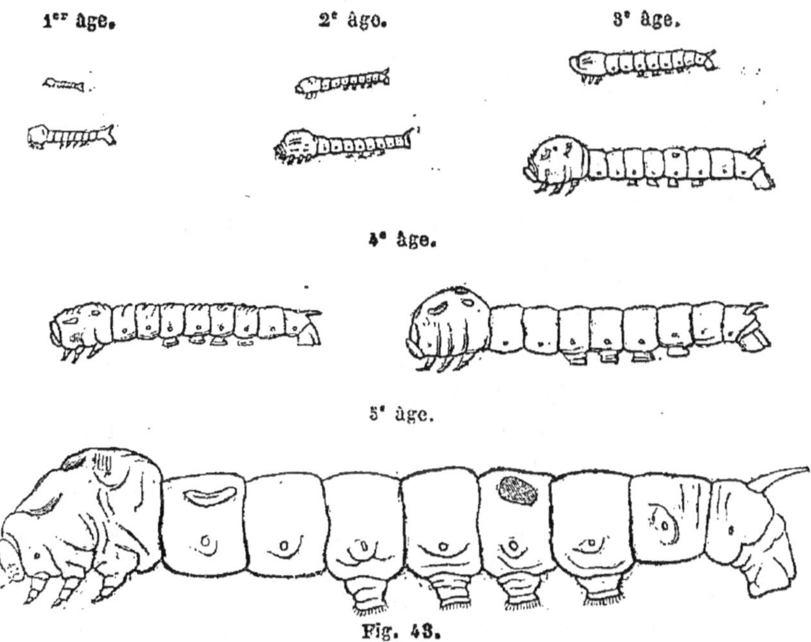

Fig. 43.

Cabanage. Lorsque le moment approche où les vers vont s'éveiller de leur dernier sommeil, on plante sur les bords des claies des rameaux de bruyère, de genêt, ou d'autres broussailles du même genre, qu'on incline de manière à en former de longues arcades : c'est ce que les magnaniers nomment *cabaner*. Le magnanier, après six semaines de fatigues pendant lesquelles il a peu dormi, est récompensé de toutes ses peines, lorsqu'il voit les vers à soie grimper de toutes parts le long des *cabanes* et y filer leurs cocons.

Aussitôt que la *monte* des vers est terminée et que tous les cocons sont formés, on se hâte de *décabaner* et de *décoconer*. Les cocons, à mesure qu'ils sont détachés des cabanes, sont pris un à un par des ouvrières qui enlèvent **la** bourre grossière et peu adhérente dont ils sont recouverts; en cet état ils sont vendus aux filateurs, qui font périr, au moyen de la vapeur d'eau bouillante, les chrysalides renfermées dans les cocons, et livrent ces cocons au *moulinage*, opération par laquelle on en dévide la soie.

La plus grande partie de la soie qui se produit en France, en Piémont et en Lombardie provient des petites éducations de 25 à 30 grammes de graine, faites avec des soins intelligents par les familles de petits cultivateurs. Le rendement en cocons est relativement plus élevé dans les petites éducations que dans les grandes : 30 grammes de graine rendent souvent 50 kil. de cocons, tandis que dans les grandes magnaneries, où l'on fait éclore à la fois jusqu'à un kilogramme de graine, on arrive rarement à produire 40 à 42 kilogr. de cocons pour 30 grammes de graine.

Maladies des vers à soie. Les vers à soie sont sujets à diverses maladies, dont les plus dangereuses sont la *muscardine* et le *gras* ou *jaunisse*, contre lesquelles il n'y a pas de remède efficace une fois que les vers en sont atteints; on peut seulement prévenir leur invasion par les soins de propreté, les fréquents *délitements* et la bonne ventilation des magnaneries. En général, le magnanier compte toujours sur une mortalité inévitable; il a soin, dans cette prévision, de faire éclore un peu de graine supplémentaire. A chaque changement de litière, il sacrifie les vers languissants ou atteints de diverses maladies qui se communiqueraient aux autres, et il obtient en fin de compte une quantité de cocons à peu près en rapport avec la masse de feuille de mûrier que les vers ont consommée. La muscardine est contagieuse; le germe de cette maladie reste dans les canisses ou claies et dans les divers ustensiles à l'usage des magnaneries. Pour détruire ce germe, à la fin de chaque éducation, on expose tous ces ustensiles, mais plus particu-

8.

lièrement les canisses, à la fumée produite par un feu alimenté avec des broussailles vertes. Les meilleures pour cet
usage sont les grandes bruyères, les myrtes, les arbousiers
et les différentes espèces de genêts qui croissent en abondance à l'état sauvage sur les collines incultes de tous nos
départements du Midi.

Dans ces départements, il ne manque pas de gens qui,
à l'époque des éducations de vers à soie, parcourent le pays
en vendant fort cher aux cultivateurs peu éclairés des
recettes, de prétendus remèdes souverains contre la muscardine. Ces recettes, qui consistent pour la plupart en
fumigations à l'aide de diverses substances, ne sont utiles
qu'à ceux qui les vendent; les moins dangereuses sont
celles dont l'effet est complétement nul; presque toujours
elles exercent une action nuisible et contribuent efficacement à dépeupler les magnaneries.

De récentes expériences, faites avec un plein succès par
M. Guérin-Menneville, ont prouvé que le ver à soie de l'ay-
lanthe glanduleux ou vernis du Japon, arbre facile à multiplier en France dans les terrains de peu de valeur, peut
se développer et filer son cocon sans aucun soin, à l'air
libre et quelque temps qu'il fasse, sous le climat de Paris.
Cette chenille donne une soie commune qui ne peut riva-
liser avec celle du ver à soie du mûrier; mais la soie de la
chenille du vernis du Japon sert à fabriquer des étoffes solides, d'un bon usage et à très-bas prix.

APPENDICE [1].

I.

De la pisciculture.

La multiplication artificielle des meilleures espèces de poissons est devenue depuis quelques années une industrie très-productive. Le nombre toujours croissant des usines sur les cours d'eau non navigables et celui des bateaux à vapeur sur les rivières navigables ayant singulièrement modifié les conditions d'existence des poissons d'eau douce, il en est résulté un dépeuplement général des eaux douces, auquel on a dû songer à chercher un remède. Deux simples pêcheurs des Vosges, Remy et Géhin, ont démontré les premiers la possibilité de multiplier artificiellement les poissons et de repeupler les eaux d'où les espèces les plus recherchées avaient disparu. M. Coste, membre de l'Institut et professeur au collége de France, et M. Millet, inspecteur des eaux et forêts, sont ceux dont les recherches et les expériences ont le plus contribué à propager en France les principes et la pratique de la pisciculture.

Le procédé, actuellement d'un usage vulgaire, est aussi simple que facile à exécuter. A l'époque où les poissons multiplient naturellement, on prend au filet, sans les endommager, des poissons mâles et femelles de l'espèce qu'on désire multiplier; ils sont placés dans des réservoirs séparés. Lorsqu'en pressant légèrement en long le ventre des poissons on en fait sortir facilement les œufs ou la lai-

---

1. Plusieurs notions qui, par leur nature, ne se rattachent à aucune des sections des leçons d'agriculture en sont néanmoins le complément nécessaire : elles sont réunies dans un appendice comprenant la *pisciculture,* industrie de création récente, à la portée de beaucoup de cultivateurs; les *chemins,* dans leurs rapports avec l'exploitation du sol, et la *statistique abrégée* de l'agriculture de chacun des départements de la France.

tance, le moment d'opérer est venu. On fait tomber dans un vase rempli d'eau pure une petite quantité de laitance, en tenant pendant l'opération le poisson mâle entre deux eaux. La quantité de laitance à employer pour féconder une quantité d'œufs déterminée ne peut être précisée : on risque de ne pas réussir en en mettant une dose trop-forte; il suffit que l'eau contracte une teinte d'opale et perde en partie sa transparence. Au même instant, on prend un ou plusieurs poissons femelles, dont on fait tomber les œufs dans l'eau chargée de laitance : la fécondation s'opère immédiatement. Les œufs fécondés, déposés dans des réservoirs appropriés à cet usage, dont l'eau se renouvelle lentement, mais constamment au moyen d'un courant faible, mais continu, éclosent au bout d'un temps plus ou moins long, selon les espèces. Dès que les poissons ont pris un certain accroissement, on les transvase dans d'autres réservoirs, où ils sont nourris jusqu'au moment où ils sont assez forts pour se soutenir contre les espèces voraces qui leur font la guerre quand on les met en liberté dans les eaux courantes.

Incubation. On nomme *période d'incubation* le temps qui s'écoule entre la fécondation artificielle et l'éclosion des jeunes poissons. Le meilleur moyen de faire traverser heureusement aux œufs cette période consiste à les placer dans l'eau, étendus en couches minces sur des tamis de toile métallique galvanisée. Lorsque les œufs fécondés doivent être transportés à de grandes distances, il faut les faire voyager enveloppés dans du linge mouillé, pendant les premiers jours de la période d'incubation, avant que les yeux commencent à être distincts au travers de l'enveloppe de l'œuf, sous la forme de deux points noirs.

Frayères artificielles. Il est souvent avantageux de recueillir, à l'époque naturelle de la propagation des bonnes espèces de poissons, des œufs fécondés, pour les placer dans les meilleures conditions pendant l'incubation et les soustraire, ainsi que les jeunes poissons récemment éclos, aux causes nombreuses de destruction qui menacent leur existence. En étudiant la manière dont s'accomplit l'éclosion naturelle, on dispose sous l'eau, à diverses profondeurs, des places sablées, garnies de gravier, entourées de petites digues qui arrêtent le courant et éloignent les poissons voraces. Ces dépôts d'œufs naturellement fécondés sont nommés par les pisciculteurs *frayères artificielles*. L'observation attentive des exigences de chaque espèce de poissons rend très-facile la récolte de ces œufs aussitôt après la ponte; on peut ainsi les enlever et les placer dans les meilleures conditions d'éclosion, avant qu'ils soient la proie des poissons voraces, qui se nourrissent également des poissons récemment éclos quand on ne prend aucun soin pour les en préserver. Les produits de la pisciculture sont d'autant plus avantageux que les frais à faire pour les obtenir sont à peu près nuls. Ainsi, beaucoup de cultivateurs peuvent affermer à très-bas prix, pour un long terme, le droit de pêche dans un cours d'eau peu poissonneux, le repeupler d'espèces de choix, et en tirer longtemps un bon revenu.

Multiplication des écrevisses. Quoique l'écrevisse soit un crustacé et non pas un poisson, son élevage se rattache à la pisciculture. Pour faire multiplier l'écrevisse, on fait choix au printemps des femelles portant des grappes d'œufs sous la queue; elles sont placées dans un cours d'eau barré par des grillages de toile métallique galvanisée, obstacle qu'elles ne peuvent franchir. Des tronçons d'arbres creux (ceux de saule sont les meilleurs pour cet usage) sont placés de distance en distance et maintenus au fond de l'eau par de grosses pierres : les écrevisses y viennent déposer leurs œufs. Il faut surveiller l'éclosion, car les mères se nourrissent volontiers de leurs petits; on doit donc enlever les mères aussitôt après la ponte. On nourrit les écrevisses en leur distribuant toute sorte de nourriture animale, spécialement des vers de terre, des limaces, des limaçons et, lorsqu'on le peut, des débris d'animaux abattus dans les boucheries et des boyaux de volaille coupés par morceaux.

Lorsqu'on veut soumettre les écrevisses à l'engraissement, on les place isolément dans des bocaux où elles sont nourries à discrétion de toutes sortes de débris de cuisine; elles peuvent acquérir ainsi plus du double de leur volume ordinaire.

II.

Des chemins dans leurs rapports avec l'agriculture.

Le bon état des chemins sur lesquels doit s'opérer le transport des fumiers aux champs, des récoltes à la ferme, et des divers produits du sol aux marchés où ils peuvent être réalisés en argent, importe au plus haut degré à la prospérité des exploitations agricoles. Pour rendre cette vérité sensible, il suffit de rappeler un fait qui parle assez haut de lui-même. Dans les départements de l'ancienne Bretagne, le sol cultivé est généralement léger; les terres fortes y sont une exception assez rare. Des attelages de chevaux de petite taille et de bœufs *gars* de la race bretonne, petite et robuste, exécutent aisément tous les travaux agricoles. Mais dans la plupart des cantons voisins du littoral, où les chemins sont tout simplement le lit des ruisseaux, rempli de fondrières nommées *bouillonnières* dans le langage du pays, les fermiers, pour pouvoir effectuer le transport des fumiers et des récoltes, sont forcés de subir l'entretien ruineux d'attelages de grands bœufs poitevins de la race de Chollet, sans lesquels leurs charrettes et tombereaux ne sauraient circuler dans les affreux chemins qu'ils ont à parcourir. Cela seul absorbe la plus forte part des bénéfices de l'industrie agricole et grève d'une charge énorme, parfaitement inutile d'ailleurs, les prix des denrées nécessaires à la vie.

Les chemins à l'usage particulier de l'agriculture rentrent dans deux catégories, dont la première comprend les *chemins d'exploitation*, et la seconde, les *chemins vicinaux*.

Chemins d'exploitation. Ces chemins ont un caractère essentiellement privé : ils sont exclusivement à l'usage d'une ferme en particulier; ils divergent vers toutes les parties du terrain cultivé, en partant de la cour de la ferme. Dans les exploitations contiguës dont les fermiers s'entendent à cet effet, on abrége les trajets en passant par les chemins du voisin, à charge de réciprocité. Les chemins d'exploitation sont *permanents* ou *temporaires* : l'établissement des premiers est habituellement à la charge du propriétaire, celui des seconds à la charge du locataire :

c'est toujours le locataire qui doit entretenir en bon état les chemins d'exploitation temporaires ou permanents.

Dans les fermes divisées en enclos fermés par des haies vives, comme le sont encore celles d'une grande partie des pays de moyenne culture en France, les chemins d'exploitation sont toujours permanents; ils sont habituellement tracés le long d'une haie; ils aboutissent à la barrière par laquelle on pénètre dans chaque enclos et à celle par laquelle on en sort, à son extrémité opposée. Pour que ces chemins soient praticables aux époques où ils doivent être fréquentés, il suffit d'y introduire la circulation en temps de pluie ou de dégel, de combler les ornières à mesure qu'elles se forment, et de jeter quelques fagots de broussailles sèches sur les passages habituellement humides, bas, où les eaux des pluies se rassemblent et séjournent après que le reste du parcours du chemin est suffisamment ressuyé.

Dans les pays de grande culture, les chemins d'exploitation sont essentiellement temporaires; ils changent de place selon les nécessités qui résultent des diverses cultures comprises dans les assolements. Les conditions de leur entretien sont les mêmes que celles des chemins d'exploitation permanente.

Chemins vicinaux. La loi donne le nom de *chemins vicinaux* à ceux qui servent à établir les communications d'une commune à une autre. Ces chemins seraient de véritables allées de jardin, praticables et même carrossables en toute saison, si la loi était fidèlement exécutée à leur sujet : malheureusement, elle ne l'est que par exception. On ne peut trop insister auprès des habitants des campagnes pour leur remontrer combien le bon état des chemins vicinaux importe à la conservation de leurs attelages et de leurs instruments de transport, et quelle charge écrasante ils s'imposent à eux-mêmes en négligeant de remplir les obligations que la loi leur impose quant à l'entretien de ces chemins.

Tout cultivateur *doit*, pour la réparation des chemins vicinaux, *deux journées de travail* pour lui et les membres de sa famille qui sont en âge de travailler; il doit en outre *deux journées* de ses animaux de service et de ses instruments de transport : ces obligations sont annuelles. Le moment des prestations est déterminé par les agents voyers, de manière à concilier les besoins de l'entretien des chemins vicinaux avec les exigences des travaux de la campagne ; mais, la plupart du temps, la loi est éludée par incurie, ou bien elle ne reçoit qu'une exécution incomplète et tout à fait illusoire.

Création et entretien des chemins vicinaux. Lorsque l'administration locale a décidé l'ouverture d'un nouveau chemin vicinal, le meilleur mode pour le bien établir consiste à donner à l'emplacement du chemin la forme et la largeur réglementaires, et à *l'empierrer* avec des pierres concassées, d'après le système bien connu dit *à la Mac-Adam*. L'épaisseur de la couche d'empierrement varie de 20 à 30 centimètres, selon la nature du sol et celle des pierres ; on doit choisir les plus dures parmi celles que chaque localité peut fournir. Un fossé de $0^m,40$ de profondeur sur $0^m,50$ de largeur, pour l'écoulement des eaux de chaque côté du chemin vicinal, contribue efficacement à le maintenir en bon état de viabilité.

La plupart des chemins vicinaux sont dégradés par des ornières profondes qu'on néglige de combler ; ces ornières doivent être remplies de pierres concassées à mesure qu'elles se forment. Quand les communes rurales comprennent bien leurs intérêts en matière de voirie vicinale, elles payent un *cantonnier* qui, pendant la saison où les transports agricoles sont le plus fréquents, remplit les ornières à mesure qu'elles se creusent, dégage les fossés encombrés par l'éboulement de leurs bords, et exécute régulièrement une besogne qui, sans lui, se fait mal ou ne se fait pas du tout. La dépense de la solde d'un cantonnier peut être couverte aisément par la prestation de journées de travail et de charrois converties en prestations en argent ; cette charge peut être considérée comme légère, en comparaison des avantages que procure le bon éta permanent des chemins vicinaux pour le service de l'agriculture. La nécessité de rendre les chemins vicinau praticables en toute saison est si généralement comprise qu'une somme de 26 millions sur les fonds de l'État, outr ceux que voteront les départements pour le même objet doit être employée en sept ans à la réparation de la voiri vicinale dans toute la France.

III.

Statistique sommaire de l'Agriculture de la France.

(D'après les statistiques antérieures aux événements de 1870.)

AIN. — Pays agricole. — Sols dominants : argileux, calcaire, bon terreau. — Étangs, 19,000 hectares ; bois, 200,000 hect. — Céréales plus que suffisantes ; vins abondants, exportation des trois quarts de la récolte ; arbres fruitiers. — Chevaux, gros bétail ; moutons améliorés, race de Naz ; volaille, vers à soie.

, AISNE. — Pays agricole et manufacturier. — Sols dominants : sablonneux, pierreux, calcaire, riche terreau. — Bonnes terres, 132,000 hect. ; forêts, 96,287 hect. — Céréales et vins au delà de la consommation, houblon. — Chevaux, moutons ; culture par des chevaux.

ALLIER. — Pays agricole. — Sols dominants : sablonneux, gravier, calcaire, riche terreau. — Bonnes terres, 5,250 hect. ; vignes, 17,975 hect. ; bois, 63,827 hect. — Céréales et vins au delà de la consommation ; fourrages, légumes secs, lin, chanvre, betteraves, arbres fruitiers. — Élève en grand des bœufs et des moutons ; culture par des bœufs.

ALPES (Basses-). — Pays agricole et pasteur.—Sols dominants : calcaire, gravier, bon terreau. — Bonnes terres, 36,000 hect. ; vignes, 13,959 hect. ; bois, 59,794 hect. ; montagnes et bruyères, 1,012, 179 hect. — Céréales et vins en quantité suffisante ; meilleurs crus : vin des Mées, rouges ordinaires ; fourrages, lin, chanvre, truffes, arbres fruitiers, plantes aromatiques et médicinales ; pâturages pour les troupeaux transhumants.—Élève de moutons, ânes, mulets, abeilles, vers à soie.

ALPES (Hautes-). — Pays agricole.—Sols dominants : calcaire, gravier, peu de bonnes terres ; landes immenses. — Vignes, 6,000 hect. ; vins blancs estimés des bords de la Durance, clarette de Saulce ; bois, 77,226 hect. — Céréales suffisantes, lin, chanvre, châtaignes, fruits. — Élève de moutons ; culture par des chevaux et des mulets.

ALPES-MARITIMES. — Pays agricole. — Sols dominants : calcaire, argileux. — Vignes, 15,000 hect. ; vins estimés ; bois, 135,000 hect. — Céréales à peine suffisantes ; châtaignes, fruits à couteau. — Moutons et chèvres très-nombreuses d'une belle race. — Carrières de beau marbre blanc statuaire. — Culture par des chevaux et des mulets. — Pêche fructueuse sur les côtes.

ARDÈCHE.—Pays agricole et manufacturier.—Sols dominants : calcaire, gravier, sables, peu de bonnes terres, vastes landes. — Vignes, 26,862 hect., produisant 300,000 hectolitres de vins estimés ; bois, 98,000 hectares. — Céréales insuffisantes, châtaignes, marrons dits de Lyon, oliviers, truffes. — Moutons, chèvres, abeilles, vers à soie.

ARDENNES. — Pays agricole et manufacturier. — Sols dominants : calcaire, marécages, gravier, riche terreau. — Vignes, 1,725 hect., produisant 80,000 hectolitres de vins communs; terre, bois, 95,460 hect. — Céréales suffisantes. — Gros bétail, moutons, chèvres, abeilles.

ARIÉGE. — Pays agricole et manufacturier. — Sols dominants : pierreux, gravier, calcaire, bon terreau. — Vignes, 11,591 hect.; bois, 89,906 hect. — Céréales au delà de la consommation, fourrages, lin, chanvre, fruits du Midi, chêne-liége. — Gros bétail, moutons mérinos, abeilles; culture par des bœufs.

AUBE. — Pays agricole et manufacturier. — Sols dominants : craie, argileux, bon terreau. — Bonnes terres, 70,000 hect.; vignes, 22,908 hect. ; bois, 79,652 hect. — Céréales suffisantes, fourrages, chanvre, prairies. — Gros bétail, chevaux, moutons, volaille, vers à soie; culture par des chevaux.

AUDE. — Pays agricole et manufacturier. — Sols dominants : pierreux, calcaire, sablonneux, gravier, bon terreau, vastes landes. —Vignes, 51,079 hect. ; bois, 44,149 hect.—Céréales au delà de la consommation, maïs, olives, fruits. — Moutons, abeilles; culture par des bœufs et des mulets.

AVEYRON. — Pays agricole. — Sols dominants : gravier, calcaire, pierreux, sablonneux, riche terreau. — Bonnes terres, 36,000 hect.; vignes, 34,410 hect.; bois, 83,565 hect. — Céréales insuffisantes, truffes, châtaignes, fruits, amandes. — Élève de gros bétail, chevaux, mulets, moutons, vers à soie; culture par des bœufs.

BOUCHES-DU-RHONE. — Pays agricole et manufacturier. — Sols dominants : pierreux, sablonneux, calcaire, marécageux, bon terreau, gravier. — Vignes, 39,490 hect.; meilleurs crus : Roquevaire, la Ciotat, Saint-Séon, Saint-Henri, Saint-Louis; bois, 63,702 hect. — Céréales suffisantes, olivier, mûrier, arbres fruitiers, chêne-liége, melons, garance, truffes, tabac. — Élève peu considérable de bétail, moutons transhumants en été, vers à soie.

CALVADOS. — Pays agricole. — Sols dominants : riche terreau, calcaire, limoneux, gravier, pierreux. — Bois, 39,794 hect. — Céréales au delà de la consommation, lin, chanvre, colza, pommiers et poiriers produisant 1,000,000 d'hectolitres de cidre. — Élève de gros bétail, chevaux de la race dite normande; moutons, porcs, volaille, abeilles.

CANTAL. — Pays agricole. — Sols dominants : sablonneux, pierreux, gravier. — Landes, 336,000 hect.; bois, 77,981 hect.

— Céréales insuffisantes, pommes de terre, châtaignes, chanvre, lin, plantes médicinales. — Chevaux, mulets, ânes, gros bétail, moutons indigènes, mérinos et métis, porcs, chèvres, abeilles.

CHARENTE. — Pays agricole. — Sols dominants : sablonneux, pierreux, calcaire, landes. — Vignes, 99,493 hect. ; bois, 74,230 hect. — Céréales suffisantes, récolte importante de truffes. — Élève peu considérable de bétail, chevaux estimés, volaille ; culture par des bœufs.

CHARENTE-INFÉRIEURE.—Pays agricole.—Sols dominants : calcaire, pierreux, gravier, sablonneux, riche terreau. — Vignes, 111,682 hect. : crus de Saintes, Chérac, Surgères ; bois, 71,109 hect. — Excédant en céréales. — Chevaux estimés, moutons de race améliorée, volaille, abeilles.

CHER. — Pays agricole. — Sols dominants : sablonneux, calcaire, pierreux, bon terreau, gravier, bruyères. — Bonnes terres, 153,119 hect. ; vignes, 12,883 hect. : crus de Chavignol et de Sancerre; bois, 103,472 hect. — Céréales et vins au delà de la consommation, betteraves, chanvre, châtaignes. — Élève en grand de bétail, moutons indigènes améliorés, abeilles ; culture par des bœufs et des chevaux.

CORRÈZE. — Pays agricole. — Sols dominants : sablonneux, pierreux, calcaire, gravier, bruyères et landes. — Vignes, 15,203 hect.; bois, 31,044 hect. — Céréales suffisantes, récolte abondante de pommes de terre et de châtaignes, arbres fruitiers, truffes. — Élève de gros bétail, moutons, porcs, chevaux, mulets, ânes, abeilles; culture par des bœufs.

CORSE.—Pays agricole. — Sols dominants ; pierreux, calcaire, riche terreau. — Bonnes terres, 75,000 hect. ; bois, 79,067 hect. Céréales et vins insuffisants, culture de l'olivier, fruits, châtaignes et tabac. — Chevaux estimés, porcs, abeilles ; culture par des bœufs.

COTE-D'OR. — Pays agricole et manufacturier. — Sols dominants : gravier, calcaire, bon terreau. — Bruyères ou landes, 212,000 hect. : vignes, 26,371 hect., produisant 540.000 hectolitres : crus de Nuits, Beaune, clos Vougeot ; bois, 198,057 hect. — Excédant en céréales, chanvre, colza, légumes, fruits, truffes, betteraves. — Bestiaux du Morvand, chevaux estimés, moutons améliorés, abeilles.

COTES-DU-NORD.—Pays agricole.—Sols dominants : pierreux, sablonneux, argileux, gravier, calcaire, bon terreau, bruyères. — Bois, 40,539 hect. — Excédant en céréales, pommes de terre, navets, betteraves, fruits à cidre, lin et chanvre.— Chevaux estimés, gros bétail, abeilles.

CREUSE. — Pays agricole. — Sols dominants : pierreux, riche terreau. — Bois, 33,119 hect. — Céréales insuffisantes, pommes de terre, châtaignes, chanvre, fruits. — Moutons, porcs, chevaux améliorés, abeilles.

DORDOGNE. — Pays agricole et manufacturier. — Sols dominants : calcaire, sablonneux, riche terreau. — Vignes, 89,894 hect., produisant 800,000 hectolitres; bois, 167,641 hect. — Céréales insuffisantes, récolte abondante de maïs, pommes de terre, chanvre, châtaignes, noix, truffes. — Gros bétail, moutons, porcs, vers à soie en petite quantité; culture par des bœufs.

DOUBS. — Pays agricole et manufacturier. — Sols dominants : calcaire, pierreux, riche terreau, gravier. — Vignes, 8,500 hect.: vins communs; bois, 120,645 hect. — Céréales insuffisantes, pommes de terre, fourrages, fruits, betteraves. — Élève de gros bétail, chevaux; culture par des bœufs et des chevaux.

DROME. — Pays agricole et manufacturier. — Sols dominants : calcaire, pierreux, riche terreau, sablonneux, gravier. — Vignes, 23,986 hect., produisant 310,000 hectolitres; vins du Rhône : Ermitage, Mercurol ; bois, 165,176 hect. — Céréales suffisantes, maïs, fruits du Midi, truffes noires, plantes, huile de noix et d'olive, châtaignes, garance, vers à soie, abeilles; culture par des mulets et des ânes.

EURE. — **Pays agricole et manufacturier.** — Sols dominants : riche terreau, calcaire, gravier, pierreux, sablonneux. — Vignes, 23,978 hect.; bois, 111,045 hect. — Excédant en céréales, fourrages, lin , fruits à cidre, betteraves, graines oléagineuses, gaude, chardons-cardères. — Chevaux estimés, moutons améliorés, volaille.

EURE-ET-LOIR. — Pays agricole. — Sols dominants : bon terreau, calcaire, pierreux, sablonneux. — Vignes, 5,101 hect.; bois, 49,426 hect. — Excédant en céréales, froment, avoine, fruits à cidre. — Chevaux percherons, moutons améliorés, volaille, abeilles.

FINISTÈRE. — Pays agricole. — Sols dominants : riche terreau, sablonneux, pierreux gravier, vastes bruyères. — Bois, 31,177 hect. — Céréales suffisantes, lin, chanvre, pommes de terre, fruits à cidre, tabac, navets, choux, fourrages. — Chevaux estimés, gros bétail, abeilles.

GARD. — Pays agricole et manufacturier. — Sols dominants : pierreux, calcaire, sablonneux, gravier, bon terreau. — Vignes, 71,306 hect. : crus excellents de Chuzelan, Tavel, Saint-Geniez; bois, 106,472 hect. — Céréales insuffisantes, châtaignes, fruits du Midi, mûriers , oliviers. — Élève **considérable** de chevaux, mulets, moutons, vers à soie.

GARONNE (Haute-). — Pays agricole et manufacturier. — Sols dominants : sablonneux, argileux, calcaire, gravier, pierreux, bon terreau, montagnes et bruyères. — Vignes, 48,903 hect.; bois, 87,140 hect. — Excédant en céréales et en vins, maïs, lin, légumes, betteraves, orangers. — Élève du bétail, mulets, volaille, truffes.

GERS. — Pays agricole. — Sols dominants : riche terreau, sablonneux, landes. — Bonnes terres, 429,000 hect.; vignes, 95,951 hect.; bois, 60,461 hect. — Excédant en céréales, maïs, pommes de terre, légumes secs, betteraves, lin. — Gros bétail, chevaux estimés, moutons, volaille, abeilles.

GIRONDE. — Pays agricole. — Sols dominants : calcaire, sablonneux, bon terreau, gravier, landes, sol fertile. — Vignes, 138,823 hect.; vignoble de Bordeaux : Médoc, Saint-Émilion, les Graves, etc.; bois, 106,709 hect. — Céréales insuffisantes, fruits, chanvre, châtaignes. — Gros bétail, chevaux, moutons.

HÉRAULT. — Pays agricole. — Sols dominants : pierreux, sablonneux, bon terreau, gravier, calcaire, marécageux, quelques landes. — Vignes, 117,497 hect.; muscats de Frontignan et de Lunel ; bois, 83,179 hect. — Céréales insuffisantes, fourrages, oliviers, fruits du Midi, ricin. — Moutons, vers à soie, abeilles.

ILLE-ET-VILAINE. — Pays agricole. — Sols dominants : argileux, riche terreau, pierreux, sablonneux, gravier, calcaire, vastes landes. — Vignes, 119 hect.; bois, 42,519 hect. — Céréales suffisantes, chanvre, lin, colza, tabac. — Élève de chevaux très-estimés, gros bétail, volaille, abeilles; culture par des chevaux.

INDRE. — Pays agricole et manufacturier. — Sols dominants : sablonneux, bon terreau, pierreux, calcaire, gravier, bruyères. — Bonnes terres, 160,572 hect.; vignes, 18,110 hect.; bois, 57,319 hect. — Excédant en céréales et vins, pommes de terre, chanvre, lin, fruits, châtaignes. — Élève importante de bestiaux gras, moutons et porcs; volaille, abeilles.

INDRE-ET-LOIRE. — Pays agricole. — Sols dominants : riche terreau, calcaire, pierreux, landes, sablonneux, gravier. — Bonnes terres, 190,490 hect.; vignes, 33,000 hect.; bois, 81,723 hect. — Céréales suffisantes, chanvre, fruits, culture des plantes aromatiques.

ISÈRE. — Pays agricole. — Sols dominants : gravier, sablonneux, bon terreau, pierreux, marécageux. — Vignes, 27,698 hect. : crus de Vienne et de la Côte-Saint-André; bois, 108,420 hect. — Céréales suffisantes, pommes de terre, fourrages, colza, noyers, lin, chanvre, sapins, plantes médicinales. — Élève importante de gros bétail, moutons, volaille, vers à soie.

JURA. — Pays agricole et manufacturier. — Sols dominants : bon terreau, calcaire, argileux. — Vignes, 21,027 hect. : vins d'Arbois, de Château-Châlons, de l'Étoile ; bois, 115,614 hect. — Céréales insuffisantes, maïs, pommes de terre, chanvre.

LANDES. — Pays agricole. — Sols dominants : sablonneux, landes, calcaire, argileux. — Vignes, 20,670 hect. ; bois, 226,645 hect. — Céréales insuffisantes, maïs, millet, lin, liége, huile de noix. — Élève de chevaux estimés, moutons améliorés, abeilles vers à soie.

LOIR-ET-CHER. — Pays agricole. — Sols dominants : pierreux, sablonneux, riche terreau, gravier, calcaire. — Vignes, 26,291 hect. ; bois, 70,210 hect. — Excédant en céréales, chanvre, fruits, betteraves, réglisse. — Élève importante de moutons améliorés, chevaux estimés, volaille, abeilles, vers à soie.

LOIRE. — Pays agricole, pauvre. — Sols dominants : montagnes, sablonneux, landes, pierreux, riche terreau, calcaire. — Bonnes terres, 12,800 hect. ; vignes, 13,897 hect. ; bois, 63,462 hect. — Céréales insuffisantes, pommes de terre, marrons de Lyon. — Élève en grand des vers à soie.

LOIRE (Haute-). — Pays agricole, pauvre. — Sols dominants : sablonneux, crayeux, gravier. — Bonnes terres, 1,000 hect. ; vignes, 5,855 hect. ; bois, 74,030 hect. — Céréales insuffisantes.— Gros bétail, chevaux, mulets, abeilles, vers à soie.

LOIRE-INFÉRIEURE. — Pays agricole et commerçant. — Sols dominants : sablonneux, marécageux, vastes bruyères. — Vignes, 29,346 hect. ; bois, 33,075 hect. — Céréales suffisantes, lin, fruits à cidre, châtaignes. — Gros bétail, chevaux, moutons, abeilles.

LOIRET. — Pays agricole et manufacturier. — Sols dominants : sablonneux, gravier, bon terreau, terres fertiles. — Vignes, 39,882 hect. ; meilleurs crus : Orléans, Beaugency, Saint-Denis-en-Val, 800,000 hect. par an. — Céréales et vins excédant la consommation, lin, chanvre, safran du Gâtinais. — Gros bétail, moutons, abeilles, volaille.

LOT. — Pays agricole. — Sols dominants : calcaire, sablonneux, terres fertiles d'alluvion. — Vignes, 58,627 hect. ; meilleurs crus : Cahors, Parnas ; bois, 82,255 hect. — Excédant en céréales, maïs, chanvre, tabac, châtaignes, truffes. — Moutons, porcs, volaille, vers à soie.

LOT-ET-GARONNE. — Pays agricole. — Sols dominants : calcaire, riche terreau, terres d'alluvion très-fertiles. — Vignes, 69,349 hect. ; meilleurs crus : Clairac, Marmande, Aiguillon ; bois 68,613 hect. — Excédant en céréales, maïs, tabac, truffes, prune d'Agen. — Gros bétail, porcs, volaille, abeilles.

LOZÈRE. — Pays agricole. — Sols dominants : crayeux, sablonneux, gravier, terres en général pauvres. — Vignes, 983 hect.; bois, 44,599 hect. — Céréales suffisantes ; vins insuffisants, médiocres; marrons renommés. — Moutons transhumants, vers à soie.

MAINE-ET-LOIRE. — Pays agricole et manufacturier. — Sols dominants : argileux, calcaire, bon terreau, terres très-fertiles. — Vignes, 38,260 hect. ; meilleurs crus : Saumur, Champigny, vins blancs d'Anjou; bois, 61,838 hect. — Excédant en céréales, lin, chanvre. — Gros bétail, chevaux, moutons, volaille, abeilles.

MANCHE. — Pays agricole et commerçant, — Sols dominants : calcaire, gravier, riche terreau. — Bois, 23,958 hect. — Excédant en céréales, chanvre, fruits à cidre. — Élève en grand du gros bétail et des chevaux, volaille, abeilles.

MARNE. — Pays agricole et manufacturier. — Sols dominants : crayeux, pierreux, riche terreau ; terres très-fertiles au sud, arides au nord. — Vignes, 18,495 hect.; vins célèbres de Champagne; meilleurs crus : Aï, Sillery; bois, 78,901 hect. — Excédant en céréales et vins. — Moutons mérinos, volaille, abeilles.

MARNE (Haute-). — Pays agricole et manufacturier. — Sols dominants : argileux, gravier, riche terreau; terres de fertilité moyenne. — Vignes, 13,136 hect.; meilleurs crus : Aubigny, Montsaugeon; bois, 174,275 hect. — Excédant en céréales et vins. — Moutons, volaille, abeilles ; culture par des chevaux.

MAYENNE. — Pays agricole et manufacturier. — Sols dominants : argileux, pierreux, riche terreau. — Vignes, 129 hect.; bruyères, 24,000 hect.; bois, 26,379 hect.— Excédant en céréales, lin, fruits à cidre. — Élève en grand de chevaux, gros bétail, moutons, volaille, abeilles.

MEURTHE. — Pays agricole et manufacturier. — Sols dominants : calcaire, sablonneux, bon terreau, terres très-fertiles. — Vignes, 16,045 hect. : vins rouges et blancs ordinaires; bois, 187,367 hect. — Excédant en céréales et vins, légumes secs, houblon, chanvre. — Élève en grand de chevaux, porcs, moutons mérinos, volaille.

MEUSE. — Pays agricole et manufacturier. — Sols dominants : calcaire, argileux, sablonneux, riche terreau. — Vignes, 13,540 hect., donnant 460,000 hectolitres de vins estimés; bois, 137,755 hect. — Élève de chevaux, porcs, abeilles ; culture par des bœufs et des chevaux.

MORBIHAN. — Pays agricole, pauvre. — Sols dominants : gravier, pierreux, sablonneux, argileux. — Vignes, 685 hect.; bois, 34,462 hect.; vastes bruyères. — Chanvre, fruits à cidre, chevaux, gros bétail, abeilles.

MOSELLE.—Pays agricole et manufacturier.—Sols dominants : argileux, sablonneux, riche terreau, très-bonnes terres. — Vignes, 5,073 hect.; bons vins rouges ordinaires; bois, 136,109 hect. — Excédant en céréales, chanvre, colza, fruits. — Élève de porcs et de moutons, abeilles.

NIÈVRE. — Pays agricole. — Sols dominants : sablonneux, gravier, riche terreau, terres fortes, beaucoup de mauvaises terres. — Vignes, 9,900 hect. ; bois, 239,561 hect. — Excédant en céréales et vins, légumes secs, chanvre. — Élève en grand de bœufs et de chevaux; culture par des bœufs.

NORD. — Pays agricole et manufacturier. — Sols dominants : riche terreau, plaines très-fertiles. — Bois, 35,827 hect. — Grand excédant en céréales, colza, lin, tabac, betteraves à sucre. — Gros bétail, chevaux, moutons, volaille, abeilles.

OISE. — Pays agricole. — Sols dominants : argileux, sablonneux, riche terreau. — Vignes, 2,525 hect.; bois, 80,579 hect. : forêts de Hallate, de Compiègne. — Grand excédant en céréales, chanvre, fruits, légumes secs, cidre et poiré. — Gros bétail, veaux gras, chevaux de gros trait, moutons.

ORNE. — Pays agricole et manufacturier. — Sols dominants : pierreux, argileux, calcaire, riche terreau. — Bois, 72,000 hect. — Céréales suffisantes, chanvre, lin, légumes secs; cidre, 3,000,000 d'hectolitres. — Gros bétail, chevaux normands et percherons, volaille.

PAS-DE-CALAIS. — Pays agricole et manufacturier. — Sols dominants : argileux, riche terreau, terres très-fertiles. — Bois, 43,107 hect. — Grand excédant en céréales, lin, chanvre, tabac, colza, houblon, betteraves à sucre, cidre. — Moutons, chevaux boulonnais de gros trait.

PUY-DE-DOME. — Pays agricole. — Sols dominants ; riche terreau, terres volcaniques, riches terres d'alluvion, *Limagne* d'Auvergne. — Vignes, 29,152 hect. ; bois, 82,389 hect. — Excédant en céréales et vins, chanvre, châtaignes, fruits. — Élève en grand de bœufs de travail, chevaux de travail et de selle.

PYRÉNÉES (Basses-).—Pays agricole. —Sols dominants : sablonneux, aride, très-peu fertile. — Vignes, 23,175 hect. ; meilleur cru : Jurançon; bois, 130,172 hect. — Céréales insuffisantes, maïs, lin, chanvre, châtaignes. — Élève de chevaux de cavalerie, moutons, chèvres, porcs.

PYRÉNÉES (Hautes-). — Pays agricole. — Sols dominants : sablonneux, calcaire, riche terreau. — Vignes, 15,352 hect. ; bois, 84,611 hect. — Céréales insuffisantes, maïs, sarrasin, vastes prairies. — Gros bétail, élève de chevaux, ânes, mulets, moutons, volaille, abeilles.

PYRÉNÉES-ORIENTALES.—Pays agricole.—Sols dominants : calcaire, gravier, bon terreau. — Vignes, 38,442 hect. ; meilleur cru : Rivesaltes ; bois, 43,877 hect. — Excédant en céréales et vins, oliviers, châtaigniers. — Élève de moutons, chèvres, chevaux de luxe, mulets, volaille, vers à soie.

RHIN (Bas-).—Pays agricole.—Sols dominants : pierreux, riche terreau, très-bonnes terres.— Vignes, 13,128 hect. — Excédant en céréales et vins, tabac, colza, chanvre, houblon. — Gros bétail, chevaux, moutons, porcs, chèvres, abeilles.

RHIN (Haut-). — Pays agricole et manufacturier. — Sols dominants : gravier, calcaire, bon terreau. — Vignes, 11,141 hect. ; bois, 113,215 hect. — Excédant en céréales et vins ; chanvre, garance. — Gros bétail, chevaux, porcs, chèvres, volaille ; culture par des chevaux.

RHONE. — Pays plus manufacturier qu'agricole. — Sols dominants : gravier, bon terreau, terres fertiles.—Vignes, 30,552 hect. ; meilleurs crus : Fleury, Condrieu ; bois, 34,466 hect. — Céréales insuffisantes, grand excédant en vins. — Gros bétail, moutons mérinos, chèvres, belle race d'ânes.

SAONE (Haute-). — Pays agricole et manufacturier. — Sols dominants : calcaire, sablonneux, riche terreau, très-bonnes terres. —Vignes, 11,769 hect. ; bois, 154,230 hect. — Céréales suffisantes, excédant en vins ordinaires. — Chevaux, gros bétail, mulets, ânes, de race médiocre ; moutons mérinos, porcs.

SAONE-ET-LOIRE.—Pays agricole et manufacturier.—Sols dominants : calcaire, gravier, bon terreau, terres très-fertiles. — Vignes, 34,577 hect. ; meilleur cru : Màcon. — Excédant en céréales et vins, maïs, chanvre, colza. — Gros bétail, race du Charollais; porcs, volaille, abeilles, vers à soie.

SARTHE. — Pays agricole. — Sols dominants : sablonneux, calcaire, riche terreau. — Vignes, 10,084 hect.; bois, 68,319 hect. — Céréales suffisantes, sarrasin, maïs, chanvre, fruits à cidre. — Gros bétail, chevaux, porcs ; volaille renommée du Mans et de la Flèche.

SAVOIE. — Pays agricole. — Sols dominants : argilo-siliceux, limon fertile dans les vallées seulement, sol peu fertile partout ailleurs. — Vignes, 6,000 hect. ; vins médiocres. — Céréales suffisantes. — Forêts, 60,000 hect., en partie très-dégradées. — Chevaux et mulets estimés. — Minéraux abondants; exploitation de fer, plomb et charbon de terre.

SAVOIE (Haute-). — Pays agricole. — Sol dominant : argilo-siliceux, peu fertile. — Pâturages immenses.— Gros bétail, mulets, porcs très-nombreux. — Céréales insuffisantes. — Rivières très-poissonneuses. — Vignes, 4,000 hect. — Forêts, 50,000 hect. ; beaucoup de pentes déboisées. — Carrières de marbre. — Mines exploitées de fer, cuivre, antimoine et manganèse.

SEINE. — Pays agricole et manufacturier. — Sols dominants : calcaire, gravier, bonnes terres d'alluvion.—Vignes, 2,784 hect. ; bois, 1,354 hect.—Vastes cultures maraîchères, céréales insuffisantes.—Vaches laitières, chèvres, moutons, volaille.

SEINE-ET-MARNE.—Pays agricole.—Sols dominants : calcaire, sablonneux.—Vignes, 19,155 hect. ; bois, 81,344 hect.—Excédant en céréales, chanvre, pois, fèves, haricots, pommes de terre, betteraves, fourrages.—Moutons mérinos, volaille.

SEINE-ET-OISE. — Pays agricole et manufacturier. — Sols dominants : calcaire, sablonneux, gravier, bon terreau. — Vignes, 16,694 hect. ; bois, 102,410 hect. — Excédant en céréales, pommes de terre, betteraves, légumes, fruits renommés.—Élève très-importante : chevaux, vaches laitières, moutons, porcs, volaille.

SEINE-INFÉRIEURE.—Pays agricole et manufacturier.—Sols dominants : calcaire, terres grasses d'alluvion.—Bois, 68,845 hect. —Grand excédant en céréales, cidre renommé, houblon, betterave à sucre.—Gros bétail de race normande, moutons, volaille.

SÈVRES (Deux-).—Pays agricole.—Sols dominants : pierreux, gravier, sablonneux, riche terreau, calcaire. — Vignes, 20,894 hect., produisant 350,000 hectolitres; bois, 36,090 hect.—Excédant en céréales, maïs, légumes secs, noix, amandes, châtaignes, houblon.—Élève importante : mulets estimés, gros bétail, moutons, porcs, volaille.

SOMME.—Pays agricole et manufacturier.—Sols dominants : calcaire, pierreux, gravier, sablonneux. — Vignes, 14 hect.; bois, 51,207 hect.—Grand excédant en céréales; culture du lin, chanvre, graines grasses, betteraves; fruits à cidre en grande quantité.—Gros bétail, chevaux, moutons, abeilles.

TARN.—Pays agricole et manufacturier.—Sols dominants : pierreux, bon terreau, calcaire.—Vignes, 31,243 hect., produisant 400,000 hectolitres; bois, 80,292 hect.—Excédant en céréales, lin, chanvre.—Élève de chevaux de cavalerie, moutons, volaille.

TARN-ET-GARONNE.—Pays agricole et manufacturier.—Sols dominants : sablonneux, calcaire, pierreux, riche terreau, gravier. —Vignes, 36,703 hect., produisant plus de 400,000 hectolitres; bois, 51,061 hect.—Céréales suffisantes, maïs, millet, sarrasin, légumes, truffes, châtaignes, lin, chanvre, tabac, fruits.—Mulets, **vers à soie, abeilles.**

VAR.—Pays agricole.—Sols dominants : pierreux, sablonneux, gravier, bon terreau, calcaire, bruyères. — Vignes, 67,657 hect.; bois, 230,713 hect.—Céréales insuffisantes, fruits du Midi, mûriers, oliviers, figues, câpres, truffes, plantes aromatiques.—Mulets, abeilles, vers à soie.

VAUCLUSE.—Pays agricole et manufacturier.—Sols dominants : pierreux, calcaire, bon terreau.—Vignes, 28,382 hect.; meilleurs crus : Avignon, Châteauneuf-du-Pape; bois, 68,138 hect.—Céréales insuffisantes, grand excédant en vins, grande culture de garance, oliviers.—Moutons, abeilles, vers à soie.

VENDÉE.—Pays agricole.—Sols dominants : argileux, calcaire, bonnes terres.—Vignes, 17,700 hect.; vins blancs médiocres; bois, 29,660 hect.—Excédant en céréales, chanvre, lin.—Chevaux, mulets, moutons.

VIENNE.—Pays agricole.—Sols dominants : argileux, sablonneux, riche terreau.—Vignes, 23,744 hect., produisant 600,000 hectolitres de vins communs; bois, 80,372 hect.—Excédant en céréales et vins, fruits, noix, châtaignes.—Moutons, chevaux, mulets, belle race d'ânes, volaille, abeilles.

VIENNE (Haute-).—Pays agricole.—Sols dominants : sablonneux, pierreux, terres médiocres.—Vignes, 3,043 hect.; bois, 38,858 hect.—Céréales insuffisantes, maïs, sarrasin, légumes secs.—Gros bétail, chevaux de selle, race limousine; mulets; culture par des bœufs.

VOSGES.—Pays agricole et manufacturier.—Sols dominants : calcaire, gravier, bonnes terres d'alluvion.—Vignes, 4,490 hect.; bois, 129,474 hect.—Céréales suffisantes, vins insuffisants; chanvre, lin, houblon, plantes médicinales. — Bestiaux de races médiocres.

YONNE.—Pays agricole.—Sols dominants : calcaire, gravier, terres fertiles d'alluvion.—Vignes, 37,543 hect., donnant 900,000 hectolitres; meilleurs crus : Joigny, Coulanges, Chablis; bois, 146,570 hect.—Excédant en céréales et vins.—Chevaux, gros bétail, moutons de race médiocre.

TABLE DES CHAPITRES.

Section I. Notions préliminaires.

Section II. Opérations agricoles.

Section III. Plantes alimentaires et fourragères.

Section IV. Plantes industrielles.

Section V. Arboriculture.

Section VI. Des animaux domestiques.

Appendice.

TABLE ANALYTIQUE.

www.ingramcontent.com/pod-product-compliance
Lightning Source LLC
Chambersburg PA
CBHW051519050726
47595CB00002B/390